대단하고 유쾌한 과학 이야기 2

대단하고 유쾌한 과학 이야기 2

빅뱅에서 모든 것에 대한 이론까지

브뤼스 베나므랑

김성희 옮김

까치

PRENEZ LE TEMPS D'E-PENSER Tome 2

by Bruce Benamran

역자 김성희(金聖姬)
부산대학교 불어교육과와 동대학원을 졸업했고 현재 번역 에이전시 엔터
스코리아에서 출판기획 및 불어 전문 번역가로 활동 중이다. 옮긴 책으로
는『심플하게 산다』,『우유의 역습』,『철학자들의 식물도감』,『인간의 유전자
는 어떻게 진화하는가』등이 있다.

편집, 교정_권은희(權뜬홀)

대단하고 유쾌한 과학 이야기 2 : 빅뱅에서 모든 것에 대한 이론까지

저자/브뤼스 베나므랑
역자/김성희
발행처/까치글방
발행인/박후영
주소/서울시 용산구 서빙고로 67, 파크타워 103동 1003호
전화/02 · 735 · 8998, 736 · 7768
팩시밀리/02 · 723 · 4591
홈페이지/www.kachibooks.co.kr
전자우편/kachisa@unitel.co.kr
등록번호/1-528
등록일/1977. 8. 5
초판 1쇄 발행일/2017. 11. 1

값/뒤표지에 쓰여 있음

ISBN 978-89-7291-642-0 04400
      978-89-7291-643-7 (세트)

이 도서의 국립중앙도서관 출판예정도서목록(CIP)은 서지정보유통지원시스템 홈페이지(http://
seoji.nl.go.kr)와 국가자료공동목록시스템(http://www.nl.go.kr/kolisnet)에서 이용하실 수 있
습니다. (CIP제어번호 : CIP2017027422)

차례

진화

지금도 여전히 계속되고 있는 것

블랙홀

그냥 지나갈 수 없다!

표준 모형의 한계
모든 것이 의심스러워지다

질량은 어디에서 생길까?
질량에 대한 새로운 이해

모든 것에 대한 이론

우주는 가장 구석진 곳까지 조화롭다

감사의 글

(예의가 바른 사람이라면 감사 인사를 또 하는 법)

매일 아침 아주 일찍부터 내가 어디로 가야 할지를 알려준 다니엘에게
감사의 말을 전한다.
마이클 스티븐스, 데릭 멀러, 데스틴 샌들린, 헨리 라이시, CGP 그레이,
존 그린과 행크 그린 형제, 바이 하트에게,
교육 유튜브 채널 운영 선배들에게 감사의 말을 전한다.
새로운 길을 개척한 앙투안, 프레드, 세바스티앵, 마티외, 크리스, 링크스,
그리고 또 많은 사람들에게 감사의 말을 전한다.
내게 또다른 길을 보여준 알렉상드르 아스티에와
장 크리스토프 앙베르에게 감사의 말을 전한다.
내가 가는 길에 표지판을 세워준 도나티앵에게 감사의 말을 전한다.
가엘에게 감사의 말을 전한다.
그가 없었다면 나는 아무 말도 하지 못했을 것이다.
그리고 제1권에서와 마찬가지로 자로드와 카미유에게 이 책을 바친다.

서문

과학적 교양의 부재가 지적으로나 사회적으로나 문제가 되고 있음을 부인할 수 있는 사람은 아무도 없을 것이다. 과학적 교양이 부족하다 보니 현대 과학이 사회에서 소외되고, 과학에 대한 정확한 인식론이 세워지지 못하는 것이다. 온갖 가짜 전문가들이 활개를 치는 것도, 기술의 사용에 관한 진지한 토론이 전개되기 어려운 것도 마찬가지 이유 때문이다. 철학자 가스통 바슐라르에 따르면, "과학적 교양은 우리에게 생각하는 수고를 체험하도록 요구한다." 그런데 사람들은 그런 수고를 별로 하고 싶어하지 않는 것 같다. 그 수고를 통해서 흥미롭다 못해 놀랍기까지 한 것을 얻을 수 있다고 하더라도 말이다.

그렇다고 해서 아인슈타인과 같은 엄격한 태도를 취할 것까지는 없다. 상대성 이론을 창시한 이 천재적인 인물이 이야기한 것을 두고 하는 말이다. "과학과 기술이 거둔 경이로운 성과를 생각 없이 막 사용하면서도 그에 대한 지식 면에서는 풀을 맛있게 뜯어 먹으면서도 그 풀에 대해서 식물학적으로는 아무것도 모르는 암소보다 나을 것이 없는 사람들은 스스로를 부끄럽게 여겨야 한다." 실제로 아인슈타인의 말은 지나치게 많이 바라는 것이다(암소한테도 부당한 소리이다. 암소도 자기가 규칙적인 리듬으로 꼭꼭 씹고 있는 풀에 관해서 두세 가지는 알고 있을 테니까). 입자물리학이나 중력파, 유전학, 원자력, 기후학, 면역학 등에 대해서 두루두루 충분한 교양을 갖추기란 불가능하기 때문이다. 일반 시민들이 그 모든 주제에 관해서 높은 식견을 가지기를 바란다는 것은 시민 한명 한명이 아인슈타인의 뇌를 1,000개 모아놓은 것 같은 뇌를 가지고 있어야 한다는 말과 다름없다(그런 것은 아인슈타인도 가지고 있지 않았다. 그도 뇌는 하나밖에 없었으니까……).

게다가 상황을 너무 비관적으로 볼 일은 아니다. 사실 요즘 사람들은 누구나 아주 많은 것을 알고 있다. 예를 들면 지구는 태양 주위를 돌고, 태양은 은하계의 중심 주위를 돌며, 또 은하계의 중심은 다른 어떤 무엇인가의 주위를 돈다는 것. 원자는 실제로 존재하며, 그 형태는 고대 그리스의 원자론자들이 생각한 더 이상 쪼개질 수 없는 것과는 별로(사실은 전혀) 비슷하지 않다는 것. 생물은 진화를 한다는 것. 우주는 팽창하고 있고, 따라서 과거의 우주는 지금 우리가 보는 모습과는 달랐으며, 우주의 팽창 속도는 점점 더 빨라지고 있다는 것 등등. 이러한 지식을 우리 모두는 배우거나 읽거나 들어서 알고 있고 말할 수도 있다. 그렇다면 우리는 그 지식을 언제, 어떻게, 누구가 확립했는지도 말할 수 있을까? 그 지식의 옳고 그름을 둘러싸고 어떤 논거들이 서로 맞섰는지 명확히 기술할 수 있을까? 일부 주장이나 사실이 어떻게 마침내 설득력을 얻어서 논쟁을 종식시켰는지 설명할 수 있을까? 자, 솔직하게 인정하자, 그런 것은 못 한다고. 일반적으로 우리는 그와 같은 질문들에는 답을 하지 못한다. 그런데 그렇게 서툴게 아는 지식은 단순한 믿음과 별 차이가 없다. 문제의 지식이 역사적으로 어떻게 확립되었는지는 모르지만, 그 지식을 우리에게 전달한 사람들이 그렇다고 하니까 그냥 믿고 받아들이는 것이다.

보편적으로 잘 알려져 있는, 지구는 둥글다는 지식을 예로 들어보자. 1968년에 아폴로 8호가 달에서 본 지구의 모습을 선명한 사진으로 담아낸 이후, 우리가 살고 있는 행성이 원반이나 그밖의 다른 어떤 형태가 아니라 푸른색과 흰색을 띠는 공 모양이라는 것은 누구나 아는 분명한 사실이 되었다. 이전에도 날씨가 맑은 날 비행기를 타고 일정한 고도에 오르면 곧 멀리 지평선이 그리는 곡선을 볼 수 있었고 말이다. 하지만 그보다 훨씬 더 이전인 고대에도 지구 표면에서 벗어나지 않고도 지구가 둥글다고 확실하게 생각한 사람들이 있었다. 그들은 도대체 어떻게 한 것일까? 어떤 추론과 관찰과 논증을 했던 것일까? 어떤 방법을 썼기에 눈으로 볼 수 없는 것을 알아낼 수 있었을까? 이 질문들은 아주 흥미롭지만 우리로서는 답을 할 수가 없다. 우리가 가진 지식에서 그 답에 대응되는 부분들은 구멍처럼 비어 있기 때문이다.

어떻게 해야 이런 상황이 개선될까? 내가 가진 신조는 하나뿐이다. 사람들이 과학에 흥미를 느끼게 하려면 우선은 과학을 재미있는 것으로 만들어야 한다는 것. 그래서 나는 이 "서문"을 기쁜 마음으로 쓰고 있다. 브뤼스 베나므랑이 하는 일이 바로 과학을 재미있는 것으로 만드는 것이기 때문이다. 베나므랑은 설명을 하는 쪽으로는 타고난 친구인 데다가 유쾌함까지 겸비하고 있다. 그의 책에서는 매 페이지마다 일종의 교육적인 에너지가 느껴지며, 무엇이든 이해하기 쉽게 가르쳐주고 싶어하는 열정이 드러난다. 어디에서 그런 에너지와 열정이 나오는지 모르겠다. 더구나 이번 책에서 그의 행보는 더욱 돋보인다. 블랙홀, 양자 얽힘, 슈뢰딩거의 고양이, EPR 패러독스, 카시미르 효과, 힉스 보손, 초끈 이론(더 무시무시한 것들도 있지만 여기까지만 하겠다) 같은 대단히 부담스러운 내용을 주저 없이 다루고 있기 때문이다. 그러나 베나므랑은 어떻게 해야 하는지를 아주 잘 알고 있고, 그래서 우리는 그렇게 큰 어려움 없이 그의 이야기를 따라갈 수 있다. 게다가 그의 이야기를 따라가다 보면 즐겁기까지 하다. 그러므로 여러분이 할 일은 간단하다. 읽고 또 읽는 것. 그러면 여러분도 내 말을 이해할 것이다.

에티엔 클렝

서론

계속 더 생각하기

자, 어디까지 했더라? 아, 그렇지, 제1권에서 우리는 과학사의 위대한 인물들에 대한 이야기와 함께 고전역학(古典力學, classical mechanics), 특수상대성 이론(特殊相對性理論, special theory of relativity)과 일반상대성 이론(一般相對性理論, general theory of relativity), 열역학(熱力學, thermodynamics), 전자기학(電磁氣學, electromagnetics) 등 많은 것들을 살펴보았다. 하지만 여러분이 갈 길은 아직 더 남아 있다. 그러니까 다시 시작할 준비를 해라. 이번에 나는 우주와 블랙홀과 빅뱅처럼 아주 큰 것에 대해서, 그리고 양자역학처럼 아주 작은 것에 대해서, 또 그리고 손으로 만질 수 없는 어떤 것, 즉 우리가 보통 시간이라고 부르는 "것"에 대해서 내가 여러분에게 알려줄 수 있는 모든 것을 이야기할 참이다. 그런데 하나같이 흥미로운 이 주제들에 무턱대고 뛰어들기보다는, 우리가 어떤 문제를 생각하는 방식에 관해서 먼저 이야기하는 편이 좋을 것 같다. 그 생각이라는 것이 건설적인 사고인지 아니면 비생산적인 사고인지 구별할 필요가 있기 때문이다. 음모론 애호가들은 특히 잘 읽어보기를 바란다. 별로 마음에 들지 않는 내용이겠지만.

90. 그럴듯한 논증

내가 이 책을 통해서 적어도 한번은 반드시 짚고 넘어가고 싶었던 것이 있다. 우리는 그 어떤 것에 대해서든 의견을 가질 수 있지만, 의견과 논증은 다르다는 사실을 기억해야 한다는 것이다. 그동안 나는 아주 다양한 사람들과 의견을 나누어왔는데, 개중에는 아무 근거 없는 생각을 과학적으로 타당한 가설이라고 생각하는 탁월한 재주가 있는 이들이 간혹 있었다. 예를 들면 나는 한번은 이런 주장을 하는 사람을 만난 적이 있다. 자기가 볼 때 중력은 존재하지 않는다는 것이다. 그래서 어떤 근거로 그런 생각을 하느냐고 묻자, 이런 대답이 돌아왔다. "글쎄요, 내 생각에는 그래요." 아 예, 그렇군요, 그런 거였군요. 물론 중력이 존재하지 않는다는 생각을 할 수는 있다. 실재(實在, reality)는 존재하지 않는다는 생각을 할 수도 있고, 조물주가 세상을 엿새 만에 창조했다는 믿음을 가질 수도 있다. 생각은 자기가 원하는 대로 얼마든지 해도 된다. 그러나 과학적 논증은 다르다. 과학적 논증은 우리가 그것을 믿든 믿지 않든 여전히 옳은 것이기 때문이다. 자신의 생각을 맹신하는 사람들에게 개인적으로 어떤 반감 같은 것은 없다. 사람은 자기가 원하는 것을 믿을 자유가 있으니까, 그리고 그 자유는 우리 조상들이 수세기에 걸쳐 충분히 싸워서 얻어낸 것이니까. 하지만 그러다 보니 과학과 어긋나는 말들이 나도는 경우가 많아지다 못해 흔해지기에 이르렀다(근거 없는 말이 가장 많이 나도는 분야는 단연 역사이지만).

실제로는 그렇게 심각하게 생각할 일은 아니다. 아니, 오히려 좋은 현상에 해당한다. 어떤 과학 이론의 힘과 신뢰도는 반대되는 의견들에 얼마나 맞설 수 있느냐로 가늠되기 때문이다. 더 쉽게 설명하자면, 실베스터 스탤론이 연기한 록키 발보아처럼 이렇게 말할 수 있을 것이다. "얼마나 세게 치느냐가 중요한 게 아니야. 얼마나 세게 맞아도 버티면서 계속 나아갈 수 있는지가 중요한 거지."* 투지에 불타는 호랑이의 눈, 모든 과학은 그런 눈을 가지고 있다. 공격을 견디는 것에 만족하지 않고 더 공격해보라고 도발한다. 각각의 과학 이론은 저마다 내심 이렇게 말하고 있는 것이다. "나는 반대 증거가 나올 때까지만 유효해. 그러니까 어디 한번 나를 시험해봐!"

그런데 과학이 아무리 싸움을 잘 받아준다고 해도 비겁한 공격이 허용되는 것은 아니며, 아무렇게나 공격해도 되는 것은 아니다. 일반상대성 이론은 틀렸다고 말하고 싶은가? 그렇다면 논증이 필요하다. 과학적인 논증까지는 아니더라도 최소한 논리적인 논증은 해야 한다. 그리고 그 논증에는 개인적인 신념이 끼어들면 안 된다. 신념은 논증에 별 도움이 되지 않을 뿐만 아니라 오히려 방해가 될 때가 많다. 물론 신념에 근거해서 논

---

* "It ain't about how hard you hit. It's about how hard you can get hit and keep moving forward." 「록키 발보아」, 실베스터 스탤론 감독, 2006년.

증할 수는 있다. 예를 들면, 성서적 창조론에 입각하여 "성서에는 하느님이 천지를 엿새 동안에 창조하고 일곱 번째 날은 안식했다*고 되어 있으므로 다윈이 설명한 진화론은 틀렸다"고 말하는 경우가 그에 해당한다. 그러나 우리가 염두에 두어야 할 사실은, 이처럼 신념에 근거하고 있음이 분명하게 드러나는 경우는 아주 드물다는 것이다. 대개의 경우 신념은 논리적인 논증처럼 보이는 진술 뒤에 숨겨지며, 그 진술을 하는 사람조차도 자신이 논리적인 논증을 하고 있다고 생각하는 일이 많다. 그런 것이 바로 그럴듯한 논증, 궤변이다.

그러니까 내 말은 그런 궤변에 속아 넘어가면 안 된다는 것이다. 여러분 중에는 어서 다음 장으로 넘어가서 빅뱅에 관해서 알아보고 싶은 사람도 있겠지만,** 지금 이 문제는 중요하다. 그럴듯한 논증은 그 수가 많을 뿐만 아니라 가려내기 어려울 때도 많기 때문이다. 말하자면 논증계의 골칫거리인 셈이다. 그래서 사람들은 그 유형들을 분류하고 라틴어 문구로 된 명칭까지 붙여가면서 경계해왔다.

그렇다면 대표적인 유형 몇 가지만 알아보기로 하자. "몇 가지만"이라고 한정한 이유는 궤변의 모든 유형을 자세하게 철저히 살펴보려면 책을 한 권 따로 써야 할 판이기 때문이다.***

사람을 향한 논증(Argumentum ad hominem)

사람을 향한 논증, 즉 인신공격은 궤변 중에서 사실상**** 가장 흔한 유형

---

* 성서에서 말하는 안식일은 원래는 토요일이었지만, 로마 제국의 기독교도들에 의해서 일요일로 바뀌었다. 로마 제국에서는 "태양의 날(Sunday)"을 신성하게 여겼기 때문이다.
** 그렇다, 이 문장은 다음 장에 대한 일종의 예고편이다.
*** 그런 책이 나온다면 제목은 아르투르 쇼펜하우어가 쓴 책처럼 『논쟁에서 무조건 이기는 법』이라고 붙이면 좋을 것이다.
**** '사실상'을 라틴어로는 '데 팍토(de facto)'라고 한다. 라틴어 문구 이야기가 나와서 하는

이자, 가장 쉽게 가려낼 수 있는 유형이다. 한 사람을 그가 내놓은 주장과 무관하게 무조건 공격하는 직접적인 모욕에서부터(비방적 대인논증) 그 사람이 한 말의 신뢰성을 떨어뜨리는 것을 목표로 하는 보다 교묘한 공격에 이르기까지(정황적 대인논증), 몇 가지 형태로 구분할 수 있다. 아인슈타인이 "대학교수가 아니었다"는 점을 이유로 그의 이론을 폄하하는 경우가 정황적 대인논증에 해당한다. 또한 그 사람의 주장 자체의 적절성 대신에 개인적인 신념이나 생활을 문제 삼는 경우도 있다(피장파장식의 대인논증). 기후회의론자들이 자주 쓰는 방법으로, 가령 앨버트 고어를 두고 "공해가 기상 이변의 원인이라고 말하는 양반이 어째서 자동차를 타고 강연을 다니느냐?"고 말하는 식이다(이 예는 "모범성"의 논증이라고도 볼 수 있다). 이러한 논증의 영향력을 과소평가해서는 안 된다. 특히 법정에서 일부 범죄의 목격자가 증언의 신빙성보다 증인으로서의 신뢰성에 대한 이의 제기로 그 증언이 무효화될 수 있다면 증인으로 인정되지 않는다.*

권위에 근거한 논증(Argumentum ad verecundiam)

권위에 근거한 논증은 힘에 근거한 논증 내지는 존경에 근거한 논증이라는 명칭으로도 알려진 것으로서, 쉽게 말해서 "그가 그렇게 말했으니까" 옳다는 논증이다. 이 같은 논증은 과학적 논쟁에서는 재앙과도 같다. 실제로 과학의 역사에는 대단한 인물들이 넘쳐나며, 그들의 권위는 압도적인 영향력을 행사한다. 뉴턴이나 맥스웰, 갈릴레이 같은 사람의 말을 반박하려면 각오를 단단히 해야 하는 것이다. 권위에 근거한 논증은 사람을

소리이다.
* "나는 왜 매춘부가 증인으로 나오면 매번 시력이 나빠 보인다는 말을 듣는지 늘 궁금했다." 「JFK」, 올리버 스톤 감독, 1991년.

향한 논증보다 더 교묘하다. 왜냐하면 일부 역사적 인물들은 권위자라는 칭호를 들을 자격이 정말로 충분하기 때문이다. 그래서 사람들은 그들의 말이라고 하면 일단 신뢰하기 마련이다. 예를 들면 똑같은 논거라고 해도 내가 한 말이라고 하면 미심쩍어하면서(다른 사람을 예로 들면 그 사람이 기분 나쁠 수도 있으니까 나를 예로 들었다) 아인슈타인의 말이라고 하면 아무도 뭐라고 하지 않는 것이다. 그러나 논거를 내놓은 사람과 논거 자체를 구별할 줄 알아야 한다. 아인슈타인이 상대성 이론이나 혹은 일반적인 물리학에 대해서 말한 내용이라면 어느 정도 신뢰해도 되지만, 그가 가령 싱크로나이즈드 스위밍 같은 분야에 관해서 내놓은 논거는 의심을 품어도 된다는 뜻이다. 권위에 근거한 논거는 아무리 대단한 인물을 내세우고 있더라도, 그리고 설령 그 인물이 잘 아는 주제에 관한 것이더라도 사실상 유효한 논거로 볼 수 없다. 주장하는 내용 자체가 문제 제기에 대응할 수 있는지가 중요하기 때문이다.

군중에 근거한 논증(Argumentum ad populum)

군중에 근거한 논증, 즉 이른바 "상식"에 근거한 논증은 겉으로 보기에는 권위에 근거한 논증과 정반대로 보이지만 사실은 그 특별한 한 가지 형태에 속한다. 그러니까 이 경우에는 군중이 권위를 가진다. 군중에 근거한 논증은 "모든 사람이 동시에 틀릴 수는 없다"는 오래되고도 어리석은 원칙에서부터 출발해서 여론과 통계를 적절히 활용하는 것으로, "모두가 아는 것은 증명할 필요가 없다"는 발상에 기초를 두고 있다. 그런데 이 같은 유형의 논증은 아주 비상식적인 논증들을 정당화하는 데에 꾸준히 사용된다. "역사적으로 수많은 사람이 신을 믿었다. 그러므로 이는 신이 존재한다는 '증거'이다"라고 주장하는 식이다. 그래서 군중에 근거한 논거는 경계할 필요가 있다. 과학적 논증의 관점에서 보면 가치가 전혀 없기 때문이다. 하지만 정치적 논증의 관점에서는 민주주의 원칙 자체에 입각한 논증, 즉 다수의 의견에 근거한 논증으로 볼 수 있다. 따라서 모두가 하는 생각이라고 해서 반드시 옳은 것은 아니지만, 군중에 근거한 논증이라는 것 자체로 그 내용을 무효화하기에는 충분하지 않다.

무지를 이용한 논증(Argumentum ad ignorantiam)

무지를 이용한 논증은 음모론을 좋아하는 이들과 온갖 종류의 광신자들이 자신의 생각을 유효한 것으로 만들기 위해서 많이 쓰는 방법이다. 보통은 논리가 허술해서 속셈이 뻔히 들여다보인다. "지구에 생명체가 어떻게 나타났는지 정확히 아는 사람은 아무도 없으므로 신이 유일한 설명이 될 수 있다"라는 주장이 그 예라고 할 수 있다. 그러나 꽤 빈틈이 없어서 사람들이 충분히 속아 넘어갈 만한 것들도 존재한다. 다음과 같은 논증처럼 말이다. "미국 공군은 1947년에 로즈웰에서 일어난 사건에 대해서 아는 바가 없다고 주장하지만, 그러면서도 UFO의 추락이 있었던 것이 아니냐는 의견에 대해서는 사실이 아니라고 반박하고 있다. 대중에게 무엇인가를 숨기고 있다는 증거인 것이다."

반복을 이용한 논증(Argumentum ad nauseam)

반복을 이용한 논증은 "혐오감"을 이용한 논증이라고도 불리는 것으로, 증거나 허위 증거를 질리도록 반복해서 제시함으로써 반대 논거가 묻혀버리게 만드는 것을 말한다. 이 역시 음모론자들이 많이 사용하는 방법이다. 실제로 음모론자들은 자신들의 말을 증명하기 위해서 허위 증거들을 무더기로 제시하며, 이로써 일련의 상황증거가 존재하는 것 같은 느낌이 들도록 만든다. "2,000개나 되는 논거를 무효화하기는 힘들겠어" 내지는 "그래, 이 모든 논거들이 거짓일 확률은 거의 없지"라고 생각해도 이상할 것이 없는 것이다. 인류가 달에 착륙한 것이 조작된 것임을 "증명하는" 음모론이든, 이집트 피라미드와 페루 나스카의 지상화(地上畵)가 외계인의 작품이라고 설명하는 음모론이든 간에, 문제의 설에 대한 소위 "연구들"은 대개는 수많은 "증거들"을 제시한다. 그러나 우리가 기억해야 할 사실은 2,000개나 되는 증거가 모두 거짓일 확률도 얼마든지 있다는 것이다. 그리고 어떤 논증을 무효화하는 데에는 단 하나의 반대 증거만으로도 충분하다는 사실을 알아두기를 바란다. **증거에 대한 부정** 역시 전형적인 궤변이다.

그밖의 유형들

이상 살펴본 내용은 궤변의 가장 전형적이고 흔한 사례들이다. 그러나 그밖의 유형들도 아직 많이 남아 있다. 이것을 주제로 책을 쓰면 한 권이 아니라 몇 권도 쓸 수 있을 것이다. 쇼펜하우어가 그랬던 것처럼 말이다(권위에 근거한 논증). 그리고 여러분도 잘 알다시피(군중에 근거한 논증) 괜히 부풀려 말하는 것은 정치인들이 전문이다(사람을 향한 논증). 나는 그런 쪽으로는 아는 것이 전혀 없기 때문에 진정성 있게 이야기할 수밖에 없다(무지를 이용한 논증). 이 주제에 관심이 있는 독자들을 위해서 몇 가지 키워드를 두서없이 알려줄 테니까(반복을 이용한 논증) 본인이 선호하는 검색 엔진으로 한번 찾아보기를 바란다. 재력을 이용한 논증, 가난을 이용한 논증, 선결문제 요구의 오류, 거짓 딜레마, 잘못된 반론, 왜곡된 선택, 고드윈의 법칙, 애매한 문장의 오류, 일반화의 오류, 명예(혹은 불명예)를 이용한 논증, 연좌의 오류, 증명할 수 없는 가정, 전제의 조작, 붉은

천, 연막, 종이호랑이……

그럼 서론은 이 정도로 하고, 이제 본론으로 들어가서 함께 생각을 좀
해보자.

빅뱅

명칭만 빅뱅

자, 그래서 정말 어디까지 했더라? 아, 그래, 제1권에서 우리는 아인슈타인의 상대성 이론을 살펴본 뒤, 일반상대성 이론 때문에 사람들이 우주가 정지 상태가 아닌 불안정한 상태에 있을지도 모른다는 생각을 하게 되었다는 것까지 이야기했다. 정작 일반상대성 이론을 내놓은 아인슈타인 자신은 반대로 생각했다는 것도 말이다. 중력의 작용 범위가 무제한적이라는 점을 염두에 둘 때, 우주가 불안정하다는 말은 무엇보다도 자연적인

내 일생 최대의 실수*

1917년 2월, 아인슈타인은 일반상대성 이론의 방정식에 상수를 하나 추가했다. 자신의 이론이 정적인 우주와 양립할 수 있게 하려는 목적이었다. 전적으로 인위적일 뿐만 아니라 거의 임의적인 성질의 조치였다. 그러나 아인슈타인은 무엇보다도 우주를 이해하고자 하는 물리학자였고, 그래서 자신이 추가한 상수의 성질을 이해하려고 노력했다(그런 점에서 아인슈타인은 막스 플랑크와는 다르다. 플랑크는 자기가 도입한 양자의 개념을 아주 유용한 수학적 도구로만 보았기 때문이다). 우리 같은 보통 사람들로서는 전혀 상상이 안 되는 개념이지만, 수학적으로 볼 때, 아인슈타인의 우주상수는 음의 압력을 가지는 유체(기체나 액체)와 비슷하다. 공간 자체가 지닌 속성으로서, 진공에 에너지를 부여한다. 그것도 아주 많이(진공의 에너지에 관해서는 뒤에서 이야기할 것이다). 그런데 아인슈타인이 우주상수를 추가하고 몇 년 뒤, 우주가 정적이지 않으며 팽창 중이라는 사실이 밝혀지면서 문제의 상수는 폐기되어야 했다. 그래서 아인슈타인은 우주상수를 두고 "내 일생 최대의 실수"라고 말하게 된다. 하지만 시간이 더 지난 뒤에 우주상수는 과학사에 재등장하면서 다시 주목을 받았다. 사실 우주상수는 그렇게까지 한심한 발상은 아니었다. 아니, 오히려 천재적인 발상이었다고 할 수 있을 것이다. 아인슈타인은 실수조차도 천재적으로 하는 인물이었던 것……. 자, 무슨 말인지는 뒤에 가서 보면 알 테니까 일단은 시간 순서대로 차근차근 이야기하자. 1917년과 1927년 사이에는 중요한 일들이 많이 벌어졌다.

붕괴 가능성을 의미한다. 우주가 자체적으로 붕괴해서 파괴될 수 있다는 뜻이다. 그러나 아인슈타인은 우주가 붕괴될 리 없다고 생각했다. 우주는 과거에도 늘 그렇게 존재했고, 따라서 미래에도 늘 그렇게 존재해야 했다. 요컨대 그가 생각한 우주는 정적인 모습이었다. 여기서 짚고 넘어갈 점은, 당시에 인류는 우주에 우리 은하 말고 또다른 은하들이 있다는 사실

---

* 아인슈타인의 일생에서. 내 일생 말고…….

을 아직 몰랐다는 것이다. 그리고 우주를 이루는 요소들의 안정성에 의심을 품게 만드는 현상, 즉 별들 사이의 거리가 멀어지는 현상도 감지하지 못했다. 따라서 우주를 정적이라고 보는 생각은 충분히 공감을 얻을 만했다. 그러나 일반상대성 이론이 말하는 대로의 우주는 그와 상반된 성질을 가지고 있었다. 그래서 아인슈타인은 정적인 우주와 자신의 이론을 양립시키기 위해서 일반상대성 이론의 방정식에 상수를 하나 1917년에 추가한다. "우주상수(宇宙常數, cosmological constant)"가 바로 그것이다.

91. 정적이지 않은 우주

아인슈타인이 우주상수를 도입하자, 학자들은 우주상수가 포함된 방정식의 해(解)를 구하는 작업에 착수했다. 우주의 작용을 설명하려면 방정식만 있다고 되는 것이 아니라 방정식에 대한 풀이도 필요하기 때문이다. 그런데 지금 말하는 방정식 풀이는 우리가 중학교 수학 시간에 풀었던 "X의 값을 구하시오" 같은 것이 아니다. 아인슈타인의 방정식은 말하자면 우주가 준수하도록 되어 있는 법칙을 기술해놓은 것이다. 그리고 이 방정식에는 여러 매개변수들이 포함되어 있다. 이 같은 방정식을 푼다는 것은 그 방정식의 해를 구하는 것, 다시 말해서 방정식에서 말하는 법칙이 성립하는 한 벌의 매개변수를 찾는 것을 뜻한다. 여기서 흥미로운 점은 문제의 매개변수들이 실재 세계의 어떤 것(우주의 크기, 우주의 전체 에너지 등)에 대응되고, 따라서 방정식이 성립하는 매개변수들로 이루어진 각각의 해는 우주가 취할 수 있는 어떤 한 가지 상태에 해당한다는 사실이다. 학자들이 그 같은 작업에 관심을 기울인 목적은 물론 우리 우주를 더 잘 이해하려는 것이었다. 앞에서 말했듯이 당시 사람들은 우리 은하 말고 다른 은하들이 있다는 사실을 아직 몰랐고, 우주에 대해서 그저 막연한 개념을 가지고 있었기 때문이다. 음케이?[*]

문제의 방정식 풀이에 착수한 사람들 중에는 특히 돋보이는 인물이 둘 있었다. 한 명은 러시아 사람, 또 한 명은 벨기에 사람이다.[**] 그럼 러시아 쪽, 알렉산드르 프리드만부터 시작해보자. 프리드만은 물리학자이자 수학자로, 학자로서 짧지만 밀도 높은 생을 살았다. 1888년에 상트페테르부르크에서 태어나 열일곱 살에 독일의 수학자 다비트 힐베르트의 제자가 되었고(그렇다, 겨우 열일곱에), 서른넷이던 1922년에(이때가 세상을 떠나기 3년 전이다) 일반상대성 이론의 방정식을 접하게 되었다. 방정식을 마주한 프리드만은 중력과 공간과 시간을 개입시키는 그 방정식이 우리 우주의 구조 자체를 기술하고 있음을 깨달았다. 그래서 그는 정확한 해를 찾기 위한 연구에 들어갔고, 아주 빠르게(해당 연구를 발표한 시기가 1922년 6월이다) 일반상대성 이론의 테두리 안에서 일관성 있는 최초의 우주 모형에 이르게 되었다. 그것이 바로 프리드만의 유한 우주 모형이다.

프리드만은 방정식 풀이를 통해서 우주가 크기와 곡률(曲率), 질량-에너지[***] 밀도 같은 속성뿐만 아니라 나이도 있을지 모른다고 생각했다. 그가 알아낸 우주는 실제로 그렇게 정적인 상태가 아니었기 때문이다. 이로써 프리드만은 우주가 팽창 중이라는 생각을 처음으로 하게 되는데, 그 접근이 전적으로 수학적인 것이었던 까닭에 거기서 어떤 결론을 끌어내야 할지

---

[*] 미국 텔레비전 애니메이션 「사우스 파크(South Park)」에서 맥키 선생이 말끝마다 붙이는 표현. '오케이(okay)'를 어눌하게 발음해서 '음케이(m'kay)'가 된 것이다. 그러니까 무슨 말인지 이해했냐는 뜻. 오케이?

[**] 뭔가 재미있는 이야기가 펼쳐질 것처럼 보이지 않는가?

[***] 질량과 에너지가 등가(等價)임을 보여주기 위한 표현이다.

우주의 유한성

우주에 대한 이해는 우주가 유한한지 무한한지를 따지는 문제에서부터 심각한 한계에 부딪치기 시작한다. 우주가 아주 크다는 것, 이것은 누구나 아는 사실이다 (우주의 크기에 대해서는 뒤에서 이야기할 것이다). 그렇다면 이 커다란 우주에는 끝이 있을까? 이 질문은 어떤 식으로 답을 하든 문제를 제기한다. 뒤에서 자세히 살펴보겠지만, 질문에 대한 답이 맞느냐 틀리느냐를 따지는 수학적 접근과 그 답이 무엇을 의미하는지를 따지는 물리학적 접근 사이에는 차이가 있기 때문이다.

무한한 우주는 말 그대로 끝이 없는 우주로서, 그 무한함은 우리가 물리적으로는 절대 파악할 수가 없다. 이에 비해서 유한한 우주는 끝이 있는 우주, 즉 우리가 그 경계를 정할 수 있는 우주를 말한다. 그렇다면 그 경계 너머에는 무엇이 있을까? 만약 거기에 무엇인가가 있다면 그것도 여전히 우주의 일부에 해당한다. 그러나 만약 아무것도 없다면……어떻게 아무것도 없을 수 있을까? 그 아무것도 없음의 성질은 어떤 것일까?

보다시피 우주의 유한성은 우주의 다른 많은 속성들과 마찬가지로 골치가 아픈 문제이다. 그러나 프리드만에게는 비교적 간단한 문제였다. 왜냐하면 그는 무엇보다도 수학적인 방식으로 접근했기 때문이다.

를 더 연구했다. 가령 우주가 팽창 중이라면 우주는 오늘이 어제보다 크고, 어제는 그제보다 컸음을 의미한다. 그래서 프리드만은 우주를 반지름이 계속 커지는 4차원의 구(球)라고 이해했다(공간의 3차원과 시간의 차원을 더해서 4차원). 왜 하필 구냐고? 어떤 무엇인가가 커질 때에 어느 한 방향으로 더 커질 이유가 없다면 그것은 사방으로 같은 방식으로 커진다고 간주되기 때문이다. 그리고 그것이 곧 구에 대한 정의라고 볼 수 있다.[*]

---

[*] 구는 중심이라고 불리는 어느 한 점에서 공간상 같은 거리에 있는 모든 점의 집합으로 정의되며, 여기서 "거리"가 구의 반지름에 해당한다. 구의 정의가 평면의 공간에서 구현되면 "원"이 된다.

따라서 우주라는 구의 반지름은 시간을 거슬러올라갈수록 계속 작아질 것이다. 그렇다면 그 반지름은 언제까지 작아질까? 그 반지름이 영(0)이 되는 어느 시기, 어느 순간, 어느 시대, 어느 시간 같은 것이 존재할까? 그 때는 우주 전체가 단 하나의 점으로 존재했을까? 그것이 우주의 기원일 까? 현대 우주론은 바로 이런 의문들에서 탄생한다.

그런데 프리드만이 내놓은 우주 모형의 유한성과 관련해서 한 가지 주 의할 점이 있다. 프리드만의 우주는 엄밀히 말하면 경계가 없다. 자, 조금 은 이해가 안 되는 말일 수도 있으니까, 집중하기를 바란다. 프리드만의 모형에서 우주는 유한하되 경계를 가지지 않는다. 그보다 더 큰 외부 공 간 안에 들어 있는 것이 아니라는 뜻이다. 프리드만의 우주는 시간과 공 간에 해당하는 것 전체에 대응된다. 더 쉽게 말해서 프리드만의 우주는 경 우에 따라 측정할 수 있는(혹은 계산할 수 있는) 크기를 가지지만, 그 바 깥에는 어떤 공간도 시간도 존재하지 않는다(경계 없이 유한하다는 개념 에 대해서는 뒤에서 자세히 이야기할 것이다).

프리드만이 논문을 발표했을 때, 아인슈타인은 연이어 두 개의 단평을 내놓았다. 우선, 첫 번째 단평에서는 자신이 볼 때는 프리드만의 계산이 틀렸다고 지적하면서 이렇게 말했다. "프리드만의 연구에서 정적이지 않 은 상태의 우주에 관련된 결과는 문제가 있는 것 같다." 우주는 정적이어 야 하며, 팽창 중일 수가 없다는 것이다. 그러나 두 번째 단평에서는 우주 의 나이에 대한 프리드만의 계산은 옳다고 인정한다. 아인슈타인 자신도 우주의 나이를 계산한 적이 있기 때문이다. 그래도 아인슈타인은 정적인 우주에 대한 의견을 계속 고수하면서 우주를 불변의 것으로 보고자 했다. 그런데 이때, 아인슈타인의 방정식 풀이에 관심이 많은 또다른 인물이 등 장한다. 조르주 르메트르가 바로 그 주인공이다.

92. 너무 빠른 성운

조르주 르메트르는 벨기에의 천문학자이자 물리학자로, 1894년에 태어났다. 그는 가톨릭 교회의 의전사제라는 신분도 가지고 있었다.[*] 1927년, 르메트르는 「질량은 일정하고 반지름은 증가하는 균질 우주를 통해서 설명하는 은하계 밖 성운들의 시선속도」라는 제목의 논문을 내놓는다.[**]

르메트르의 논문 내용을 자세히 살펴보기에 앞서, 그 제목에서 "은하계 밖 성운"과 "시선속도(이 책 39쪽 참조)"가 무엇을 가리키는지부터 먼저 알아보고 넘어가는 것이 좋겠다.

18세기에 사람들은 우주에 대해서 이미 많은 것을 알고 있었지만, 아직 모르는 것도 그만큼 많았다. 예를 들면, 당시 사람들은 우리 은하가 우주의 다른 수많은 은하들 가운데 하나에 지나지 않는다는 사실을 아직 몰랐다. 이마누엘 칸트 같은 사람은 (영국의 천문학자 토머스 라이트보다 먼저) 은하수가 중력으로 서로 묶인 채 회전하는 무수한 별들로 이루어진 천체일지도 모른다는 생각을 내놓기도 했지만 말이다. 하지만 사람들은 밤하늘에 보이는 반짝이는 빛 중에서 어떤 것들은 다른 것들과 다르게 움직인다는 사실을 오래 전부터(최소한 고대 그리스 때부터) 알고 있었다. 그 빛들은 그리스어로 "떠돌이"를 뜻하는 행성(行星, planet)이라는 이름을 얻었고, 이로써 나머지 별, 즉 항성(恒星, fixed star)과 구별되었다. 물론 당시 사람들이 밤하늘에서 본 것은 행성과 항성 말고도 더 있었다. 넓고 희

---

[*] 의전사제는 성직자 중에서 어떤 특정한 임무에 관계된 직위를 가리킨다. 그 임무는 꼭 종교적인 것이 아니라 종교와 무관한 성질의 것일 수도 있다.

[**] "Un univers homogène de masse constante et de rayon croissant rendant compte de la vitesse radiale des nébuleuses extra-galactiques" in *Annales de la société scientifique de Bruxelles*, vol. 47, p. 49.

균질 우주(homogeneous universe)

우주의 균질성(均質性, homogeneity)에 대해서는 등방성(等方性, isotropy)과 함께 다시 이야기하겠지만, 우리가 이미 아는 것에만 기초해도 몇 가지를 말할 수 있다. 아인슈타인의 상대성 이론에 따르면, 어떤 물리학적 모형을 만들 때, 절대적 기준으로 쓸 수 있는 특별한 지점 같은 것은 존재하지 않는다(그래서 그 이론을 상대성 이론이라고 부르는 것이다). 따라서 우주는 어떤 관찰 지점에서든 비슷한 모습이어야 한다. 물론 똑같아야 한다는 말은 아니다. 천체들의 배치는 시점에 따라서 당연히 바뀌기 때문이다. 그러나 우주의 구조 자체는 어떤 관찰 지점에서도 비슷하게 보여야 한다.

이 말은 우주의 구조가 우주 내의 모든 지점에서 동일해야 함을 의미하며, 그러한 우주를 두고 "균질 우주"라고 말한다.

끄무레한 띠처럼 보이는 은하수와 뿌옇고 흐릿한 구름처럼 보이는 성운 (星雲, nebula)이 그것이다.[*]

　오늘날 우리는 성운에 대해서 제법 많은 것을 알고 있으며, 전문적인 용어를 꺼내지 않고도 비교적 정확한 정의를 제시할 수 있다. 쉽게 말해서 성운은 우주에 있는 기체와 먼지로 이루어진 거대한[**] 구름 같은 것이다. 제1권에서 이미 보았듯이,[***] 우주의 자연적인 원소 대부분은 항성 내부에서 "항성 핵합성(stellar nucleosynthesis)"이라고 부르는 과정을 통해서 생긴다. 하지만 대부분이 그렇다는 말이지, 모든 원소가 그런 것은 아니다. 특히 항성을 처음부터 구성하고 있는 원소, 즉 수소는 항성 이전에는 거대

---

[*] nebula(성운)의 어원인 라틴어 "nebulosis"는 "구름이 낀"을 뜻한다. 네불로시스, 발음으로만 보면 꼭 『해리 포터』에 나올 법한 주문 같다.

[**] 성운은 그 폭이 10광년이 넘는 것도 많다. 비교 차원에서 말하면, 태양계의 폭이 대략 1광년이다.

[***] 『대단하고 유쾌한 과학 이야기』 제1권, 제24장 참조.

은하수는 도대체 어디에 있을까?

우리는 은하수라는 말을 자주 들어왔고, 또 은하수가 무엇인지도 알고 있다. 그렇다면 망원경이 발명되기 전에 사람들은 은하수를 어떻게 볼 수 있었을까? 은하수는 육안으로는 볼 수 없지 않은가? 지금 이 말에 동의했다면, 여러분은 빛 공해의 피해를 입고 있는 도시인이 분명하다. 실제로 은하수는 아주 커서 육안으로도 잘 보인다. 하지만 밝기가 상대적으로 약하다. 그래서 은하수를 분명히 볼 수 있으려면 밤하늘이 아주 깜깜해야 한다. 그런데 밤하늘이 완전히 깜깜하려면 지상에서 나온 빛이 공기 중에서 분산되는 일이 일단 없어야 한다. 그러나 여러분도 알다시피 도시는 밤에도 불빛으로 환할 뿐만 아니라 공기도 많이 오염되어 있다 (오염된 공기는 빛을 더 많이 분산시킨다). 그래서 은하수가 보이지 않는 것이다. 다음에 한적한 시골이나 높은 산, 바다 한가운데서(한마디로 도시의 불빛으로부터 멀리 떨어진 곳에서) 밤을 보내게 되거든 눈이 어둠에 익숙해지게 한 다음에 밤하늘을 바라보라. 그러면 은하수가 하늘을 가로지르는 장관이 여러분 눈앞에서 펼쳐질 것이다. 망원경을 가져다대고 싶은 욕망을 몇 초만 참으면 육안으로 그 아름다운 풍경을 볼 수 있다. 그 옛날 사람들이 어떻게 은하수를 볼 수 있었는지 궁금하다고? 나는 그 옛날에 은하수를 못 본 사람도 있었는지가 궁금하다.

한 구름의 형태로 우주에 존재한다. 그러니까 바로 성운을 이루고 있다는 뜻이다.

그 거대한 기체 구름은 중력의 작용으로 군데군데 붕괴하면서 수축할 수 있는데, 그러다가 압력이 충분히 커지면 핵합성이 가능한 상태에 이른다. 핵합성이 일어나면 항성이 탄생하는 것이다. 그래서 성운을 두고 항성의 발상지 내지는 좀더 시적으로 별들의 요람이라고 부른다.

우리 태양계도 그 같은 성운 가운데서 생겨났을 가능성이 크다. 그리고 충분히 주목할 만한 놀라운 사실*은, 태양계가 그런 식으로 탄생했을지도

---

* 정말 놀라운 사실이다.

모른다는 생각을 처음으로 진지하게 내놓은 사람이 18세기 독일의 어느 철학자였다는 것이다. 대부분의 시간을 비판하는 것으로 보냈던 인물, 순수 이성을 비판하고 실천 이성을 비판하고 판단력도 비판한 인물, 바로 이마누엘 칸트 말이다.

솔직히 말하면 이 책에서, 그것도 성운에 관한 대목에서 칸트라는 이름을 꺼내게 되리라고는 나도 예상하지 못했다. 칸트는 철학자로 잘 알려진 인물이 아닌가? 그런데 칸트는 오늘날 고등학생이 생각하는 철학에 해당하는 것, 다시 말해서 자유, 노동, 예술, 언어 등에만 관심을 가진 인물이 아니었다. 그는 철학자로서 모든 것에 관심을 가졌다. 특히 우리가 하늘을 올려다보았을 때에 관찰하게 되는 것과 우리 자신이 누구인지 말해주는 것들에 관심이 많았다. 태양계가 성운에서 생겨났을 것이라는 생각은 "스웨덴의 아리스토텔레스"*라고 불리는 과학자이자 철학자 에마누엘 스베덴보리가 1734년에 처음 내비쳤지만, 태양계 자체가 성운이 중력의 영향으로 서서히 붕괴한 결과라는 생각을 내놓은 것은 1755년의 칸트였다(그 성운을 두고 태양 성운이라고 부른다). 칸트는 성운이 천천히 자전하면서 납작한 원반 모양에 이르렀고, 그 원반에서 나중에 항성(태양)과 행성들이 생겨났을 것이라고 가정했다. 놀랍도록 정확한 이론을 세운 것이다. 그후 1796년에 피에르 시몽 드 라플라스가 내놓은 생각도 이와 비슷하다.

그러나 19세기에 제임스 클러크 맥스웰은 그 이론을 비판했다(그래서 완벽한 사람은 없다고 하는 것이다). 간단히 말하면, 맥스웰은 태양을 중심으로 회전하는 원반 모양의 먼지와 가스에서 행성들이 만들어질 수 없다고 보았다. 당시 사람들은 "근접 충돌 이론", 즉 다른 항성이 태양에 아

---

* 이 인물에 대해서는 더 이야기하지 않겠다. 무슨 말인지 이해가 안 된다면 내가 제1권에서 아리스토텔레스에 대해서 말한 내용을 참고하시길.

주 가깝게 접근했을 때에 항성이나 태양에서 떨어져나온 물질이 행성을 이루었다는 이론을 선호했기 때문이다. 이른바 "칸트-라플라스 가설"이 다시 주목받게 된 것은 1940년대의 일로(그렇다, 1840년대가 아니라 1940년대), 이후 이 이론은 개선을 거듭하면서 오늘날까지도 대체적으로 인정을 받고 있다. 그럼 칸트에 대한 여담은 여기까지 하고 다시 우리의 주제, 성운으로 돌아가자.

성운은 여러 종류가 있으며, 우주 거의 곳곳에 존재한다. 기본적으로 크기가 엄청나지만, 개중에는 상상도 못할 만큼 큰 것도 있다. 그런 것은 중요한 내용이 아니지 않느냐고? 맞다, 맞는 소리이다. 그런데 사실 20세기 초까지는 성운에 대해서 알려진 바가 정말로 그 정도밖에 없었다.[*]

당시 사람들은 보이는 모든 것이 우리 은하 안에 자리해 있다고 믿었다. 다른 은하가 존재할 것이라는 상상은 할 수 있었지만, 그것은 어디까지나 사변적인 추측에 지나지 않았다. 확실한 것은 우리 은하가 존재하고, 우리 은하에는 태양계 말고도 별과 성운, 아주 넓은 빈 공간이 있다는 것이었다. 그런데 사람들이 우리 은하의 내용물에 대해서 더 많이 혹은 더 정확히 알고자 애쓰고 있던 1908년, 수백 년의 역사를 자랑하는 프랑스의 유명한 유리 제조회사 생 고뱅(Saint Gobain)[**]은 당대 최대 규모인 2미터 50센티미터짜리 거울을 만드는 작업을 마침내 끝냈다. 역시 당대 최대 규모에 해당하는 캘리포니아 윌슨 산 천문대 망원경에 쓰기 위한 것이었다. 망원경은 1917년에 완성되었는데, 바로 그 무렵 에드윈 허블이라는 이름의 미주리 출신의 미국 천문학자가 윌슨 산 천문대에 들어와서 관측 활동을 시작했다.

---

[*] 잘 모른다는 점을 감안하더라도 별로 중요한 내용은 아니지만.
[**] 루이 14세 시대에 재상 장 바티스트 콜베르가 설립했다.

과학자는 분류를 좋아해

과학자들은 무엇인가를 발견했다 하면, 그것이 무엇이든 본능적으로 분류에 들어간다. 허블도 예외는 아니었다. 은하를 형태에 따라 나눈 분류법이 바로 허블의 작품이다. 해당 분류에 의하면 타원 은하(楕圓銀河, elliptical galaxy)는 이심률*에 따라서 E0, E1, E2…… E7로 나뉘고, 나선 은하(螺旋銀河, spiral galaxy)는 나선 팔의 형태와 중심부에 "막대" 모양의 구조가 있는지에 따라 Sa, Sb, Sc, SBa, SBb, SBc 등으로 나뉜다. 그리고 렌즈 은하(lenticular galaxy)는 S0, 불규칙 은하(irregular galaxy)는 Irr로 표시된다. 그렇다, 과학자들은 분류를 할 때 "기타"에 해당하는 칸에도 좀더 정확한 명칭을 부여한다. 다른 어떤 칸에도 들어가지 않는 것은 모두 "불규칙한 것"으로 분류하는 것이다. 이후 일부 불규칙 은하가 나선 은하와 유사성이 있음이 확인되자 학자들은 또 분류에 들어갔고, 그 결과 불규칙 은하 카테고리는 "나선에 가까운" 불규칙 은하(Sm 또는 Irr I로 표시)와 "기타" 불규칙 은하(Im 또는 Irr II로 표시)로 다시 나누어졌다. 서두에서 말했듯이 분류는 과학자들의 어쩔 수 없는 본능이다.

1924년에 허블은 안드로메다 성운(안드로메다가 은하라는 것을 아직 몰랐기 때문에 "성운"이라고 불렀다)의 계산된 크기에 근거해서, 사수자리에 있는 성운 하나가 크기는 최소 은하수와 동일하지만 거리는 은하수보다 훨씬 더 멀다는 사실을 알아냈다. 그리고 다수의 성운은 그렇게까지 흐릿하지 않다는 것도 확인했다. 그전까지는 단지 망원경의 정밀도가 떨어져서 흐릿하게 보였던 것이다. 그렇게 해서 1924년 12월 30일, 허블은 새해를 꼭 48시간 앞둔 시각에** 우리 은하가 아닌 다른 은하가 처음으로 발견되었음을 발표한다. 우주의 크기가 순식간에 아주 커지는 순간이었다.

---

* 이심률(離心率, eccentricity)은 타원에 관계된 기하학 용어이다. 찌그러진 정도를 나타내는 값이라고 보면 된다.
** 우연의 일치일까? 아마 그럴 것이다.

더 이상 성운이라는 명칭으로 불리지 않게 된 안드로메다 은하를 포함해서 새로운 은하들이 꾸준히 발견되자 학자들 사이에서는 비슷한 성격의 질문들이 빠르게 제기되었다. 그 은하들은 우리 은하를 기준으로 어디쯤 위치해 있을까? 그 은하들은 서로를 기준으로 움직이고 있을까? 움직인다면 어떤 방식으로 움직일까? 은하들은 중력의 작용으로 서로를 끌어당기면서 점점 더 가까워지고 있을까? 저런, 그렇다면 우리는 그 중력 때문에 결국 납작하게 으깨질 것이라는 말이 아닐까? 그런 일은 언제 일어날까? 언제 으깨질지 모르는 마당에 노후를 생각해서 저축할 필요가 있을까?*

어떤 별이나 성운, 은하가 지구를 기준으로 이동하는 속도를 계산하려면, 두 가지에 대한 계산이 필요하다. 하나는 계산하기가 쉽고, 다른 하나는 그렇게 쉽지 않다. 우선 계산하기 쉬운 쪽은 접선속도(接線速度, tangential speed)라고 부르는 것이다. 하늘이 여러분 머리 위로 평면 스크린처럼 펼쳐져 있다고 상상해보자. 이때 여러분은 그 스크린 위에서 어떤 별이 이동하는 속도를 매순간 계산할 수 있다. 별이 단위 시간 동안 여러분의 관찰 시점에서부터 "오른쪽으로" 몇 센티미터 이동했는지 확인하면 된다. 그리고 그 거리를 알면 별이 그 시간 동안 "실제로" 이동했을 것으로 생각되는 거리도 대략 추론할 수 있다. 여기서 내가 "대략"이라고 말한 것은 그 별의 이동에는 앞에서 계산하기 쉽지 않다고 말한 다른 요소, 즉 "시선속도(視線速度, radial speed)"라고 부르는 것도 포함되기 때문이다.** 시선속도란 간단히 말해서 어떤 물체가 여러분을 향해 가까워지거나 멀어지

---

* 결론을 미리 알려주자면, 저축할 필요가 있다.
** 숭산에 다른 내봉이 길어시는 바람에 "시선쏙노"가 이세야 나봤나. 이 상을 시삭하면서 알아보자고 했던 것 말이다.

과학자는 목록 만들기도 좋아해

18세기에 천문학자 샤를 메시에(제1권에서도 잠깐 언급한 혜성 사냥꾼*)는 동료들에게 조금이라도 도움이 되고자 어떤 목록을 작성하기로 마음먹는다. 별은 아닌데 하늘에서 별과 함께 이동하는 것(따라서 행성이나 혜성, 소행성도 아닌 것), 즉 성운들에(그리고 당시에는 성운으로 알고 있던 다른 은하들에도) 번호를 매기기로 한 것이다. 메시에가 이 같은 생각을 하게 된 것은 초신성(超新星, supernova)으로 인해서 생겨난 "게" 모양의 아름다운 성운을 관측하면서였다(인터넷에 게성운 사진이 올라와 있으니까 꼭 검색해서 보시길). 메시에는 게성운에 M1이라는 이름을 붙였고, 이를 출발점으로 이른바 메시에 목록을 작성하기 시작했다. 작업은 아주 간단했다. 성운이 발견될 때마다 숫자를 하나씩 높이면 되기 때문이다. 그렇게 해서 안드로메다 은하(그때는 아직 안드로메다 성운이었지만)는 M31로 명명되었고, 야생오리 성단은 M11로 명명되었다. 메시에 목록이 처음 발표된 1774년에만 해도 목록에 수록된 천체는 45개에 불과했지만, 1784년의 두 번째 발표 때는 103개로 늘어났고, 20세기에는 카미유 플라마리옹에 의해서 M110까지 추가되었다. 현재 확인된 바에 따르면, 그중 40개는 은하에 해당한다.

과학자들의 목록 사랑 덕분에 과학사에는 메시에 목록 이후 비슷한 목록이 몇 개 더 등장했다. 대표적인 것으로는 윌리엄 허셜이 1864년에 내놓은 『성운, 성단 총목록(General Catalogue of Nebulae and Clusters)』과 존 드레이어가 이를 개정, 보충해서 1888년에 내놓은 『성운, 성단 신총목록(New General Catalogue of Nebulae and Clusters of Stars)』이 있다(줄여서 NGC라고 부른다). 예를 들면, 여러분이 만약 NGC292라는 이름을 들었다면, NGC 목록을 참조하면 그것이 소마젤란 은하임을 알 수 있다. NGC 목록은 이후로도 계속 개정, 보충되면서 1973년에는 윌리엄 티프트와 잭 설렌틱에 의해서 『성운, 성단 개정 신총목록(Revised New General Catalogue)』(줄여서 RNGC)이라는 이름으로 다시 나왔다. 제목이 갈수록 길어지는 대신 정확성은 갈수록 높아진 것이다.

---

* 『대단하고 유쾌한 과학 이야기』 제1권, 제34장과 39장 참조.

는 속도를 가리킨다. 가령 여러분이 관찰하는 별이 여러분으로부터 멀어지면 시선속도는 양의 값으로 표현되며, 멀어지는 속도가 빠를수록 그 값은 더 커진다. 반대로, 별이 여러분에게 가까워지면 시선속도는 음의 값으로 표현된다. 그런데 천문학자들은 별의 시선속도를 측정하기 위한 매우 효과적인 도구를 알고 있다. 적색편이(赤色偏移, redshift) 혹은 청색편이(靑色偏移, blueshift)라고 부르는 현상이 그것이다.

여러분은 여러분 앞을 지나가는 경찰차의 사이렌 소리가 처음에는 요란하지만 일단 지나가고 나면 마치 풀이 죽은 것처럼 누그러진다는 것을 아는가?* 사이렌에서 나타나는 그 같은 "음색"의 변화(다시 말해서 진동수의 변화)를 두고 도플러 효과(Doppler effect)라고 한다. 그렇다면 정확히 어떤 일이 일어나는지 알아보기로 하자. 우선, 경찰차의 사이렌 소리는 차에서부터 사방으로 같은 속도로, 즉 음속으로 퍼져나간다. 그래서 조금 떨어진 길에 서 있는 여러분의 귀에까지 그 소리가 도달하는 것이다. 그런데 경찰차가 여러분 가까이로 다가오면, 사이렌 소리의 파동은 여러분 방향으로 압축이 된다. 물론 아주 조금 압축되기는 하지만, 음속은 그렇게 많이 빠르지는 않기 때문에(자동차 속도의 15배 정도 빠르다) 우리는 그 변화를 지각할 수 있다. 이에 반해서, 경찰차가 여러분 앞을 일단 지나서 멀어지면 사이렌의 파동이 길게 늘어난다. 그래서 사이렌 소리는 경찰차가 여러분과 가까워질 때는 높아지고, 멀어질 때는 낮아지는 것이다. 마찬가지로 자동차의 경보등과 전조등이 내는 빛의 파동도 압축되었다가 늘어나는 현상을 겪는다. 그러나 빛의 속도는 엄청나게 빠르기 때문에(자동차 속도의 1,500만 배 정도 빠르다) 우리는 그 변화를 지각하지 못한다.

그렇지만 별이 우리를 기준으로 충분히 빠르게 멀어지거나 가까워질 경

---

* 삐뽀삐뽀 오오오오오오오……

별에 대한 분광법적 연구

분광법(分光法, spectroscopy)에 대해서는 제1권에서 잠깐 이야기했다.* 원소는 각기 일정한 파장에 대응되는 빛을 내며, 그래서 별이 내는 빛을 분석하면 수소나 헬륨 같은 별의 성분에 관한 정보를 끌어낼 수 있다는 것 말이다. 그런데 은하계 밖의 성운들, 다시 말해서 우리 은하가 아닌 다른 은하들이 내는 빛을 분석했을 때 확인되는 파장은 우리가 아는 원소들에 전혀 대응되지 않는다. 그 파장이 우리가 원소들에 대해서 예상하는 범위에서 약간씩 옆으로 벗어나서, 조금 더 짧거나 조금 더 길게 나타나기 때문이다(대신 한 은하에서 나오는 빛의 파장은 모두 동일하게 더 짧거나 더 길게 나타난다). 파장이 더 짧을 때는 스펙트럼이 청색(가시광선에서 파장이 가장 짧은 영역) 쪽으로 치우쳐 있고, 파장이 더 길 때는 적색(가시광선에서 파장이 가장 긴 영역) 쪽으로 치우쳐 있는 것이다. 예를 들면, CFRS14.1103 은하**의 경우 산소와 이온화 수소에 대해서 각각 500.7나노미터와 656.2나노미터의 파장을 방출하지만, 측정상에서 그 값은 각각 약 20퍼센트씩 더 길게 604.8나노미터와 792.7나노미터로 나타난다. 이러한 측정값을 이용하면 그 은하의 시선속도와 그 거리를 계산할 수 있다.

우, 정확한 도구를 이용하면 그 빛의 파동 변화를 감지할 수 있다. 그 변화의 성질, 즉 별이 내는 빛의 파동이 압축되어 짧아지는지 아니면 늘어져서 길어지는지를 확인하는 것이다.

허블과 르메트르에 대한 내용으로 돌아가기 전에 어느 여인에 대한 이야기를 잠시 하고 지나가자. 이 여인에게 경의를 표하는 일 역시 이번 주제를 마무리하는 일 못지않게 중요하기 때문이다.

---

* 『대단하고 유쾌한 과학 이야기』 제1권, 제3장과 24장 참조.
** 다양한 천체들의 적색편이를 조사하는 "캐나다-프랑스 적색편이 조사(Canada-France Redshift Survey)"의 분류법에 따른 명칭이다.

93. 과학사의 한 페이지 : 헨리에타 스완* 레빗

헨리에타 스완 레빗(이후에는 스완이라고 칭하겠다)은 미국의 여성 천문학자로, 1868년에 매사추세츠에서 태어났다. 스완이 여성 천문학자라는 점에 대해서 맥락을 조금 더 부여하자면, 물론 당시 여성들은 과학 교육을 받을 수는 있었다. 다만 어디까지나 재미나 교양 차원에서 배우는 것이었고, 과학을 배운다고 해도 여성은 여성일 뿐이었다. 여성을 비하하는 말이 아니라, 당시 미국에서 여성이 과학 연구로 성공하려면 남성보다 훨씬 더 열심히 연구해야 했다는 뜻이다. 그리고 열심히 하더라도 연구 팀에서 남성과 동등한 위치를 얻지 못하고 반복적인 일을 맡는 경우가 대부분이었다. 필요하기는 하지만 그렇게 큰 가치는 없는 작업 말이다. 아무튼 스완은 스물넷이던 1892년, 하버드 대학교 내의 여자대학인 래드클리프 칼리지를 졸업했다. 스완이 특히 뛰어난 재능을 드러낸 분야는 천문학이었다(여학생들 사이에서만이 아니라 남학생들과 비교해서도).

다음 해인 1893년, 하버드 대학교 천문대장으로 있던 천문학자 에드워드 찰스 피커링은 천문대에서 일할 사람을 찾고 있었다. 엄청나게 많은 천문 자료를 정리하려면 도움이 필요했기 때문이다. 피커링은 여성의 임금이 남성보다 싸다는 것을 알고 있었고, 그래서 많은 여성들을 고용해서 승진 없이 최대한 오랫동안 조수로 일하게 했다. 덕분에 학계에서는 그들을 가리켜 "피커링의 하렘"이라는 부르는 농담이 오갔다. 피커링에게 그 여성들은 무엇보다도 "세밀하고 반복적인" 업무에 타고난 소질을 가진 이상적인 인력이었다. 그런 까닭에 사람들은 그 팀을 두고 피커링이 직접 붙인 "하

---

* 괴짜 천체물리학자가 우주와 외계인에 대해서 이야기하는 강연 형식의 번역 「엑소샹베닝스」에서 목소리로만 등장하는 인공지능 "스완"이 바로 이 스완에게서 따온 것이다.

피커링을 너무 비난하지는 말자

내가 지금 피커링을 아주 고약한 이미지로 그리고 있다는 것은 나도 알고 있다. 그런데 사실 그가 꼭 비난만 들을 인물은 아니다. 당시 시대 상황을 감안할 때, 그처럼 많은 여성들을 고용하기 위해서 피커링도 나름대로 분투했을 것이기 때문이다. 동료들한테서 이상한 사람이라는 취급까지 받으면서 말이다. 게다가 그는 그 여성들에게 과학자로 대접해주겠다는 약속을 결코 한 적이 없다(그가 그럴 마음이 있었는지 없었는지에 대해서는 역사적으로 전해지는 바가 없다).

따라서 피커링이 여성을 무시한 것은 분명하나, 당시 다른 많은 남성 과학자들이 그랬던 것에 비하면 정도가 훨씬 덜한 편이었다. 물론 그렇다고 그의 행동이 정당화되는 것은 아니지만, 조금 더 넓은 맥락에서 생각해보자는 뜻이다.

버드의 계산기들(Harvard Computers)"이라는 별명으로도 불렀다.

그렇다면 피커링은 왜 그렇게 많은 "도우미들"이 필요했을까? 가능한 한 많은 별들을 등급에 따라서(쉽게 말해 밝기에 따라서) 분류하고, 또 밝기가 밝은 별들은 스펙트럼 유형에 따라서 분류해서 목록을 작성할 계획을 가지고 있었기 때문이다. 이때 피커링이 보여준 현대적이면서도 영리한 면모는 사진에 중요성을 부여했다는 것이다. 그가 생각하기에 사람의 눈은 부정확할 뿐만 아니라 관측을 오래하면 피로해진다는 단점이 있었다. 그러나 사진은 아주 약한 빛도 자세하게 잡아낼 수 있고, 긴 시간 연속해서 관측해도 항상 똑같은 품질을 유지하며, 관측 후에도 계속 활용이 가능하지 않은가? 말하자면 피커링은 천체사진술의 선구자였다. 그런데 문제의 작업이 시작되자 곧 수천 장의 사진을 정리해야 하는 상황에 놓이게 되었고, 그래서 자꾸만 늘어나는 수많은 사진들을 정리해줄 값싼 인력이 필요했던 것이다. 헨리에타 스완 레빗도 바로 그 인력, 피커링의 인간 계산기들 중 한 명이었다. 당시 목록으로 정리된 별의 절반 이상이 스완의 작품이다.

특히 스완은 피커링의 팀에서 일하던 중에 세페우스 자리에서 놀라운 것을 발견했다. 세페우스 자리 델타*의 밝기가 변한다는 사실을 알아낸 것이다. 문제의 별은 사진에 따라서 밝기가 크게 달라졌고, 이로써 변광성(變光星, variable star)임이 공식적으로 확인되었다. 세페우스 자리 델타를 계기로 별의 분류에는 일정한 주기에 따라서 밝기가 변하는 별을 가리키는 새로운 범주가 생겼다. "세페이드 변광성(cepheid variable)", 혹은 간단히 "세페이드"라고 불리는 범주가 그것이다. 이후 스완은 마젤란 성운을 중심으로 많은 수의 세페이드를 연구했고, 1912년에는 변광성의 변광 주기와 광도 사이에 직접적인 상관관계가 있음을 밝혀냈다. 별이 밝을수록 변광 주기가 길어진다는 것인데, 스완은 이 같은 상관관계를 이용하면 변광성까지의 거리를 계산할 수 있을 것임을 직감했다. 그러나 피커링은 스완이 이론적인 연구에 몰두하는 것을 허용하지 않았다. 그래서 그 관계를 수학적으로 공식화하는 작업은 결국 덴마크의 천문학자 아이나르 헤르츠스프룽**의 몫으로 돌아갔다. 더 정확히 말하면, 헤르츠스프룽은 우선 통계적 시차(視差, parallax)를 이용해서 마젤란 성운의 세페이드 변광성들까지의 거리를 계산했다. 그리고 그 결과에서 출발, 스완이 알아낸 **주기와 광도의 상관관계**를 이용해서 다른 변광성들까지의 거리를 밝혀냈다. 그런데 헤르츠스프룽의 계산은 10배의 오류가 있었다. 모든 별을 실제보다 10배 더 가까운 위치로 계산했기 때문이다. 스완은 이후 1921년에 가서야 천문대의 항성 광도 측정 책임자로 임명되었으나, 그해 12월 12일에 쉰세 살의

---

* 하나의 별자리를 이루는 별들은 밝기 순서대로 그리스어 알파벳을 이용하여 알파(α), 베타(β), 감마(γ), 델타(δ)……의 식으로 이름이 붙는다.
** 뭔가 장난으로 붙인 것 같은 이름이다.

나이로 세상을 떠났다.

스완은 건강상에 문제가 있었음에도 불구하고(젊은 시절에 앓았던 병 때문에 청력이 점차 감퇴했고, 나중에는 암까지 걸리면서 사망에 이르렀다) 자신에게 주어진 그 지루한 작업에 끈기 있게 애정과 관심을 쏟았고, 이로써 과학은 성별의 문제가 아니라 상상력과 호기심, 거듭된 작업과 연구의 문제라는 것을 그녀 나름으로 증명했다. 1924년에 스웨덴의 수학자 예스타 미타그 레플레르는 스완을 노벨상 후보에 올리려고 했다. 그러나 노벨상은 죽은 사람에게는 수여하지 않는 것이 원칙이다. 에드윈 허블도 여러 번 안타까워했듯이 유감스러운 일이 아닐 수 없다.*

94. 너무 빠른 성운—보충 설명

그럼 다시 주제로 돌아가자. 에드윈 허블이 활동하던 시대에 천문학자들은 하늘에서 보이는 어떤 천체까지의 거리를 계산하는 방법과 그 천체가 지구로부터 멀어지거나 가까워지는 속도를 알아내는 방법을 알고 있었다. 그렇다면 이제 필요한 것은 관측이었다. 그것도 아주 많은 관측과 수치가 필요했다.

허블은 최대한 많은 은하계 밖의 천체들을 대상으로 그것이 멀어지는 속도를 측정하는 것부터 시작했다. 그리고 다른 은하들이 내놓는 빛의 파동이 모두 적색편이를 보인다는 사실을 곧 알게 되었다. 따라서 그 은하

---

* DNA의 이중나선 구조를 발견한 영국의 분자생물학자 로절린드 프랭클린도 같은 이유로 노벨상을 받지 못했다. 해당 연구에 대한 노벨상은 프랭클린이 죽고 4년 뒤에 제임스 왓슨과 프랜시스 크릭, 모리스 윌킨스에게만 수여되었다. 왓슨이 누구보다 프랭클린이 받아야 하는 상이라고 이의를 제기했음에도 말이다.

도플러 효과는 정답이 아니다

앞에서 말했듯이 빛의 적색편이는 도플러 효과를 통해서 설명될 수 있다. 다만 이는 아주 정확한 설명은 아니다. 왜냐하면 빛은 광속(光速)으로 이동한다는 점을 고려해야 하기 때문에, 그리고 그 같은 속도에서는 도플러 효과가 아닌 "상대론적 도플러 효과"를 이야기해야 하기 때문이다. 다시 말해서 시간 지연 현상, 빛이 기울어져 보이는 광행차(光行差) 현상, 또 그밖에 비유클리드 수학과 관계된 많은 현상을 개입시켜야 한다는 뜻이다.

게다가 그것이 끝이 아니다. 실제로 우리 은하로부터 멀어지고 있는 은하들의 적색편이를 설명해주는 것은 상대론적이든 아니든 도플러 효과가 아니라, 그 은하들과 우리 은하 사이의 공간이(그리고 그 은하들 사이의 공간도) 늘어나고 있다는 사실이기 때문이다. 내용이 너무 앞서가는 것 같으니까 여기까지만 하고, 우주 공간의 팽창에 대해서는 뒤에서 다시 이야기하자.

들은 우리 은하로부터 멀어지고 있었다. 게다가 허블은 1929년에는 밀턴 휴메이슨과의 공동 작업을 통해서 지구에서 멀리 있는 은하일수록 더 빨리 멀어진다는 것도 확인했다.

어떤 은하가 우리 은하로부터 떨어져 있는 거리와 그 은하가 멀어지는 속도 사이의 관계를 밝힌 법칙을 두고 허블의 법칙(Hubble's law)이라고 부른다. 이 법칙이 말하고 있는 것이 바로 조르주 르메트르가 1927년에 「질량은 일정하고 반지름은 증가하는 균질 우주를 통해서 설명하는 은하계 밖 성운들의 시선속도」라는 논문에서 제시한 내용이다. 요컨대 우리 우주는 팽창 중이라는 뜻이다. 그런데 우리 우주가 만약 팽창하고 있다면, 머릿속으로 시간을 거꾸로 돌리면 우주가 점점 더 수축하는 모습을 그려볼 수 있다는 말이 아닌가? 이로써 사람들은 단지 상상이 아니라 측정 가능한 물리 현상에 근거해서 우주의 기원에 대한 질문을 처음 던지게 되었고,

그 결과 1929년에 우주의 생성에 관한 새로운 이론이 모습을 드러냈다.* 사실 이 이론은 1950년대까지는 따로 명칭이 없었다. 그러나 아이러니하게도 그 이론을 강하게 반대한 영국의 천문학자 프레드 호일 덕분에 정식 명칭을 가지게 되었다. 항성 핵합성 연구의 선구자 중의 한 명이기도 한 프레드 호일은 우주를 불변의 것으로 보는 정상우주론(定常宇宙論, steady-state cosmology)의 지지자였고, 그래서 우주가 팽창 중이라고 말하는 그 이론을 BBC 라디오 방송에서 공개적으로 조롱했다. 그럼 우주가 어느 순간 "쾅!" 하고 터지면서 생겨났다는 말이냐며 비아냥댄 것이다. 그렇게 해서 대폭발, 즉 "빅뱅(Big Bang)"이 해당 이론의 명칭이 되었다. 그리고 알다시피 이제는 프레드 호일의 이름보다도 더 유명한 용어가 되었다.

그런데 우주의 과거를 계속 이야기하기에 앞서 현재의 우주에 대해서 몇 가지만 알아보자. 지금 우리의 주제와 특히 르메트르의 논문에서 말하는 균질 우주(homogeneous universe)를 이해하는 데에 도움이 될 것이다.

95. 우주에 관해서 알아둘 10가지

#1. 우주란 무엇일까?

우선 한 가지 합의할 것이 있다. 우리가 우주에 관해서 이야기할 때, 그 "우주"는 사실 "관측 가능한 우주"라고 불러야 한다.** 과학자가 우주를 말할 때에 가리키는 것이 바로 "관측 가능한 우주"이다. 여기에 대비되는

---

* 우주의 생성과 진화를 논하는 학문을 두고 "우주생성론(宇宙生成論, cosmogony)"이라고 한다.
** 길어서 그냥 "우주"라고 부르는 것이다.

철학자의 우주는 "보편적인 우주"라고 부를 수 있으며, 이는 부분적으로는 추상적인 개념으로서 관측 가능한 것이든 아니든 모든 것을 포함한다. 가령 우리가 관측할 수 있는 경계 너머에 커다란 골프장이 있다면, 그 골프장은 우주의 일부는 맞지만 관측 가능한 우주에 속하지는 않는 것이다. 우리가 보통 우주라고 부르는 것은 측정 도구를 이용하여 지각할 수 있는 모든 것, 과학적 관점에서 관찰할 수 있는 모든 것을 가리킨다. 대강만 말하면, 그 우주에는 지구와 지구에 존재하는 모든 것은 물론이고 태양계 전체, 우리 은하 전체, 망원경으로 볼 수 있는 모든 은하, 그리고 너무 멀리 있어서 보이지는 않지만 충분히 살펴보면 볼 수 있을 은하들까지 모두 포함된다.

#2. 과거의 우주는 어디에 있을까?

과거의 우주는 과거에 있는 것이 아니냐고? 자, 일단 내용을 보시라.

빛은 빛의 속도로 이동하며(당연한 말이겠지만), 이 속도는 빠르기는 해도 무한대는 아니다. 우리가 외부 세계에 대해서 감각(시각, 청각, 촉각 등)으로 지각할 수 있는 모든 것들 가운데 눈으로 보는 것은 가장 빠른 속도의 자극, 즉 빛의 속도로 이동하는 빛의 파동을 개입시킨다. 예를 들면, 내가 2미터 앞에 있는 벽을 본다고 할 때, 나는 있는 그대로의 벽을 보는 것이 아니라 내 눈으로 들어온 빛이 그 벽을 비춘(혹은 벽에 반사된) 순간의 모습을 보는 것이다. 빛이 그 2미터를 지나오는 데는 시간이 걸린다. 아주 짧은 시간*이기는 해도 시간이 걸리는 것은 걸리는 것이다. 실제로 우리가 보는 모든 것은 과거의 이미지에 지나지 않는다. 우리 자신의 몸이나 손처럼 우리 눈에서 아주 가까이 있는 것을 보더라도 마찬가지이

---

* 약 0.000000007초.

이 내용을 따로 다룰 계획이 있었던 것은 아니지만 질문이 나왔으니까 알아보고 지나가자. 사실 "빛이 그렇게 빠르지 않다면 어떨까?"라는 질문은 생각보다 무거운 질문이다. 특히 질문을 이렇게 바꿔보면 그 무게는 더 분명해진다. 순간성의 개념이 없었다면 삶은 존재할 수 있었을까? 우리가 생물체로서 하는 모든 행동은 실재 세계에 대한 지각을 기반으로 하며, 이 지각 자체는 시각을 중심으로 유기적이면서도 견고한 방식으로 이루어진다. 그렇다면 실재 세계에서 순간이라는 개념에 대응되는 것이 없다면, 우리는 어떤 방식으로 존재할 수 있을까? 빛이 1미터를 가는 데에 아주 긴 시간이 걸릴 경우, 문제는 그 느린 속도 자체가 아니라 우리가 어떤 대상을 그만큼 늦게(대상이 멀리 있을수록 더 늦게) 지각하게 된다는 사실에 있다. 어떤 사람과 악수한다고 할 때, 맞잡고 있는 손이 몇 초 뒤에나 눈에 보인다는 뜻이다. 따라서 빛이 그렇게 빠르지 않았다면 우리가 아는 대로의 삶은 절대 불가능했을 것이다.

다. 그러나 다행히도 우리가 감각할 수 있는 차원에서 빛의 속도는 무한대처럼 느껴지며, 그래서 빛 자체도 순식간에 이동하는 것처럼 보인다. 빛이 그렇게 빠르지 않았다면, 우리가 아는 대로의 삶은 아마 존재하지 않았을 것이다. 가령 빛이 시속 30킬로미터 속도로 이동한다면, 우리가 자동차를 어떻게 운전할 수 있겠는가?

그런데 우리에게는 소리든 빛이든 다 순식간에 이동하는 것처럼 보이지만, 우주의 차원에서 빛의 속도는 그렇게 빠른 것이 아니다. 그래서 우리가 별을 볼 때(우리 은하에 속해 있는 별만 생각하더라도) 지구에서 아주 가까이 있는 별들은 몇 년 전의 모습으로 보이고, 아주 멀리 있는 별들은 수만 년 전의 모습으로 보인다. 우주에서 더 먼 곳을 볼수록 더 먼 과거를 보는 셈이다. 따라서 "과거의 우주는 어디에 있을까?"라는 질문에는 간단히 이렇게 답할 수 있다. "우주 곳곳에."

#3. 우주의 나이는 몇 살일까?

우주의 나이를 묻는 질문에 답하는 것은 보기보다 매우 어려운 일이다. 그러나 우리가 우주에 대해서 알고 있는 지식을 이용하면 우주의 현재 상태와 그 팽창 속도에 관해서 꽤 정확한 이해를 얻을 수 있으며, 이러한 이해를 바탕으로 시간의 흐름을 "거꾸로" 돌려볼 수 있을 것이다. 이때 우주는 은하들이 서로 점점 더 가까워지면서 크기가 줄어들다가, 약 138억 년을 거슬러올랐을 때에 무한히 작은 한 점에 이르게 된다. 여러분도 이미 눈치챘겠지만, 그 **무한히 작은 한 점**이 바로 약 138억 년 전 빅뱅의 순간을 가리킨다.* 일부 사람들은 그 순간이 우리 우주의 기원이라고 생각하지만, 또다른 사람들은 우주가 그때 시작된 것이 아니라 빅뱅 "이전"이 있었다고 보는 다양한 가설을 내놓고 있다. 어떤 말이 맞는지는 아무도 모른다. 현재로서는 어느 한쪽이 더 옳다고 손을 들어줄 수 없는, 신념의 문제에 지나지 않는 것이다. 그러니까 만약 누군가가 빅뱅이 우주의 기원이라고(혹은 아니라고) 주장하는 말을 듣게 되더라도 여러분은 여러분대로 생각을 해도 좋다. 왜냐하면 그 사람도 자신의 주장이 맞는 것인지 잘 모르기 때문이다. 따라서 "우주의 나이는 몇 살일까?"라는 질문에 대한 적절한 답은 더 정확한 가설을 세울 수 있게 해줄 사실들이 발견되기 전까지는 이렇게 하는 것이 좋겠다. "우주의 나이는 **적어도 138억 년**은 된 것 같다."**

---

* 여기서 무한히 작은 한 점과 순간을 강조한 것은 과학적으로는 잘못된 용어임을 표시하기 위해서이나.
** 오차 범위는 1퍼센트 내외.

#4. 우주의 크기는 얼마나 될까?

우주의 크기를 이야기하려면 먼저 그 형태부터 정의해야 하는데, 일단 "보편적인 우주"의 형태는 우리가 논할 수 없다. 보편적인 우주는 모든 차원에서 무한하다고 볼 수 있고, 따라서 이 경우에는 형태를 논하는 것 자체가 무의미하기 때문이다. 그러나 관측 가능한 우주에 대해서는 상당히 간단한 답을 내놓을 수 있다. 우리는 사방으로 멀리 볼 수 있고, 따라서 관측 가능한 우주는 구의 형태를 지녔다고 볼 수 있을 것이다. 우리가 이론적으로 최대한 멀리 관측할 수 있는 거리는 각 방향마다 138억 광년 (光年, light-year)[*]이며, 그러므로 관측 가능한 우주에 해당하는 구는 반지름이 138억 광년이다. 그런데 이 답은 보기에는 간단한 것 같아도, 사실 그 안에는 수많은 가정들이 전제되어 있다. 실제로 우리가 지각하는 대로의 공간은 3차원으로 이루어져 있다. 상하, 좌우, 전후라는 세 가지 차원, 그러니까 우리가 보통 높이, 폭, 깊이라고 부르는 세 가지 차원 말이다. 그러나 우리가 우주를 3차원 공간으로 지각한다고 해서 우주가 3차원으로만 존재하는 것은 아니다. 예를 들면, 아인슈타인은 일반상대성 이론을 통해서 공간은 또 하나의 다른 차원, 즉 시간의 차원과 분리해서 생각할 수 없다는 점을 분명하게 보여주었다. 그런데도 우리가 우주의 형태를 단순히 구라고 말해도 될까? 초구(超球)의 개념을 도입해야 하는 것은 아닐까?

내가 여기서 초구의 개념을 괜히 끄집어낸 것은 아니다. 3차원 이상을 고려해야 우주의 속성 가운데 하나인 우주의 곡률(曲率, curvature)에 대해서 이야기할 수 있기 때문이다.

어쨌든 관측 가능한 우주를 우리가 이해할 수 있는 3차원 공간에다 옮

---

[*] 1광년은 빛이 진공을 1년 동안 가는 거리를 뜻하는 길이 단위로, 약 10조 킬로미터이다.

초구(超球, hypersphere)

초구란 4차원의 구를 말하며, 상당히 추상적인 성질의 기하학적 형태이다. 4차원으로 존재하기 때문에, 그리고 4차원적인 형태는 우리로서는 지각할 수 없기 때문에, 이론적으로 정의하는 것 말고 다른 방법으로는 초구의 정확한 개념을 제시하기가 아주 어렵다. 그럼 2차원의 구, 즉 원의 정의부터 시작해보자. 원은 어느 한 점에서 평면상 같은 거리에 있는 모든 점의 집합으로 정의되며, 여기서 한 점과 거리를 두고 각각 중심과 반지름이라고 부른다. 그리고 이 정의를 그대로 3차원으로 옮기면, 다시 말해서 중심이 되는 한 점에서 공간상 같은 거리에 있는 모든 점의 집합으로 바꾸면, 우리가 보통 구라고 부르는 것의 정의를 얻을 수 있다. 초구는 이 정의를 그대로 4차원으로 옮기면 되는데, 이 경우 그 형태를 시각적으로 그려보는 것은 불가능하다. 앞에서 말했듯이 4차원은 우리가 지각할 수 있는 것이 아니기 때문이다. 이해가 잘 안 된다고? 아니, 여러분은 이 문제가 얼마나 이해하기 어려운 것인지조차 이해하지 못했을 것이다…….

기면,[*] 반지름이 138억 광년인 구가 된다. 상상도 못할 만큼 엄청난 크기이다. 그리고 이것이 다가 아니다. 가령 100만 광년 거리에 위치한 은하를 관측한다고 할 때, 우리에게 그 은하는 100만 년 전의 모습으로 보인다. 그런데 이 대목에서 우리가 기억해야 할 사실은, 우주는 팽창 중이며 우주를 이루는 은하들은 서로 멀어지고 있다는 것이다. 이 말은 100만 광년 거리에 있는 은하의 빛이 우리에게까지 도달하는 100만 년 동안 그 은하는 계속 더 멀어졌음을 의미한다. 그래서 우리가 관측한 시점에는 100만 년 전보다 훨씬 더 멀어져 있는 것이다. 그렇다고 당황할 필요는 없다. 오늘날 우리는 지구에서부터 어느 은하까지의 거리와 그 은하가 멀어지는 속도를 수학적으로 밝혀낼 수 있으며, 그 은하가 있을 법한 위치도 계산할

---

[*] 수학적으로는 "투영하면(project)"이라고 하는 것이 맞다.

허블의 구(Hubble sphere)

우주가 팽창 중이라고 해보자. 이 경우 모든 것은 계속해서 서로 멀어지며, 멀리 있는 것일수록 더 빨리 멀어진다. 그렇다면 다음과 같은 질문을 던질 수 있을 것이다. 은하들은 지구로부터 얼마만큼의 속도로까지 멀어질 수 있을까? 이에 대한 답은 일단 놀라워 보일 수 있다. 일정 거리를 넘어서면 모든 것이 빛보다 빨리 멀어지기 때문이다. 어떻게 그런 일이 가능할까? 빛보다 빠른 것은 없다는 법칙은 그러면 어떻게 되는 것일까? 사실 공간 안에서는 그 어떤 것도 빛보다 빨리 갈 수 없다. 그러나 공간 자체는 빛보다 얼마든지 빨리 팽창할 수 있으며, 이 가정은 현재 나와 있는 이론들과도 모순되지 않는다.

그런데 모든 것이 빛보다 빨리 멀어지면 흥미로운 현상이 발생한다. 어느 은하가 우리에게서 빛보다 빨리 멀어지더라도 그 은하가 우리 쪽으로 내놓는 빛은 당연히 빛의 속도로 이동하며, 따라서 결과적으로는 그 빛 역시 우리에게서 멀어진다. "빛의 속도는 모든 관찰자에게 항상 일정하다"고 말하는 특수상대성 이론을 위반하지 않으면서도 위반하는 것 같은 현상이 나타나는 것이다.

모든 것이 빛보다 빨리 멀어지기 시작하는 경계선은 물론 사방으로 동일하게 적용되며, 따라서 구의 형태를 이룬다. 이른바 허블의 구가 바로 이 구를 이르는 용어이다.

수 있기 때문이다. 따라서 관측 가능한 우주의 반지름을 약 140억 광년으로 잡고 출발하되, 관측된 은하들이 우주의 팽창에 따라서 현재 있을 법한 위치를 고려하면 "우주론적 구"라고 불리는 우주의 크기를 얻을 수 있다. 이 우주는 논리적으로 여전히 구의 형태를 가지지만(우리는 사방을 같은 방식으로 바라보니까) 크기는 훨씬 더 크며, 그 반지름은 460억 광년[*]이 넘는 것으로 추정된다.

---

[*] 와닿지는 않겠지만 킬로미터 단위로 나타내보면 약 440,000,000,000,000,000,000,000킬로미터에 해당한다.

#5. 우주의 중심은 어디일까?

이 질문은 앞의 내용을 보면 당연히 제기되는 것이다. 우주가 어느 한 점에서부터 시작된 구라면, 구의 중심이 되는 그 점은 어디에 위치해 있을까? 비행기 3대가 같은 장소에서 이륙한 뒤 서로 멀어지면서 직선으로 비행한다고 할 때, 그 비행기들의 경로를 거꾸로 따라가면 세 경로가 만나는 한 점을 비교적 쉽게 찾을 수 있다. 하지만 우주의 경우는 초구의 개념을 꺼내야 하고, 따라서 문제가 좀더 어려워진다. 3차원에서 4차원으로 옮겨가는 과정을 머릿속으로 그려보는 것은 3차원적인 존재인 우리로서는 전적으로 추상적인 일이기 때문이다. 그러나 2차원에서 3차원으로 옮겨가는 일은 우리도 쉽게 할 수 있다. 그러므로 여기서는 유추를 통해서 문제에 접근해보기로 하자. 3차원의 우주에서 일어나는 일을 우리가 2차원으로만 의식할 수 있다는 가정하에 설명하고, 이를 통해서 4차원의 우주에서 일어나는 일의 성질을 감이라도 잡아보자는 말이다. 실제로 2차원에서 3차원으로 옮겨가는 것과 3차원에서 4차원으로 옮겨가는 것은 우리가 그것을 지각할 수 있는지 없는지만 제외하면 정확히 같은 일이다.

자, 그러면 우리 우주 전체가 풍선 표면에 자리해 있다고 가정해보자. 은하, 성운, 항성, 행성 등이 모두 풍선 표면에 자리해 있다. 단, 이 우주는 실제 우주와는 다르게 풍선의 표면에 해당하는 2차원의 공간으로만 존재한다. 따라서 풍선의 어느 한 지점에서 여러분은 좌우(1차원)와 앞뒤(2차원)만 볼 수 있다. 풍선 표면 어딘가에 지구가 있다면, 지구의 관찰자는 지구가 있는 지점에서부터 주위 우주를 일정 거리까지 앞뒤와 좌우로만 볼 수 있는 것이다. 가령 주위 1미터까지 볼 수 있다고 한다면, 풍선 표면에다 지구를 중심으로 반지름 1미터짜리 원을 그렸을 때, 그 원 안에 놓이는 것이 지구의 관찰자가 볼 수 있는 전부이다.

그런데 우리 우주는 팽창 중이고, 따라서 이 풍선 우주에도 그 조건을 적용해야 한다. 이때 그 팽창은 2차원으로만 이루어지는 것이 아니라 3차원으로 이루어진다. 풍선이 약간 부푸는 것이다. 그렇다면 어떤 일이 벌어질까? 우주는 여전히 구의 형태를 취하고 있고, 여전히 전체적으로 풍선 표면에 자리해 있다. 그러나 풍선이 커졌기 때문에 은하와 은하 사이에 존재하던 공간은 더 넓어진다. 그러므로 지구를 중심으로 반지름 1미터짜리 원을 다시 그리면, 지구의 관찰자가 볼 수 있는 것은 이전보다 적어진다. 모든 것이 지구로부터 멀어졌기 때문이다. 우리 우주(그러니까 실제 우주)도 같은 식으로 작동하되, 대신 매순간 한 가지 차원이 더 개입된다.

따라서 시간을 거꾸로 돌리면 모든 은하는 관찰점, 즉 지구로 가까워질 것이다. 그렇다면 지구가 우주의 중심일까? 천동설이 폐기된 지가 언제인데 그런 말을 하냐고? 하지만 그것은 맞는 말이다. 지구는 실제로 우주의 중심이기 때문이다. 그런데 방금 나는 그냥 "중심"이라고 했지 "유일한 중심"이라고 하지는 않았다. 모든 관찰자는 우주의 중심이다. 왜냐하면 모든 것은 모든 것으로부터 끊임없이 멀어지고 있기 때문이다. 앞에서 말한 풍선을 가지고 동일한 실험을 하되, 이번에는 관찰자가 거문고 자리의 베가 내지는 황소자리의 알데바란에 있다고 해보자. 그래도 결과는 전적으로 동일하게 나온다. 모든 것은 관찰점으로부터 멀어지는 것이다. 모든 관찰점을 중심이라고 간주해도 그렇게 이상할 것이 없는 이유는 두 가지가 있다. 우선, 오늘날 우주에 존재하는 모든 것이 원점(原點)에서부터 생겼다면, 어떻게 보면 오늘날 우주에 존재하는 모든 것이 그 원점이라고 할 수 있을 것이다. 게다가 상대성 이론에 따르면, 다른 관찰점보다 더 특별한 관찰점, 관찰의 기준이 되는 원점이라고 부를 수 있을 "절대적" 관찰점 같은 것은 존재하지 않는다. 만약 우주가 단 하나의 중심만 가지고 있다면 매일 같이 그 완성도를 증명하고 있는 상대성 이론이 틀렸다는 말이 되는 것이다.

따라서 여러분은 과학적으로 여러분 자신이 우주의 중심이라고 선언할 권한이 있다. 단, 다른 모든 사람도 우주의 중심이라는 점을 인정하는 조건에서.

#6. 우주는 균질하다

조르주 르메트르가 1927년에 발표한 논문 「질량은 일정하고 반지름은 증가하는 균질 우주를 통해서 설명하는 은하계 밖 성운들의 시선속도」라는 제목을 다시 살펴보자. 여기서 "반지름이 증가한다"는 부분에 대해서는 앞에서 설명했다. "은하계 밖 성운들의 서선속도"도 마찬가지이다. "질량이 일정하다"는 부분은 직관적으로만 생각해도 아주 당연해 보인다. 우주에 존재하는 모든 것은 기껏해야 변화를 겪을 뿐, 언제나 우주에 존재해왔기 때문이다.* 그렇다면 "균질 우주(homogeneous universe)"라는 것은 무엇을 의미할까? 곧 자세히 설명하겠지만, 간단히 말하면 우리가 우주에서 어디에 있든지 간에 주위를 바라보면 똑같은 것이 보인다는 뜻이다. 우주는 우주 어디에서든 같은 얼굴을 하고 있는 것이다.

그 근거는 이번에도 상대성 이론에서 찾을 수 있다. 우주가 균질하지 않다면 특별한 관찰점이 존재할 것이기 때문이다. 그런데 이 말을 잘못 이해하면 안 된다. 상대성 이론은 우주의 모든 지점이 똑같다고 말하는 것이 아니다. 당연히 우주에는 몇몇 은하와 상대적으로 더 가까운 지점들도 있고, 모든 은하에서부터 상대적으로 멀리 떨어진 지점들도 있다. 우주의 균질성은 우주에 물질이 바둑판처럼 완전히 반복적인 방식으로 분포되어 있

---

* 『대단하고 유쾌한 과학 이야기』 제1권, 제66장, 에너지 보존 법칙 참조.

다는 의미가 아니다. 우주가 균질하다는 말은 우주의 물질 분포(혹은 에너지 분포)가 평균적으로 어디서나 동일하게 나타난다는 의미이다. 그래서 우주가 팽창을 시작했을 때, 그 팽창이 어디서나 같은 방식으로 시작되었다는 의미이고 말이다. 당연하지 않은가! 그렇지 않다면 우주에는 어떤 구역에는 거의 아무것도 없고 또 어떤 구역에는 물질이 빽빽하게 모여 있었을 것이다. 요컨대 균질 우주란 물질-에너지 밀도 같은 속성들이(따라서 온도 같은 속성들도) 전체적으로 일정한 우주를 말한다.

#7. 우주는 등방성을 가진다

우주의 균질성(homogeneity)과 등방성(isotropy)이라는 두 정보는 같은 성질의 정보라는 점에서 함께 다루어지는 것이 일반적이다. 그러나 나는 두 개념을 분명하게 구별할 수 있도록 따로 다룰 필요가 있다고 생각한다. 특히 우주론에 별로 흥미가 없고 고급 물리학에는 더더욱 관심이 없는 독자를 위해서는 꼭 필요한 일이다. 실제로 요즘에는 두 개념을 혼동하는 일이 많기 때문이다.

"isotropy(등방성)"라는 용어는 그리스어로 "같다"를 뜻하는 "isos"와 "향하다"를 뜻하는 "tropos"에서 왔다. 그러니까 등방성은 말 그대로 "같은 방향"을 뜻한다. 어떤 물질이 그것을 관찰하는 방향이 바뀌어도 그 물리적 성질이 변하지 않을 때에 등방성을 가진다고 말한다. 그리고 관찰 방향에 따라서 물리적 성질이 변하면 "비등방성"을 가지는 것이다. 예를 들면 나무는 비등방성을 가진다. 강도(強度)가 섬유질의 방향에 따라 달라지기 때문이다. 이에 비해서 물은 대체적으로 등방성을 가진다. 여기서 "대체적으로"라고 말한 이유는 물의 압력은 중력으로 인해서 깊이와 함께 커지기 때문이다.

균질성과 등방성을 분명하게 구별하려면, 간단히 균질성은 성질의 불변성으로 보고, 등방성은 작용의 불변성으로 보면 된다. 따라서 어떤 물질이 등방성을 가진다는 것은 그 물질의 작용에 영향을 주는 내부 구조가 불변성을 가진다는 뜻이다.

그러므로 관측 가능한 우주가 등방성을 가진다는 것은 은하들이 우주의 구조를 이루는 방식, 은하의 구조가 만들어지는 방식, 별들이 생겼다가 수명을 다해 사라지는 방식, 중력이 작용하는 방식, 빛이 우주에서 이동하는 방식 등이 우리가 우주를 어떤 방향에서 보든 변하지 않음을 뜻한다. 어느 방향으로 관측하든 간에 동일한 물리법칙들에 의해서 그 구조가 결정되는 동일한 우주를 보게 되는 것이다.

특히 우주에서 국소적으로 나타나는 균질성의 변화도 방향과는 상관이 없다. 우주에는 특별히 정해진 방향이 존재하지 않기 때문이다. 앞에서 말한 풍선을 가지고 다시 예를 들면, 풍선에 바람을 불어넣는 곳에 매듭을 지은 뒤에 잡아당기면 풍선은 어느 한 방향으로 늘어나게 된다. 따라서 이 경우 풍선 표면의 "우주"는 더 이상 등방성을 띠지 않는다고 말할 수 있다. 그러나 실제 우주에서는 그 같은 종류의 현상이 관측된 적이 한 번도 없다.

#8. 우주는 어떤 형태를 하고 있을까?

이 질문에 대한 답은 벌써 하지 않았냐고? 맞다, 앞에서 우리는 우주가 구의 형태, 더 정확히는 초구인지 뭔지 하는 것의 형태를 지녔다고 이미 말했다. 그러나 그 말은 부분적으로만 맞다. 실제로 관측 가능한 우주, 즉 우주에서 우리가 관측할 수 있는 부분으로서 관찰자가 어떤 방향으로 보든 같은 방식으로 보게 되는 우주는 구의 형태를 지녔다. 그러나 그 형태는 우주 자체보다는 우리의 관측 능력과 관계가 있다. 따라서 이번에는 관측 가능한 우주가 아닌 "보편적인 우주"를 두고 이야기해보는 것이 좋겠다. 물론 가설을 세시하는 수준에 그칠 수밖에 없는 주제이기는 하지만 말이다. 어쨌든 여기서 우리가 살펴볼 가설은 세 가지가 있다. 둘은 흥미로운 가설이고, 나머지 하나는 아리스토텔레스가 내놓은 멍청한 가설이다.* 일단 전체적으로 정리하면 우주의 가능성은 크게 둘로 나뉜다. 무한하든지, 아니면 유한하든지. 그리고 유한한 경우는 다시 둘로 나뉜다. 경계 없이 유한하든지(무슨 말인지는 곧 설명할 것이다), 아니면 뚜렷한 경계를 가지면서 유한하든지("가장자리"라고 부를 수 있는 무엇인가로 경계가 지어져 있다는 것이다).

자, 우선 아리스토텔레스의 모형부터 어서 말하고 치워버리자.** 아리스토텔레스는 우주에 경계, 가장자리가 있다고 보았다. 과거 사람들이 지구는 평평하며 충분히 멀리만 가면 지구의 끝이 나온다고(그래서 그 밖으로 떨어질 수도 있다고) 생각한 것과 정확히 똑같은 개념을 우주에도 적용한 것이다. 사실 지구에 끝이 있다는 생각은 그렇게까지 어리석은 발상은 아니다. 지구는 무엇인가의 안에, 즉 우주 안에 있으니까 말이다. 따라서 지구를 벗어나면 우주로 떨어지는 것이다. 그러나 우주의 경우는 다르다. 실제로 우주에 가장자리가 있고, 우리가 그 가장자리에 도달했다고 해보자. 가장자리는 어떤 경계, 두 장소 사이의 경계선을 규정한다. 따라서 그 가장자리의 한쪽은 우주이고 다른 한쪽은 우주가 아니라고 본다면, 그 다른 한쪽에는 우주가 아닌 다른 것이 존재한다는 뜻이 된다. 그런데 문제는 우주가 존재하는 모든 것의 총체로 정의된다는 데에 있다. 그러므로

---

* 아리스토텔레스가 또…….
** 나는 아리스토텔레스만 보면 짜증이 난다.

그 다른 한쪽에 무엇인가가 존재한다면 그 역시 우주의 일부분인 것이다(해변의 끝이 지구의 끝은 아닌 것과 비슷하다). 그렇다면 이번에는 그 다른 한쪽에 아무것도 없다고 가정해보자. 그런데 방금 나는 "아무것도 없다"고 했지 "빈 공간"이라고 하지는 않았다. 빈 공간 자체도 이미 무엇인가가 있는 것이기 때문이다. 어쨌든 이 경우 우주는 어떤 울타리에 둘러싸인 것이 된다. 그리고 그 울타리 바깥에는 아무것도 없고……. 아리스토텔레스를 더 비난하지는 않겠다. 왜냐하면 아리스토텔레스의 모형은 그가 철학자로서 내놓은 생각치고는 **그런대로** 흥미로운 형이상학적 의미를 가지고 있기 때문이다. 그러나 역시 철학자인 조르다노 브루노의 우주관과 비교해보면 아리스토텔레스의 우주관이 얼마나 뒤떨어져 있는지 잘 드러난다.

우주는 끝이 없는 구로서, 그 중심은 어디에나 있고 그 경계는 어디에도 없다.[*]

물론 아리스토텔레스와 조르다노 브루노 사이에는 약 2,000년이라는 시간 간격이 존재한다. 그러나 두 사람이 달라도 너무 다른 것은 사실이지 않은가?[**]

아리스토텔레스의 모형을 제외한 두 가지 모형은 모두 우주에 가장자리가 없다고 보는 쪽이다. 하지만 하나는 우주가 무한하다고 보고, 다른 하나는 유한하다고 본다. 직관적으로 생각했을 때 무한하면서도 가장자리가 없는 우주가 무한한 우주의 원래 의미라고 할 수 있을 것이다. 어느 한

---

[*] *De immenso*, Giordano Bruno, 1591.
[**] 내가 아리스토텔레스나 조르다노 브루노에 대해서 날알 빼는 색깔식이시 잃나는 낏을 나도 잘 안다. 제1권을 읽어본 독자라면 이해할 것이다. 내가 왜 이러는지…….

바보들을 위한 질문

나는 "우주는 유한할까, 무한할까?"라는 질문을 흥미롭다고 생각해서 이야기하고 있다. 그런데 그 질문에 아인슈타인은 이렇게 답했다고 한다. "바보들이나 던질 질문이군요!"

그러니까 지금 나는 바보임을 증명하는 중이다.

방향으로 계속 가면 아무리 가도 끝이 나오지 않고, 같은 장소를 두 번 지나는 일도 없는 그런 우주 말이다. 끝도 없고 가장자리도 없는 무한한 우주, 이 모형은 그렇게 흥미롭지는 않지만 충분히 그럴듯하다.

가장 흥미로운 모형은 마지막, 즉 유한하지만 가장자리는 없는 우주이다. 이 모형은 일단은 모순처럼 보인다. 가장자리가 없는데 어떻게 유한할 수 있단 말인가? 그럼 일단 지구를 가지고 예를 들어보기로 하자(아주 좋은 비유는 아니지만 문제를 이해하는 데에는 안성맞춤이다). 여러분은 지금 있는 장소에서 바로 출발하여 곧장 앞으로 계속 걸어가려고 한다.* 여러분이 지나가는 길에는 자동차나 건물, 산 같은 장애물이 없고, 그래서 여러분은 어떤 방해도 받지 않고 계속해서 앞으로 갈 수 있다. 그리고 여러분은 지치지도 않고 먹거나 마시거나 잠잘 필요도 없어서 쉬지 않고 계속 갈 수 있다. 그러면 얼마간의 시간이 지났을 때, 여러분은 지구를 한 바퀴 다 돌아서 처음 출발했던 지점으로 돌아오게 될 것이다. 아니, 지구가 완벽한 구형은 아니기 때문에 꼭 그 지점에 돌아올 수는 없다. 그러나 적어도 이미 지나간 구역을 다시 지나가게는 되어 있다.

상황을 요약하면, 여러분은 면적이 일정한 지구 위를 걸었지만(유한한) 어떤 가장자리도 만나지 않은 것이다(가장자리는 없는).

---

* 어느 동요 가사에서처럼 지구는 둥그니까 자꾸 걸어 나가면······.

그래서 유한하지만 가장자리는 없는 우주가 도대체 어떤 것이냐고? 여러분이 우주에서 아주 빠르게 이동할 수 있는 우주선을 타고 곧장 앞으로 간다고 할 때, 얼마간의 시간(아마도 아주 긴 시간)이 지나면 이미 지나갔던 구역을 다시 지나가게 된다는 말이다. 옛날식 아케이드 게임에서 캐릭터가 화면 한쪽 끝에서 사라졌다가 다른 쪽 끝에서 나타나 계속 길을 가는 것과 조금은 비슷하다. 다소간 기발한 많은 우주 모형들(전혀 기발하지 않은 것도 있지만)이 그처럼 유한하지만 가장자리는 없는 우주를 제안하고 있다. 예를 들면 우주 전체가 어떤 구나 원환면(圓環面, torus)의 표면에 자리해 있다면("원환면"이 무엇인지 모른다면 타이어나 도넛을 떠올려보라), 우주는 정말로 유한하지만 가장자리는 없는 형태가 된다.*

#9. 우주는 어떤 것 안에서 커지고 있을까?

우주가 커지고 있다고 볼 경우, 그렇다면 우주는 어떤 것 안에서 커지고 있을까? 이 문제도 역시 근본적으로 우주의 유한성 여부에 달려 있다. 실제로 우주가 무한할 경우, 우주는 우주 자체 안에서 커진다. 말장난처럼 보일 수도 있겠지만 그렇지 않다. 무한대의 크기가 바로 그런 것이기 때문에, 그리고 우리로서는 그 크기를 결코 파악할 수 없기 때문이다. 얼마든지 늘어나는 것이 바로 무한대이다. 예를 들면 어느 호텔이 객실을 무한 개로 가지고 있다면, 방이 다 찼을 때도 새 손님이 묵을 객실은 언제나 존재한다.

그러므로 우주가 무한하다면, 우주는 이미 무한한 그 자체 안에서 커지는 것으로 볼 수 있다. 무한한 경우는 그렇다고 치고, 그럼 우주가 유한

---

* 프랑스의 천체물리학자이자 작가인 장 피에르 뤼미네는 유한하지만 가장자리는 없는 우주가 12면체 형태로 되어 있을 것이라고 말한다.

무한 호텔

말 그대로 객실이 무한 개인 호텔이 있다고 가정해보자. 그리고 이 호텔이 만실 상태라고 해보자. 설명하기 쉽도록 손님들에게는 번호를 붙이는 편이 좋겠다. 1호실 손님은 1번, 2호실 손님은 2번, 3호실 손님은 3번…… 호텔이 만실이라는 것은 여러분이 어떤 객실을 열어보든 손님이 묵고 있다는 뜻이다. 1000호실에는 1000번 손님, 100만 호실에는 100만 번 손님 등등.

그런데 파이(π) 번 손님이 호텔에 도착하자 프런트에서는 다음과 같은 이상한 대화가 오간다.

"어서 오십시오 여사님, 무한 호텔에 오신 것을 환영합니다."

"빈 방 있나요?"

"지금은 방이 다 차 있습니다."

"그렇군요, 그럼 방 하나만 주세요."

"알겠습니다 여사님. 아침 식사도 준비해드릴까요?"

대화에서 손님을 왜 여성으로 설정했는지는 중요한 것이 아니까 신경 쓰지 마시길. 여기서 중요한 것은 따로 있다. 방이 다 차 있다면서 어떻게 다른 손님을 내보내지 않고도 파이 번 손님에게 방을 줄 수 있을까? 방법은 이렇다. 파이 번 손님을 1호실에 묵게 하고, 1번 손님은 2호실로 옮기고, 2번 손님은 3호실로 옮기고…… 이런 식으로 모든 손님을 다음 방으로 옮기는 것이다. 이 방법이 여러분에게는(수학하고 "안 친한" 사람들에게는 특히) 장난처럼 보일 수도 있겠지만, 수학적으로는 옳은 계산이다. 무한대에 1을 더해도 여전히 무한대이기 때문이다. 그래서 모든 방이 차 있어도 새로운 손님이 오면 방을 줄 수 있는 것이다.

따라서 무한대는 파악할 수 없는 것인 만큼 편리한 것이기도 하다. 얼마든지 늘어나니까.

한 경우에는 어떨까? 미리 말하자면, 이번 답은 듣고 나서도 그렇게 만족스럽지는 않을 것이다. 어쨌든 우주가 유한하면서 가장자리도 있는 경우부터 우선 살펴보자(아리스토텔레스 버전). 이때 우주는 다른 무엇인가 안에서 커지는 것이 된다. 따라서 이번에도 역시 우주에 대한 정의와는 맞지 않음을 알 수 있다. 우주 다음이 있다면, 그 다음도 우주니까. 그렇다면 우주가 유한하지만 가장자리는 없는 경우는 어떨까? 이 경우에는 우주가 어떤 것 안에서 커지고 있느냐는 질문 자체가 말이 안 된다고 할 수 있다. 유한하지만 가장자리는 없는 우주에는 우주 말고 다른 것은 없기 때문이다. 지금 이 말에 이렇게 물어보고 싶은 독자도 있을 것이다. "우주가 유한하다면 그 너머에 무엇인가가 있어야 하지 않나요?" 꼭 그렇지는 않다. 이해가 안 된다고? 그래서 앞에서 미리 말하지 않았나, 이번 답은 만족스럽지 않을 것이라고……. 그럼 유추를 통해서 문제에 접근해보자. 내 경우에는 이 방법으로 그런대로 만족스러운 이해를 얻었다. 여러분에게도 그런 효과가 있기를 바란다.

시간은 하나의 차원이다. 시공간(時空間, space-time)이라는 네 가지 차원 가운데 하나이지만, 엄밀히 말하면 유일한 차원이기도 하다(시간에 대해서는 뒤에서 따로 이야기할 것이다*). 그리고 공간의 차원이 앞에서 뒤로, 왼쪽에서 오른쪽으로, 위에서 아래로 갈 수 있다면, 시간은 과거에서 미래로 간다. 우리가 같은 날을 계속해서 산다고 가정해보자. 말하자면 영화 「사랑의 블랙홀」**에서 빌 머리가 맡은 인물이 되는 것이다. 이 경우 시간은 유한하지만 가장자리는 없는 상태가 된다. 시간이 얼마가 흐르든 언제나 같은 하루가 반복되고(유한하다는 것), 시간의 끝은 결코 나타나지 않기 때문이다(가장자리는 없다는 것). 우리가 유한하지만 가장자리는 없는 우주 너머에 존재할 수 있는 것을 알아내려고 할 때 저지르게 되는 오류는 그 같은 차원의 우주 안에서 "그 너머"를 찾는다는 데에 있다. 시간을

---

* 95쪽 참조.
** 「사랑의 블랙홀」, 해롤드 래미스 감독, 1993년.

가지고 말한 예로 설명하면, 계속 반복되는 하루 안에서 "전날"이나 "다음날"을 찾는 것과 같다. 물론 그런 것이 존재할 수도 있지만, 만약 그렇다면 그 하루는 엄밀히 말해서 하루가 아니다. 하루라는 시간 안에 추가적인 시간이 존재하기 때문이다. 반복되는 하루 같은 우주 너머에 존재할 수 있는 것을 알아내되 하루를 하루가 아닌 것으로 만드는 오류를 저지르지 않으려면, 그 하루의 이전이나 이후에 존재하는 것이 아니라 "옆에" 존재하는 것을 찾아야 한다. 내가 앞에서 우주가 유한하지만 가장자리는 없는 경우에는 우주가 어떤 것 안에서 커지고 있느냐는 질문 자체가 말이 안 된다고 한 이유가 이제 이해되는가? 그래도 이해가 안 된다면 이 문제에 비교할 만한 것은 너바나*밖에 없다. 유한하지만 가장자리는 없는 우주란 그런 것이다. 물리학보다는 형이상학에 가까운 주제이기 때문이다.

#10. 우주의 성분은 무엇일까?

이번 문제는 물론 관측 가능한 우주에 한해서 이야기할 것이다. 우리가 관측할 수 있는 너머의 우주를 구성하고 있는 것이 무엇인지 안다고 주장하는 사람도 있을 테니까 말이다. 관측 가능한 우주에 한해서 볼 때, 우주는 은하와 성운, 항성, 행성, 그리고 거의 곳곳을 표류하고 다니는 갖가지 크기의 여러 물질들로 이루어져 있다. 그 모두는 자연 원소로 이루어져 있으며, 자연 원소는 드미트리 멘델레예프**가 예측한 대로 원자량이 작은 것일수록 우주에 더 많이 존재한다(리튬은 예외). 그래서 우주에서는 수소를 가장 많이 볼 수 있고, 그다음은 헬륨, 그리고 그밖에 우리가 보통 물

---

* 데이브 그롤이 드러머로 있었던 미국의 얼터너티브 록 밴드. 가사가 난해하기로 유명하다.
** 『대단하고 유쾌한 과학 이야기』 제1권, 제3장 참조.

질(matter)이라고 부르는 것을 구성하는 모든 자연 원소를 볼 수 있다. 물질 자체는 원자(原子, atom)로 이루어져 있으며, 원자는 다시 양성자(陽性子, proton)와 중성자(中性子, neutron), 전자(電子, electron)로 이루어진다. 그리고 우주에는 이 입자들 외에 광자(光子, photon)나 중성미자(中性微子, neutrino) 등과 같은 입자들도 있다. 뒤에서 자세히 설명하겠지만,* 입자들은 특성에 따라서 여러 계열로 구분된다. 예를 들면, 전자와 광자는 더 "작은" 다른 입자로 나눌 수 없는 기본 입자(fundamental particle)로 분류되며, 양성자와 중성자는 쿼크(quark)로 (정확히는 각각 세 개의 쿼크로) 이루어져 있어서 세 개의 쿼크로 이루어진 입자를 가리키는 바리온(baryon, 重粒子) 계열로 분류된다. 바리온으로 묶이는 입자로는 방금 말한 양성자와 중성자 외에 델타 입자, 시그마 입자, 람다 입자, 그리고 또 많은 기타 입자들이 있다. 그런데 그 모든 물질, 모든 입자를 전부 모아보면(그리고 여기서 설명하기에는 너무 복잡한 계산을 해보면) 우주를 구성하는 물질-에너지의 4-5퍼센트에 해당한다는 결론이 나온다. 그렇다, 우주를 다 채우기에는 양이 조금 모자라다.**

요즘에는 어떤 은하를 관측하면 그 질량을 추산할 수 있다. 그런데 질량을 추산한 은하를 관측했을 때, 그 은하에 작용하고 있는 것으로 확인되는 중력적 힘은 예상보다 훨씬 더 크게 나타난다. 달리 말해서, 추산된 질량으로는 어떻게 그 은하가 분해되지 않고 남아 있는지 설명할 수 없다는 뜻이다. 그래서 학자들은 우리가 관측할 수 없는 물질이 존재하는 것이 틀림없다는 결론에 이르렀다. 빛을 방출하지도 흡수하지도 반사하지도 않는 물질이 존재하는 것이다. 말 그대로 보이지 않는 물질 혹은

---

* 75쪽 참조.
** 조금이 아니라 많이!

암흑 물질? 어두운 물질?

일부 학자는 암흑 물질을 암흑 물질처럼 보이는 다른 물질과 구별한다. 빛과 상호작용을 하되 거의 하지 않다시피 하는 물질, 따라서 관측의 정확성 부족으로 인해서 관찰자에게 보이지 않는 물질을 따로 구분하는 것이다. 그래서 그 물질을 암흑 물질과 구별하여 "어두운 물질"이라고 칭한다(프랑스어로 암흑 물질은 "matière noire", 어두운 물질은 "matière sombre"이다. 영어로 암흑 물질을 뜻하는 "dark matter"도 글자 그대로 따지면 "어두운 물질"에 가깝다고 할 수 있을 것이다). 내 경우에는 그 같은 구분을 두지 않는다. 둘 다 간단히(간단한 문제는 아니지만 어쨌든) 투명한 물질로 보면 되기 때문이다.

투명한 물질로 규정할 수 있는 것, 사람들이 이미 붙여둔 명칭대로 부르자면(내 생각에는 약간은 부적합한 명칭이지만) 암흑 물질(暗黑物質, dark matter) 말이다.

암흑 물질의 성질에 관해서는 많은 가설이 존재한다. "고전적인" 특성을 가지지만 보이지 않는 것이든(분자운, 갈색왜성, 블랙홀) 비정형적이라고 칭할 수 있는 입자든(뉴트랄리노* 같은 것) 간에, 암흑 물질이 "보통" 물질의 4-5배는 될 것이라는 것이 일반적인 의견이다. 암흑 물질이 우주 물질-에너지의 24-27퍼센트를 차지한다. 따라서 앞에서 말한 4-5퍼센트를 더하면 우주를 이루고 있는 전체 물질-에너지의 32퍼센트 정도는 해결이 된다. 그렇다, 우주를 다 채우기에는 아직도 양이 모자란다.**

그러나 나머지 부분에 대해서는 뒤에서 이야기하기로 하자.*** 그전에 먼저 알아야 할 것이 많다.

---

* neutralino. 초대칭 이론에서 말하는 가설상의 입자. 초대칭에 관해서는 351쪽 참조.
** 여전히 많이!
*** 316쪽 참조.

96. 빅뱅

그럼 이제 본격적으로 빅뱅(Big Bang)에 관해서, 그러니까 우리가 빅뱅에 대해서 아는 것과 안다고 생각하는 것에 관해서 이야기를 시작해보자. 일단 빅뱅은 사람들이 흔히 생각하는(특히 그 명칭 때문에) 것과는 달리 폭발이 아니며, "쾅" 하는 소리도 내지 않았다. 사실대로 말하자면, 우리가 빅뱅이라고 부르는 순간이 존재했는지조차 자신할 수 없다. 그리고 미리 말하지만, 이제 내가 이야기할 일부 내용은 아주 쉬운 단어로 되어 있음에도 여러분은 전혀 이해를 하지 못할 수도 있다. 그렇다고 걱정할 필요는 없다. 이 글을 쓰고 있는 나도 마찬가지니까, 그리고 심지어 우주론자들 중에도 그런 사람이 많으니까.

0의 순간?

시간이 0이었던 순간은 있었을 수도 있고, 없었을 수도 있다. 사실 지금 우리는 시간의 개념 자체가 의미가 없는 "순간"에 대해서 말하고 있으며, 그 순간에는 시간이 정말 존재하지 않았을지도 모른다. 방금 문장들을 다시 읽어보면 우리가 그 순간에 대해서 얼마나 아는 것이 없는지 알 수 있을 것이다. 게다가 그 순간에는 공간도 존재하지 않았다. 따라서 그 순간에 대해서는 말할 내용이 별로 없으며, 말할 수 있는 내용도 전부 사변적인 추측에 지나지 않는다(그렇다고 해서 신뢰할 수 없는 내용이라는 뜻은 아니니까 오해 없기를 바란다). 어쨌든 그 추측에 따르면, 오늘날 우리가 아는 대로의 우주를 구성하고 있는 모든 것은 전부 어느 한 점에, 그것도 무한히 작아서 공간이라고 말할 수 없는 한 점에 모여 있었다. 우주의 모든 에너지가 압축되어 우주의 모든 차원이(공간적 차원도 시간적 차원도) 특이점(特異點, singularity)이라고 부르는 0차원의 한 점에 포개져 있었다.

플랑크 시대

우주에는 네 가지 기본 상호작용이 존재한다. 중력 상호작용, 전자기적 상호작용, 강한 상호작용, 약한 상호작용이 그것이다. 우주의 역사에서 플랑크 시대(Planck epoch)라고 부르는 시기에는 그 네 상호작용이 서로 섞여 통합되어 있었다. 그래서 그 시기를 두고 "대통일 시대(Grand unification epoch)"라고도 부른다(정확히 하자면 대통일 시대는 플랑크 시대 다음에 오는 시대이다/역주). 그 시대에 대한 완성된 이론은 아직 존재하지 않으며, 네 가지 상호작용을 통합하는 문제는 현재 기초 과학 연구의 주요 쟁점 가운데 하나이기도 하다.[*] 따라서 그 시기에 일어난 일에 관해서 우리가 정확히 이야기할 수 있는 것은 아무것도 없다. 그 시기가 언제 시작되었는지는 알 수 없으며, 시작이라고 할 만한 시점이 있었는지조차 분명하게 말할 수 없다. 그러나 그 시기가 언제 끝났는지는, 다시 말해서 기본 상호작용들이 언제 분리되기 시작했는지는 말할 수 있다. 현재 이론에 따르면 그 시간은 0의 순간에서부터 10^{-43}초가 지난 시점이다.

그 시점에 대해서는, 즉 플랑크 시대가 끝나는 10^{-43}초의 "순간"에 대해서는 우주의 크기를 이야기할 수 있다. 기본 상호작용들이 분리된(더 정확히 말하면 중력이 다른 상호작용들과 분리된) 그 순간, 우주의 크기는 작았다. 그냥 작은 정도가 아니라 아주 많이, 말도 못하게 작았다. 그 순간에 우주는 전자보다 10억 배의 1억 배가량 작았기 때문이다(전자도 이미 아주 작은데 말이다). 현재로서는 그 크기보다 작은 우주의 작용을 설

---

* 339쪽 참조.

플랑크의 벽(Planck's wall)

10^{-43}초는 일반상대성 이론의 가설에 근거하여(따라서 기본 상호작용들 중에서 중력에만 근거하여) 임의적인 0의 시간에서부터 출발하여 계산된 값이다. 이 값은 우주의 역사에서 처음 사건들이 몹시 짧은 시간 안에 일어났음을 보여준다. 지금 우리는 1초의 10억 분의 1의 10억 분의 1의 10억 분의 1의 10억 분의 1의 100만 분의 1의 10분의 1에 해당하는 시간을 이야기하고 있는 것이다. 그 10^{-43}초부터는 우주의 역사에 대해서 좀더 확신을 가지고 말할 수 있으며, 시간이 흐를수록 사변적 추측에 의존하는 정도도 줄어든다. 하지만 그 시간 이전에 대해서는 무엇이 어떻게 왜 어떤 순서로 일어났는지 우리로서는 알 수 없다. 그래서 그 시간대를 "벽(wall)"이라고 칭하며, 특히 막스 플랑크*를 기리는 뜻에서 "플랑크의 벽"이라고 부른다.

명할 수 있는 모형은 존재하지 않는다. 실제로 그 크기는 물리학의 테두리 안에서 존재할 수 있는 가장 작은 크기로서, 길이로는 약 10^{-35}미터의 값을 가진다. 1미터의 10억 분의 1의 10억 분의 1의 10억 분의 1의 100만 분의 1의 100분의 1이라는 뜻이다. 플랑크 길이(Planck length)가 바로 그 값을 이르는 용어이다. 전자 하나가 태양계 전체를 덮을 정도의 크기라고 치면, 그 순간의 우주는 축구공 하나 크기 정도 된다. 어떻게 그런 우주가 존재할 수 있냐고? 정확히는 알 수 없으나, 우주 내부의 물질-에너지 밀도가 워낙 높아서 모든 차원이 서로 완전히 포개져 있었던 것으로 보인다. 어떻게 포개져 있었는지는 정확히 설명할 수 없지만 말이다. 그렇다면 그 바늘 끝보다 작은 우주 안에서 어떤 일이 일어나고 있었는지는 말할 수 있을까? 말할 수 있다. 그때 우주는 막 커지려는 시점에 있었으며, 그 변화에 관해서는 꽤 정확한 설명이 존재한다.

---

* 『대단하고 유쾌한 과학 이야기』 제1권, 제9장 참조.

우주의 네 가지 기본 상호작용

이 주제는 삽입 글로 설명할 내용은 아니지만, 내용 전개상 간단하게라도 정리하고 지나가는 것이 좋겠다. 오늘날 우리가 이해하는 대로의 우주는 크게 네 가지 상호작용의 지배를 받는다. 중력 상호작용(중력), 전자기적 상호작용(전자기력), 약한 상호작용(약한 핵력), 강한 상호작용(강한 핵력)이 그것이다.

전자기력과 중력은 우리가 거시적 차원에서 일상적으로 경험할 수 있는(그리고 원하든 원하지 않든 경험하게 되는) 상호작용이다. 강한 상호작용의 경우는 거시적 차원에서는 잘 드러나지 않지만, 그래도 이해하는 데는 별 어려움이 없다. 알다시피 원자핵 안에는 양성자들이 서로 밀착하여 자리해 있다. 그런데 양성자들은 모두 전기적으로 양성을 띠며, 따라서 계속해서 서로를 밀어낼 수밖에 없다. 그렇다면 어떻게 원자핵 안에 함께 자리해 있을까? 양성자들을 제자리에 있게 할 만큼 큰 힘이 있기 때문인데, 그것이 바로 강한 상호작용에 해당하는 강한 핵력이다. 끝으로 약한 상호작용은 방사능, 다시 말해서 원자보다 작은 입자(아원자 입자)의 방사성 붕괴의 원인이 되는 힘을 말한다.

네 가지 상호작용들과 관련해서 주목할 만한 사실은 힘의 크기가 클수록 작용 범위는 좁다는 것이다. 그래서 가장 강한 힘에 해당하는 강한 상호작용의 경우 이론적 작용 범위는 무한대이지만, 실제 작용 범위는 쿼크들의 특성으로 인해서 수 펨토미터(femtometer, fm) 정도에 그친다(1펨토미터는 1미터의 10억 분의 1의 100만 분의 1).[*] 전자기력은 강한 상호작용보다 약 100배 약하며, 작용 범위는 무한대이다. 그리고 방사능의 원인이 되는 약한 상호작용은 강한 상호작용보다 약 10만 배 약하고, 펨토미터 단위의 매우 제한적인 작용 범위를 가진다. 거시적 차원에서 볼 때, 전하에 의한 전자기적 상호작용은 전체적으로 상쇄되기 때문에 중력이 더 두드러지게 나타난다. 중력은 작용 범위가 무한대이지만, 다른 상호작용들에 비해서 몹시 약하게 작용한다. 실제로 중력은 강한 상호작용에 비하면 약 10억 배의 10억 배의 10억 배의 10억 배의 1,000배 정도 약하고, 전자기력에 비하면 10억 배의 10억 배의 10억 배의 10억 배의 10배 정도 약하다. 그럼에도 거시적 차원

---

[*] 332쪽 참조.

에서는 중력이 강한 것처럼 느껴지는 이유는 중력에 관여하는 물질의 양이 엄청나게 많기 때문이다. 하지만 여러분이 어떤 물건을 손가락 하나로 들어올릴 수 있다는 것(따라서 그 물건에 작용하는 중력을 이길 수 있다는 것)은 그만큼 중력이 약하다는 의미이다.

급팽창

10^{-35}초에 이르렀을 때, 이번에는 약한 상호작용과 강한 상호작용이 분리되어 나왔다. 그리고 우주는 갑작스러운 변화를 겪게 된다.

그런데 방금 문장에서 "갑작스럽다"는 표현은 사실 적절한 용어가 아니다. 문제의 변화는 그저 "갑작스러운" 정도의 것이 아니기 때문이다. 10^{-35}초에서 10^{-32}초 사이에, 그러니까 소수로 표기하면 0.000000000000000000000000000000001초에서 0.00000000000000000000000000000001초 사이에, 다시 말해서 1초의 10억 분의 1의 10억 분의 1의 10억 분의 1의 100만 분의 1에 해당하는 시간에 우주가 앞에서 말한 그 작은 크기에서부터 오늘날의 관측 가능한 우주보다 겨우 1,000배 정도 작은 크기로 단숨에 커졌기 때문이다. 그 짧은 시간에 약 10억 배의 10억 배의 10억 배의 10배 커졌다는 말이다. 지금 여러분은 이 숫자들이 크다는 것까지는 알겠지만 솔직히 얼마나 큰 것인지는 잘 와닿지 않을 것이다. 그것은 나도 마찬가지이다. 머릿속으로 그려보기에는 너무 짧은 시간이고 너무 큰 크기니까. 어쨌든 그래서 우주가 그처럼 변화한 일을 두고 "급팽창(急膨脹, inflation)"이라고 부른다(우주의 일반적인 팽창과 혼동하지 마시기를). 우주가 급팽창을 겪었는지 어떻게 아냐고? 많은 추측 끝에 그러한 가설에 이르렀는데, 그 추측에서 발견될 것이라고 예고한 무엇인가가 실제로 발견되면서 해당 가설을 어느 정도 신뢰할 수 있게 되었기 때문이다(뒤에서 다시 이야기할 것이다*).

입자 시대

급팽창과 함께 약한 상호작용과 강한 상호작용이 분리되면서 우주는 쿼크(quark)와 글루온(gluon)으로 이루어진 "수프" 상태가 된다. 이 단계부터 우주에 대한 연구는 추측보다 분석에 더 많은 근거를 두며, 우주의 역사가 진행될수록 짐작은 줄어들고 과학적인 관찰의 비중이 커진다. 여기서 나는 당시 우주에서 일어난 모든 일을 자세히 설명하지는 않을 것이다. 입자물리학 분야의 사전 지식이 너무 많이 필요하기 때문이다. 대신 포괄적으로 요약해볼 수는 있다. 우선 빅뱅의 순간으로 추정되는 시점 이후 약 1마이크로초, 즉 100만 분의 1초까지는 기본적인 입자와 반입자들이 나타났다(입자가 반입자보다 많았는데, 그 원인은 아직 정확하게는 알 수 없다). 그 입자들은 힉스 메커니즘(Higgs mechanism)**이라고 부르는 복잡한 메커니즘을 통해서 질량을 얻었고, 우주의 네 가지 기본 상호작용은 이제 완전히 분리되어 오늘날 우리가 아는 형태를 가지게 된다. 그렇지만 이때 우주는 아직 너무 뜨거운 상태라서 쿼크들이 서로 결합하여 양성자와 중성자를 이루는 작용은 일어나지 않았다.

그러니까 우주는 쿼크와 글루온이 서로 결합할 수 없을 정도로 너무 뜨거웠다는 말이다. 그렇다면 어떤 일이 일어났을까? 그 뜨거운 수프***는 빅뱅 이후 1초가 지날 때까지 조용히 식어갔다. 그러자 쿼크와 글루온이 서로 결합할 수 있게 되면서 양성자와 중성자, 그러니까 일반적으로 말하

---

* 82쪽 참조.
** 334쪽 참조.
*** 뜨거운 우주 말이다.

쿼크, 글루온, 하드론, 렙톤, 보손, 그리고 기타 등등

입자물리학의 세계에는 하나같이 작고 유별난 것들이 가득하다. 지금 우리가 이야기하고 있는 주제를 좀더 명확히 이해하기 위해서 그 "작고 유별난 것들" 중에서 몇 가지만 알아보기로 하자.

우선 **쿼크**(quark)는 혼자서는 다닐 수 없는 기본 입자로서, 서로 결합해서 **하드론**(hadron, 強粒子)이라고 부르는 합성 입자를 이룬다. 예를 들면 양성자는 3개의 쿼크로 이루어진 합성 입자이고, 중성자도 마찬가지이다(대신 쿼크의 배열은 서로 다르다). 하드론은 강한 상호작용의 지배를 받으며, 하드론을 이루는 쿼크들은 (그리고 반쿼크들도) 글루온(gluon)에 의해서 그 결합이 유지된다.

글루온은 크게는 **보손**(boson) 계열에 속하는 기본 입자이다. 보손의 정의는 조금 복잡한데, 간단히 말하면 물질을 구성하는 쿼크 같은 입자와는 다르게 상호작용을 "전달하는" 기본 입자로 설명할 수 있다. 예를 들면 2개의 쿼크 사이에서 상호작용이 일어날 때 1개의 보손이 그 상호작용에 개입한다. 문법으로 비유하면 "동사"와 "주어" 사이에 "목적어"가 자리하는 것과 비슷하다. 광자도 보손 계열에 속하는 입자이다.

렙톤(lepton, 輕粒子, 그리스어로 "가볍다"는 뜻)은 전자나 중성미자 같은 기본 입자들이(그리고 반입자들도) 속한 계열로서, 쿼크와 마찬가지로 물질의 구성에 관여한다. 하지만 쿼크와 달리 강한 상호작용에는 영향을 받지 않고 다른 상호작용들에만 영향을 받는다. 한편, 쿼크가 3개씩 서로 결합해서 만들어진 양성자나 중성자 같은 합성 입자는 **바리온**(baryon, 重粒子, 그리스어로 "무겁다"는 뜻)이라고 부른다. 그리고 렙톤과 쿼크는 물질을 구성하는 입자로서 크게는 **페르미온**(fermion) 계열로 묶인다.

주요 입자들에 대한 소개는 이 정도로 마치겠다. 자세한 설명은 아니지만, 그래도 입자들의 이야기를 따라가는 데에 조금은 도움이 될 것이다.

면 하드론이(그리고 반하드론도) 나타났다. 그런데 이후 10초 동안 하드론과 반하드론은 대다수 상쇄되어 소멸한다(입자가 반입자보다 많기 때

문에 전부 소멸하지는 않는다). 그 결과 렙톤(전자 같은 가벼운 입자들)과 반렙톤이 우주의 지배 물질이 되는데, 이 입자들 역시 대다수 소멸에 이른다. 그렇게 해서 빅뱅 이후 10초가 지났을 때 우주에는 하드론과 렙톤, 즉 간단히 말하면 현재 우주의 모든 물질을 만드는 데에 쓰이는 입자들이 자리하게 되었다.

그 단계에서 광자(보손에 속한다)는 우주에 존재하는 다양한 입자들, 특히 양성자와 전자 같은 입자들과 상호작용을 일으켰다. 매순간 엄청나게 많은 광자들이 어느 한 입자에서 방출되자마자 다른 입자에 흡수되는 식의 현상이 일어난 것이다. 그리고 우주가 계속 식어가는 동안, 양성자와 중성자는 서로 결합하여 다소간 복잡한 원자핵을 만들기에 이르렀다. 이 단계를 두고 항성 핵합성(stellar nucleosynthesis)*과 구별해서 "원시 핵합성(primordial nucleosynthesis)"이라고 부른다. 그러나 너무 무거운 원자핵은 수명이 아주 짧았고(몇 분), 수소나 헬륨의 원자핵만이 안정적으로 남게 되었다. 그런데 이때 우주는 식었다고는 하지만 원자핵이 전자를 붙잡아둘 수 있기에는 여전히 너무 뜨거웠다. 그래서 전자들은 모두 전기를 뚜렷하게 띠고 있었고, 광자들은 입자에서 입자로 계속해서 "점프"를 하고 다녔다.

최초의 빛

우주가 계속 식어가는 가운데 마침내 전자가 원자핵에 붙잡히면서 최초의 원자들이 만들어진다. 대부분은 수소였고, 헬륨도 제법 있었지만 나머지는 아주 적었다. 원자들은 전기적으로 중성이기 때문에 광자들의 이동을 더 이상 방해하지 않았다. 그래서 이제 광자들은 우주 공간을 자유롭게 먼 거리까지 이동할 수 있게 되었다. 우주가 "투명해진" 것이다. 당시

---

* 『대단하고 유쾌한 과학 이야기』 제1권, 제24장 참조.

우주의 나이는 약 38만 년으로, 우리 우주에서 관측 가능한 최초의 흔적들(특히 우주배경복사[*])은 바로 그 시점으로 거슬러올라간다.

원자들이 서로 가까이 자리하자 중력은 그 원자들을 응집시켜서 핵융합이 가능한 압력에 이르게 만들었고, 그 결과 최초의 항성이 탄생했다. 이때부터 우주의 구조는 중력에 따라서 자연적으로 체계화되었으며, 항성들은 서로 무리를 이루면서 성단과 원시은하, 은하를 차례차례 형성해갔다. 그리고 이 일은 빅뱅 이후 약 137억 년이 지난 오늘날까지도 계속되고 있다.

97. 과학사의 한 페이지 : 펜지어스와 윌슨, 그리고 가모프

1940년대부터 랠프 앨퍼와 로버트 허먼, 조지 가모프 같은 과학자들은 우주를 충분히 멀리만 관측하면 우주의 과거 모습을 볼 수 있을 것이라고 예상했다. 광자들이 자유로워지면서 우주가 투명해졌던 당시 모습대로의 우주를 말이다. 무슨 뜻인지 자세히 들어가보자.

조지 가모프는 1904년에 태어난 러시아 출신의 미국 물리학자이다(러시아 이름은 게오르기 가모프이다). 그는 미국으로 망명하기 이전에도 해외에 나가 막스 보른, 닐스 보어 같은 학자들과 연구를 함께했다. 그리고 케임브리지 대학교(제1권을 읽은 독자를 위해서 말하자면 트리니티 칼리지가 있는 바로 그곳)에서 어니스트 러더퍼드를 만나면서 방사능 연구의 실력자 중의 한 명으로 떠오르게 된다. 당시 가모프는 터널 효과(tunnel effect)[**]의 개념을 내놓았으며, 최초의 입자가속기도 연구했다. 그런데 이후

---

[*] 82쪽 참조.
[**] 201쪽 참조.

러시아의 사회 상황에 변화가 생기면서 가모프는 더 이상 해외로 나갈 수가 없었다.

그러던 중 1933년에 국제 물리학학회 솔베이 회의에 초대를 받으면서 벨기에로 가게 되었고, 비서인 척 데려간 아내와 함께(짐 가방도 함께) 그 길로 러시아를 완전히 떠난다. 가모프는 워싱턴에서 교수 자리를 구했고, 1940년에는 미국 국적도 취득했다. 그리고 1943년에는 어엿한 미국인으로서 맨해튼 프로젝트에 참여했다. 미군이 최초의 원자폭탄 제조를 목표로 진행한 20세기 최고의 비밀 프로젝트 말이다.

제2차 세계대전 이후 가모프는 당시 많은 물리학자들이 그랬던 것처럼 빅뱅에 관심을 기울였다. 특히 그가 주목한 것은 빅뱅 이후 처음 얼마 동안 원소들이 생성된 과정이었다. 가모프는 박사 과정에 있던 제자 랠프 앨퍼와 함께 연구를 진행하면서 "중성자와 양성자로 이루어진 진한 수프" 상태의 우주를 "아일럼(Ylem)"이라고 칭했고, 그 같은 성분이면 현재 우주에 존재하는 수소와 헬륨의 양을 설명할 수 있음을 증명했다. 요컨대 가모프는 유능한 사람이었다. 그리고 재미있는 사람이기도 했다. 여기서 내가 가모프를 "재미있다"고 한 이유는 그가 우주의 출발점이 된 최초의 알을 설명하는 데에 "아일럼"이라는 용어를 사용했기 때문이다. 그러니까 자세히 말하면, 조르주 르메트르가 그보다 앞서 말한 개념을 설명하면서 그 옛날 아리스토텔레스가 원시 물질에 붙인 명칭을 다시 사용한 것이다. 아리스토텔레스를 자기 방식대로 재활용했다는 것, 이런 일이야말로 장난기가 있는 사람이나 할 만한 일이 아니겠는가. 게다가 가모프의 장난기는 과학사에도 뚜렷한 흔적을 남겼다. 가모프가 앨퍼와 함께 연구 결과를 발표할 때, 해당 연구에 참여하지도 않은 한스 베테를 논문의 저자로 같이 올렸기 때문이다. 그것도 베테에게는 알리지도 않고 말이다. 논문에 문제가 없다면 가볍게 넘어갈 수도 있지만, 실언으로 볼 내용이 많다면* 베테의 명성을 더럽힐 수도 있는 일이었다. 그렇다면 가모프는 도대체 왜 그 논문에 베테를 카메오로 출연시켰을까? 두 과학자 사이에 우리가 모르는 일이라도 있었을까? 천만에! 가모프는 논문의 저자를 "앨퍼, 베테, 가모프"로 하면 "알파-베타-감마"가 떠오르는 효과가 있을 것이라고 생각했다. 그리고 그것이 베테를 끌어들인 이유의 전부이다. 그래서 나에게 가모프는 늘 "별난 양반"으로 기억된다.

　이후 가모프는 유전학에 관심을 가졌고, 특히 유전자와 단백질 배열 사이의 연관성에 관한 가설을 내놓기도 했다. 한편, 앨퍼는 두 거물 과학자들과 나란히 이름을 올리는 바람에 조금 손해를 보고 있었다. 그 논문에서 핵심적인 역할을 했음에도 두 과학자의 명성에 가려져서, 있어도 그만 없어도 그만인 사람이 되었기 때문이다. 그래서 앨퍼는 미국의 우주론자 로버트 허먼과 공동 연구를 시작했고, 두 사람은 오랫동안 빅뱅 연구에 몰두했다. 앨퍼와 허먼은 우주가 투명해질 당시 복사 현상이 분명히 대량 발생했을 것이라고 보았다. 그 복사는 오늘날에도 관측 가능하며, 온도는 아주 낮을 것이라고 설명했다. 두 사람이 세운 가설에 따르면, 문제의 복사는 우주 곳곳에서 절대영도**보다 5도 높은 약 5K의 온도로 관측되어야 했다. 앨퍼와 허먼은 그 연구를 학계에 발표하고 싶었고, 가모프 덕분에 『네이처』에 실린 가모프의 논문 말미에 그 내용을 올리게 되었다.*** 그런데 이때 가모프는 앨퍼와 허먼의 생각을 논문에 실으면서도 두 사람의 이

---

* 사실 "병신 같은 내용"이라고 쓰고 싶었으나 저속한 표현 같아서 "실언으로 볼 내용"이라고 했다. 조금은 구식 같아 보이지만 저속한 사람보다는 점잖은 사람으로 보이는 편이 나으니까, 내 품위는 내가 지켜야지.
** 『대단하고 유쾌한 과학 이야기』 제1권, 제8장 참조.
*** "The evolution of the universe", in *Nature*, Vol. 162, 13 Nov. 1948.

름은 언급하지 않았다. 결국 앨퍼와 허먼은 그 연구보다 "알파-베타-감마" 논문의 연구 결과를 좀더 발전시키기로 결정하고, 입자 시대에 해당하는 일련의 시기를 상세히 연구하기 시작했다. 두 사람은 특히 처음 연구에서 자연의 모든 원소가 당시에 생겼다고 말한 오류를 바로잡고, 수소와 헬륨, 리튬만 그때 생성되었다고 밝혔다(나머지 원소들은 항성 핵합성의 결과에 해당한다).

앨퍼와 허먼이 말한 복사 현상이 다시 주목을 받은 것은 1960년대의 일이다.* 이번 주인공은 물리학자 아노 앨런 펜지어스와 로버트 우드로 윌슨으로, 당시 두 사람은 벨 연구소에서 일하고 있었다. 더 정확히는 벨 전화회사의 연구와 개발을 담당하는 뉴저지 소재의 홀름델** 연구소 소속이었다. 두 사람은 새로운 형태의 안테나를 연구하고 있었는데, 그 과정에서 안테나에 이상한 잡음이 감지되었다. 펜지어스와 윌슨은 처음에는 당황했으나 노련한 연구원답게 잡음의 원인을 곧 파악했다. 장비 어딘가에 결함이 생긴 것이 분명하다고 말이다. 그래서 두 사람은 상당한 시간을 들여서 모든 회로를 검사했지만 아무 소용이 없었다. 잡음은 여전히 그대로였기 때문이다. 게다가 이상한 점은 문제의 잡음이 안테나를 어느 방향으로 돌리든 규칙적으로 잡힌다는 것이었다. 그렇다면 문제는 장비가 아니었다. 범인은 안테나에 떨어진 새똥이 분명했다. 그래서 두 사람은 또 상당한 시간을(회로 검사 때보다는 적은 시간이었지만 그래도 상당한 시간을) 들여서 안테나에 떨어진 새똥을 치웠다. 그러나 이번에도 잡음은 그대로였다. 그렇게 해서 펜지어스와 윌슨은 그것이 보통 잡음이 아니라는 것을 마침내 (조금은 우연하게) 깨달았다. 그 잡음은 사방에서 오는 마이크

---

* 앨퍼와 허먼의 연구는 1940년대에 이루어졌다.
** 영화 「토르」 시리즈에 나오는 아스가르드 왕국의 "헤임달"과 헷갈리지 마시길.

세렌디피티(serendipity)

"세렌디피티"란 의도하지 않은 뜻밖의 우연한 발견을 가리킨다. 그래도 자신이 발견한 것이 무엇인지는 알아야 발견임을 알아볼 수 있지만, 꼭 그렇지 않은 경우도 있다. 과학사에는 세렌디피티가 넘쳐나는데, 그중에서 내가 특히 좋아하는 사례를 소개할까 한다.

1968년, 화학자 스펜서 실버는 미국의 접착제 회사 3M에서 연구원으로 일하고 있었다. 그는 특별히 강력한 접착제를 만들고 있었는데, 작업 끝에 얻은 결과물은 끈적거리기는 해도 접착력은 아주 약했다. 강력 접착제가 아닌, 종이나 서로 붙일 수 있는 정도의 물질이었던 것이다. 게다가 그나마 붙은 종이들도 얼마든지 다시 쉽게 떼어낼 수 있었다. 실버는 문제의 물질을 한쪽에 치워놓고 하던 연구를 계속 이어갔다.

1974년, 실버의 동료인 아서 프라이에게는 한 가지 성가신 문제가 있었다. 그는 교회 성가대에서 활동하고 있었는데, 찬송가에 책갈피 삼아 끼워둔 종이가 너무 쉽게 빠져버려서 해당 페이지를 빨리 찾는 데에 도움이 되지 않았기 때문이다. 그러던 어느 날, 프라이는 실버가 예전에 만든 접착제가 떠올랐다. 그 접착제를 쓰면 책갈피 종이를 찬송가에 붙여두었다가 찬송가를 상하게 하지 않으면서 다시 떼어낼 수 있으리라고 생각한 것이다. 세계적으로 가장 많이 팔리는 사무용품 "포스트잇"은 바로 그렇게 탄생한다.

나는 세렌디피티 이야기를 좋아한다. 전자 레인지의 발명, 페니실린의 발견, 크리스토퍼 콜럼버스의 아메리카 대륙 발견, 고무 가공법의 발견, 일명 "찍찍이"로 통하는 벨크로의 발명 등이 다 세렌디피티가 해낸 일들이다.

로파 복사였고, 스펙트럼은 절대영도보다 겨우 3도 높은 온도를 가진 흑체(黑體, black body)의 스펙트럼과 비슷했다. "우주배경복사", "우주 마이크로파 배경",[*] "화석복사" 등으로 불리는 현상을 발견한 것이다. 펜지어스

---

[*] CMB, Cosmic Microwave Background.

와 윌슨은 그 발견으로 1978년에 노벨상을 받았다. 아니, 사실 그해 노벨 물리학상은 다른 주제를 연구한 다른 학자들도 함께 받았기 때문에 노벨상을 2분의 1만 받았다고 할 수 있다. 그러니까 펜지어스와 윌슨 각자에게 돌아간 상은 4분의 1인 셈이다. 뭐, 그래도 두 사람은 불평하지 않았다. 새똥인 줄 알았던 것이 노벨상이 되지 않았는가. "세렌디피티"*의 행운을 얻은 것이다.

98. 우주배경복사와 급팽창

오늘날에는 우주배경복사(宇宙背景輻射, cosmic background radiation)를 관측하는 데에 특히 적합한 기기들이 존재한다. 지구의 전자기 공해를 벗어나서 우주에 설치하는 망원경이 대표적인 예라고 할 수 있다. 우주배경복사는 아주 약하며, 그래서 휴대전화와 와이파이 통신망의 전자파가 주변에서 잡히는 곳에서는 망원경으로 관측하기에 부적합하다. 그런데 우주배경복사가 우주 어디에서나 관측된다는 사실은 더 쉬운 방법으로도 확인할 수 있다. 여러분은 텔레비전에서 눈이 내리는 것을 본 적이 있는가? 진짜 "눈[雪]" 말고 "스노 노이즈(snow noise)", 그러니까 화면에 눈이 내리는 것처럼 작고 흰 반점들이 잡히는 것 말이다. 여러분이 본 그 "눈"의 2-3퍼센트가 다름 아닌 우주배경복사에 해당한다. 텔레비전 수상기가 우주배경복사의 신호를 잡아서 그 같은 시각적 해석(解釋)을 만드는 것이다.

과학자들은 우주배경복사를 아주 세밀하게 관측할 수 있게 되면서 많은 문제들에 대한 답을 얻었다. 그리고 그전까지는 가설로 머물러 있던

---

* 탄자니아와 케냐 사이에 있는 평원은 "세렝게티" 평원이고.

수많은 내용들이 유효성을 확인받았다.

　우선, 우주는 원래 매우 균질한 성질을 가지며 그리고 은하들의 생성은 중력에 의한 응집 현상에 따른 것이라는 가설부터 살펴보자. 어떤 구조가 중력에 의해서 생기려면 당시 우주에 온도의 차이(따라서 밀도의 차이)가 미세하게라도 존재했어야 한다. 사실 펜지어스와 윌슨의 측정에서 우주배경복사가 완벽하게 균질한 상태로 나타난 것은 무엇보다도 측정의 정확성이 크게 부족했기 때문이다. 미세한 밀도 차이를 측정하기에 충분한 정확성 말이다. 그런데 1992년에 우주배경복사 탐사 위성인 COBE 위성(그리고 이후 WMAP 위성과 플랑크 위성)이 관측을 시작하면서 밀도의 요동(搖動, fluctuation)이 실제로 관측되었다. 밀도의 요동 하나로 은하와 그밖의 우주의 다른 주요 구조들의 존재가 설명된 것이다. 우주배경복사가 처음 방출된 순간 그 요동은 정말 미세해서 약 10만 분의 1도($0.00001K$)[*]의 비등방성[**]을 나타냈다. 이 미세한 차이로도 왜 중력이 어떤 곳에서는 물질을 응집시키고 다른 곳에서는 물질을 응집시키지 않았는지를 설명하는 데에는 충분하다. 그리고 그 미세한 차이는 관측 방향과는 무관하게 거의 어디에서나 나타난다. 결과적으로는 균질성과 등방성을 가진 우주에 이르는 것이다.

　그런데 이번 장의 제목을 눈여겨본 독자라면, 지금 이 내용과 급팽창(inflation)이 무슨 상관인지 궁금한 생각이 들 것이다. 앞에서 급팽창에 관련된 추측이 무엇인가가 발견될 것이라고 예고했고, 그 무엇인가가 실제로 발견되었다고 말한 것을 기억하는가?[***] 그때 내가 "뒤에서 다시 이야기

---

[*] 참고로 말하면, 1K의 간격은 우리가 보통 말하는 1°C의 간격에 대응된다.
[**] "요동"을 "꿈쩍 있새 비트는 용어이니.
[***] 73쪽에서 말했다.

할 것"이라고 했는데, 그 "뒤에서"가 바로 지금이다.

앞에서 말했듯이 급팽창은 우주의 상태가 갑작스럽고도 극단적으로 변화한 사건이다. 그래서 해당 이론을 내놓은 학자들은 그 같은 현상의 존재를 증명할 수 있는 방법이 있을지를 자문했다. 급팽창이 일어났다면 우주가 관측할 수 있는 무엇인가를 내놓기 훨씬 전에 일어났을 것이고, 따라서 현상에 대한 직접적인 관측은 전적으로 불가능하다. 그렇다면 급팽창 현상으로부터 자연적으로 생겨난 흔적이나 결과를 관측하는 일은 가능할까? 이 질문에 과학자들은 긍정적인 답을 내놓았다. 우주가 실제로 급팽창을 겪었다면, 공간이 빛의 속도보다 빠르게 팽창하는 가운데 중력에 엄청난 변화가 생기면서 중력파라고 불리는 것을 만들었을 것이기 때문이다.

급팽창이 실제로 일어났다고 해보자. 그러면 시공간은 물질-에너지가 있는 주위 곳곳으로 급작스럽게 팽창되었을 것이다. 따라서 급팽창은 중력파에 변화를 일으켰을 것이고, 이 중력파가 퍼져나가는 현상은 공간적으로는 물론이고 시간적으로도 계속되었을 것이다. 아마도 우주가 관측 가능해진 순간까지 계속 말이다. 그러므로 우주배경복사에서 중력파의 존재를 확인할 수 있다면, 그것은 급팽창이 있었음을 증명하는 증거라고 할 수 있다. 그렇다면 140억 년 가까이 된 마이크로파 전자기 복사에서 급팽창에 따른 중력파를 어떻게 관측할 수 있을까? 세밀하게 관측하면 된다. 정말 아주 세밀하게······.

너무 자세히 들어가지 않는 선에서만 말하면(자세한 설명은 길고 복잡하고 대체로 지루하니까), 전자기파는 아무렇게나 전달되지는 않는다. 실제로 전자기파는 자기장과 전기장을 진동시킨다(파동이 곧 그 진동이라는 점에서 잘못된 문장이기는 하지만, 너무 복잡해지지 않게 일단 그렇게

중력파(重力波, gravitational wave)

아인슈타인은 중력과 관련해서 그것이 어떻게, 그리고 어떤 속도로 전달되는지 궁금해했다. 실제로 뉴턴의 방정식은 "시간"이라는 변수를 개입시키지 않는데, 이는 중력이 즉각적인 영향력을 가지는 것을 암시한다. 예를 들면, 태양이 갑자기 사라지면 태양에서부터 1억5,000만 킬로미터 넘게 떨어진 지구에서도 태양의 중력이 사라지는 것을 즉시 느끼게 된다는 뜻이다. 따라서 중력의 소멸이라는 정보가 빛보다 훨씬 더 빠르게 전달되었다는 말인데, 이는 특수상대성 이론에 따르면 불가능한 일이다. 그래서 아인슈타인은 뉴턴의 중력에 의문을 품었고, 바로 이 의문이 일반상대성 이론의 출발점이 되었다.[*] 일반상대성 이론에서 중력이라는 정보의 전달은 시간에 구속되며, 특수상대성 이론이 말하는 제약을 준수한다. 중력은 물질-에너지의 존재와 직접 연관된 시공간의 정보에 해당하기 때문에 어떤 질량의 즉각적 소멸이 발생하면 시공간의 형태가 조정되고, 이러한 시공간의 조정은 빛의 속도로 주위에 전달되는 것이다. 물론 태양의 순간적 소멸은 (정말 다행스럽게도) 순수하게 이론적인 사고실험(思考實驗)이다. 그러나 실재 세계에서도 얼마든지 있을 수 있는 상황, 가령 어떤 무거운 물체가 운동 궤도를 다소간 갑작스럽게 바꾸는(다시 말해서 가속도를 받는) 경우에도 시공간은 조정되어야 하며, 그 조정 역시 빛의 속도로 전달되어야 한다. 시공간의 변형에 관계된 그 같은 변화는 여러분이 수면을 건드렸을 때 생기는 파동과 조금은 비슷한 성질을 가졌고, 호수 표면의 잔물결처럼 우주로 펴져나간다.

중력파는 바로 그러한 변화를 가리킨다. 중력의 성질을 가졌으면서 파동으로 전달된다고 해서 중력파라는 명칭이 붙은 것이다.

말하기로 하자). 공기 중의 소리나 수면의 물결 같은 기계적 파동의 경우에 그 진동은 특별히 정해진 방향을 가지지 않는 데에 비해서, 전자기파에 따른 진동은 어떤 특별한 방향을 가질 수도 있다. 이른바 전자기파의 편

---

[*] 『대단하고 유쾌한 과학 이야기』 제1권, 제79장부터 참조.

광(偏光, polarized light)이라고 부르는 현상이다. 예를 들면, 어떤 빛은 전기장을 그 진행 방향에 "수직으로" 진동시킨다.* 물론 이 예에는 한계가 있다. 우리가 육안으로 보았을 때에는 전기장이 수직으로 진동하든 수평으로 진동하든 똑같은 빛으로 보이기 때문이다. 그러나 편광 현상을 더 잘 이해할 수 있게 해줄 보다 직접적이고 유명한 사례가 있다. 3D 영화가 그것이다.

사실 전자기파(빛)의 편광은 언제든지 일어날 수 있으며, 이때 편광은 전자기파가 진행하는 축을 중심으로 회전할 수도 있고(회전 편광) 방향을 일정하게 유지할 수도 있다. 그래서 일반적으로는 편광이 일정한 방향으로 일어날 때에 "편광되었다"고 말한다.

다시 급팽창으로 돌아오자. 급팽창이 실제로 일어났다면, 중력파가 변형되고 증폭되면서 퍼져나가는 결과를 가져왔을 것이다. 중력파가 어떤 곳에서는 확장되고, 또 어떤 곳에서는 압축되는 식으로 말이다. 그러한 변형은 시공간이 확장되거나 압축되는 것에 해당하는데, 이 경우 시공간은 온도가 약간 더 올라가거나 내려가게 된다. 그렇다면 우주배경복사가 발생한 순간에 방출된 광자 가운데 온도가 높은 곳에서 생긴 것들은 더 "활동적"이었을 것이고, 그 결과 우주배경복사의 편광에 영향을 미쳤을 것이다. 그래서 우주론자들은 우주배경복사에서 "뜨거운 지점"을 중심으로 빛의 편광에 변화가 생긴 흔적을 찾기 시작했다. 그리고 충분히 정확한 도구를 이용해서 마침내 그 흔적을 찾아냈다.

다음의 그림을 보면 정확히 무엇을 나타내는지는 모르더라도 검은 선들이 지점에 따라서 방향이 바뀐 것은 알아볼 수 있을 것이다. 이 그림은

---

* 자기장은 전기장에 수직인 방향으로 진동하기 때문에 일반적으로 전기장의 편광만 표시한다.

3D 영화

몇 년 전부터 유행 중인 3D 영화는 평면의 스크린에 입체감을 구현한 것으로,[*] 요즘에는 많은 블록버스터 영화들이 3D 기법으로 제작, 상영되면서 화려하고 멋진 액션 장면을 입체적으로 감상할 수 있게 해준다. 그렇다면 3D 영화는 어떤 원리로 만들어질까? 스테레오스코피(stereoscopy)라는 기술을 사용해서 서로 다른 두 이미지를 우리 눈에 동시에 보내는 것이다(한쪽 눈에 하나씩). 물론 영화에서 스크린이 평면(2차원)이라는 조건에는 변함이 없으며, 그래서 입체감을 느끼려면 왼쪽 눈이 지각하는 것과 오른쪽 눈이 지각하는 것 사이에 차이가 나야 한다. 실제로 우리의 두 눈은 언제나 하나의 이미지(2차원)를 지각하지만, 두 눈 사이의 거리 때문에 눈마다 그 이미지를 약간 다르게 지각하게 된다. 그러면 뇌에서 그 정보를 합쳐 3차원 이미지로 만드는 것이다. 따라서 영화의 경우 하나의 스크린을 통해서 두 개의 다른 이미지를 매순간 보내는 방법이 필요한데, 바로 거기에 편광 현상이 개입한다.

편광 현상을 이용한 3D 영화에서는 약간 특별한(특별히 제작된) 프로젝터를 이용해서 이미지를 하나가 아니라 두 개씩 초당 24회의 속도로 내보낸다. 이때 그 두 이미지 가운데 하나는 수직으로 편광된 빛으로 이루어져 있고, 다른 하나는 수평으로 편광된 빛으로 이루어져 있다. 일단 육안으로 보았을 때, 두 이미지는 완전히 겹쳐져 보인다. 그러나 3D 영화는 육안이 아니라 약간 특별한(역시 특별히 제작된) 안경을 쓰고 본다. 렌즈 한쪽은 수직으로 편광된 빛만 통과시키고, 다른 쪽은 수평으로 편광된 빛만 통과시키는 안경이다. 그 결과 두 눈은 매 순간 각기 다른 이미지를 지각하게 되고, 두 눈의 지각 사이에 차이가 생기면 우리의 뇌는 입체적인 이미지를 본 것처럼 해석한다. 알다시피 우리의 뇌는 아주 쉽게 속기 때문이다. 혹시 3D 영화용 안경이 두 개 있다면 실험을 한번 해보기를 바란다. 렌즈끼리 겹치게 놓은 뒤 안경을 하나만 돌려보면, 어떤 각도에서는 빛이 통과하고 그와 수직을 이루는 각도에서는 빛이 전혀 통과하지 않는 것을 확인할 수 있다.

---

[*] 히치콕 감독은 1954년에 「다이얼 M을 돌려라」라는 작품을 3D 기법으로 제작했다. 따라서 3D 기법은 그렇게까지 최신 기술은 아니다.

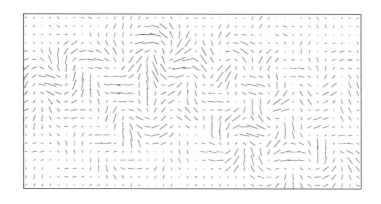

BICEP2 망원경이 2014년 3월에 포착한 것인데,[*] 예상했던 대로 빛의 편광에 변화가 생겼음을 보여주는 이미지에 해당한다. 급팽창이 실제로 일어났음을 입증하는 명백한 증거로 볼 수도 있다는 뜻이다.

과학자들은 적어도 그 이미지가 처음 나왔을 당시에는 그렇게 생각했다. 급팽창이 존재했다는 증거를 드디어 찾았다고 말이다. 이 소식은 2014년 5월에 대중에게 공개되었고, 인터넷을 통해서 빠른 속도로 전 세계에 알려졌다. 우리 우주의 과거와 관련된 중요한 발견일 뿐만 아니라, 우주 역사에서 우리로서는 관측할 수 없는 시기의 우주에 관한 가설을 뒷받침해주는 발견이었다. 한마디로 중대한 쾌거를 거둔 것이다.

그러나 2015년 1월에 새로운 소식이 전해졌다. 문제의 결과를 급팽창의 확실한 증거로 보기에는 설득력이 떨어진다는 내용이었다. 그처럼 정밀한 수준의 관측에서는 아주 미세한 방해 요소도 무시하면 안 되는데, BICEP2 망원경에 의한 관측 결과는 은하 곳곳에 존재하는 우주먼지에 의해서도 충분히 나올 수 있기 때문이다.[**] 역사적으로 샴페인을 너무 빨리

---

[*] 하버드–스미소니언 천체물리학 센터에서 만든 이미지를 단순화한 것이다.
[**] BICEP2 망원경이 관측한 구역에 우주먼지가 존재한다는 사실은 플랑크 위성이 확인하

터뜨린 경우는 이전에도 물론 있었지만, 사람들의 실망은 이만저만이 아니었다.

그러나 2014년의 결과가 무효화되었다고 해서 급팽창 가설 자체가 폐기되는 것은 아니다. 급팽창은 아마도 정말 있었을 것이다. 단지 우리가 확보한 "증거"가 신뢰할 수 없는 것으로 밝혀졌을 뿐이며, 증거를 찾기 위한 연구는 지금도 계속되고 있다.

99. 급팽창과 (거의) 평평한 우주

우주의 곡률(曲率)에 관한 이야기를 조금 해보자. 우주의 곡률은 사실 상당히 이해하기 어렵다. 곡률이라는 개념 자체는 우리가 잘 아는 것이지만, 3차원 공간의 곡률은 지각을 통해서는 접근하기가 힘들기 때문이다. 그러므로 우주의 곡률을 이해하려면 문제를 단순화시켜 우리가 이해할 수 있는 곡률부터 이야기하는 편이 좋겠다.

지구가 완벽하게 둥근 구라고 생각해보자. 지구 표면에는 계곡도 없고, 산도 없고, 낮은 언덕도 깊은 골짜기도 전혀 없다. 지구는 공 모양이고, 표면은 완벽하게 둥글다.* 그리고 여러분은 완벽하게 평평한 땅 한가운데에 서 있다. 그렇다면 바로 질문이 제기된다. 둥근 구의 표면에 있는 땅이 어떻게 완벽하게 평평할 수 있을까? 사실 완벽하게 평평할 수는 없다. 단지 거시적 차원에서는, 다시 말해서 우리가 지표면에서부터 육안으로 보는 차원에서는 지구가 휘어진 정도가 아주 약해서 평평하게 보일 뿐이다.

게 되었다.
* 참고로 말하면 실제로는 그렇지 않다.

그래서 우리는 지구의 곡률을 고려하지 않고 집이나 건물을 지을 수 있는 것이다. 이를 두고 거시적 차원에서는 유클리드 기하학, 즉 평면의 기하학이 유효하다고 말한다. 평행한 두 직선은 서로 만나지 않고, 삼각형의 내각의 합은 180도이고 등등.

이번에는 지구를 전체적으로 보면서 생각해보자. 우선 적도의 어느 한 지점, 예를 들면 에콰도르의 키토를 찾아서 그 지점에서부터 북쪽으로 직선을 긋는다. 그리고 적도의 또다른 한 지점, 가령 아프리카 가봉의 리브르빌에서 또 북쪽으로 직선을 긋는다. 이때 우리가 그은 두 직선은 서로 평행하다. 둘 다 적도와 직각을 이루고 있고, 둘 다 북쪽을 향하고 있으니까. 그러나 두 직선은 북극에서 서로 만난다. 구의 표면은 전체적으로 보면 평평하지 않고 휘어져 있기 때문이다(구를 보면 곡률이 무엇인지에 대한 개념 자체를 얻을 수 있다). 마찬가지로, 구 표면에는 내각의 합이 180도가 훨씬 넘는 삼각형을 그릴 수 있다. 가령 키토와 리브르빌과 북극을 잇는 삼각형에는 적도에서 벌써 두 개의 직각이 들어간다.

그럼 이제 3차원 공간으로 된 우리 우주를 생각해보자. 급팽창 가설에서는 우리 우주가 평평한, 혹은 "거의 평평한" 성질을 가져야 한다고 말한다. 여기서 내가 "거의 평평한"이라고 한 것은 관측 가능한 우주의 차원에서 평평하게 보여야 한다는 뜻이다. 따라서 급팽창이 실제로 일어났다면, 그리고 학자들이 세운 이론적 모형대로 일어났다면, 우리 우주의 관측 가능한 영역에서는 유클리드 기하학이 성립해야 한다. 삼각형의 내각의 합이 180도가 되어야 한다는 말이다. 실제로 우리에게 우주는 지구와 태양계, 우리 은하 차원에서는 휘어짐 없이 평평하게 보인다. 그렇다면 관측 가능한 우주의 차원에서도 그럴까? 이번에도 답은 우주배경복사에서 찾을 수 있다.

대우(對偶, contraposition)

다음 내용에 대한 이해를 돕기 위해서 형식논리학에서 "대우"라는 것을 알아보자. 방금 우리는 우주가 급팽창을 겪었다면, 현재 평평하게 보여야 한다고 추론했다. 이 경우 사람들이 흔히 저지르는 논리적 오류는, 우주가 평평하다는 것을 증명할 수 있다면 급팽창의 존재를 증명하게 된다고 생각하는 것이다. 이는 틀렸다. 우주가 평평하지 않다는 것을 증명함으로써 급팽창이 존재하지 않았다는 것을 보여주는 식의 증명만이 가능하기 때문이다. 더 쉬운 예를 들어서 설명해보자. "비가 오면, 땅이 젖는다"라는 명제가 있다. 여기서 가정은 "비가 온다"는 것이고, 결론은 "땅이 젖는다"는 것이다. "비가 온다"는 원인, "땅이 젖는다"는 결과라고도 말할 수 있다. 그런데 앞에서 말한 논리적 오류를 여기에 적용하면 다음처럼 된다. "땅이 젖었으면 비가 왔다는 뜻이다." 이 말이 잘못된 이유는 다른 원인들도 땅이 젖는 결과를 가져올 수 있기 때문이다. 가령 누가 땅에 물을 그냥 부었을 수도 있는 것이다. 그에 비해 "비가 오면, 땅이 젖는다"라는 명제의 "대우"에 해당하는 것, 즉 "땅이 젖어 있지 않으면, 비가 온 적이 없다"는 뜻이다라는 추론에는 문제가 없다. 어떤 원인이 언제나 일정한 결과를 가져온다면, 그 결과의 부재는 원인이 발생하지 않았음을 전제하기 때문이다.* 이와 같이 어떤 명제의 결론의 부정을 가정으로 하고 가정의 부정을 결론으로 하는 명제가 대우이다.

급팽창 가설의 가정은 다음과 같다. 우주가 팽창했을 때, 그 팽창은 매우 갑작스럽고도 극단적인 성질을 띠었을 것이다. 극히 짧은 시간에 약 10^{50}배 팽창하는 식으로 말이다. 공이 부풀수록 그 표면의 곡률은 줄어들기 때문에** 우주의 곡률은 우주의 처음 형태가 어떠했든 간에 그때 크게 줄어들었을 것이다. 따라서 우주배경복사가 "유클리드적" 성질을 띤다면, 다시 말해서 우주배경복사에서 삼각형의 내각의 합이 180도가 된다면, 이

---

* 논리에서 "A이면 B이다"는 "B가 아니면 A가 아니다"와 같은 가치를 가진다.
** 구의 곡률은 구의 반지름의 제곱에 반비례한다.

는 급팽창 가설을 뒷받침해주는 추가적인 증거에 속한다.

그런데 우주배경복사의 이미지 위에 삼각형을 그려서 유클리드 기하학이 정말 성립하는지 확인하기에 앞서, 두 가지 사실을 짚고 넘어갈 필요가 있다. 우선, 우주배경복사의 사진은 평평하다. 따라서 당연히 유클리드적인 성질을 띤다. 그러나 지금 우리는 일상적으로 접하는 2차원의 평평함이 아니라 3차원의 평평함을 이야기하고 있다. 그렇다면 그런 대상의 곡률을 측정하려면 어떻게 해야 할까? 일단 우리가 보고 있는 것의 성질부터 정확히 하자. 우주배경복사의 이미지는 그냥 평평한 이미지가 아니라, 구를 그 중심에서부터 관찰한 이미지에 해당한다. 현재 우리가 가진 우주배경복사의 이미지는 어떤 한 지점, 즉 위성의 지점에서부터 사방으로 이루어진 관측에서 출발하여 재구성된 것이기 때문이다.

사실 우주배경복사는 마이크로파의 스펙트럼을 아주 정밀하게 나타낸 일종의 우주 지도라고 할 수 있다. 그리고 실제로 우주배경복사의 이미지는 평면구형도라고 불리는 세계지도와 어느 정도 비슷하다. 구형의 지구를 다소간 그 형태에 충실하게 평면으로 옮겨놓은 지도 말이다.

그럼 지구에 삼각형을 그리는 것부터 시작해보자. 우선, 평면 세계지도에서 세 지점을 이어 그린 삼각형은 당연히 유클리드적인 성질을 띤다. 그러나 곡률을 가진 지구 표면상에서 같은 세 지점을 이어 그린 삼각형은 크기가 충분히 작지 않은 이상 유클리드적인 성질을 띠지 않는다. 따라서 우주배경복사에 그린 삼각형이 유클리드적인지 아닌지 알려면 우주배경복사의 곡률을 확인해야 하고, 이를 위해서는 적절한 측정 도구로 우주배경복사의 비등방성을 측정해야 한다. 앞에서 보았듯이 우주에서 비등방성은 관측 방향에 따라서 달라지는 요동으로 나타나며, 우주배경복사에서는 온도의 차이로 나타난다.

메르카토르 도법(Mercator's projection) vs 페터스 도법(Peters projection)

1569년, 플랑드르의 지리학자 헤라르뒤스 메르카토르는 구형인 지구를 평면에 투영해서 이후 가장 대표적인 평면구형도가 된 세계지도를 만들었다. 원통을 적도에 접하도록 지구를 둘러싼 뒤, 그 원통에 지구 형상을 투영하는 방식에 따른 것이다. 따라서 적도에 가까워질수록 지도가 현실을 왜곡하는 정도가 줄어든다. 메르카토르 도법이 크게 인기를 끈 것은 각도가 정확하게 유지된다는 장점 때문이었다. 다시 말해서 지구상의 각의 크기가 지도상에 왜곡 없이 재현된다는 뜻이다. 특히 지구에서 어느 작은 구역에만 한정할 경우 각의 크기는 지구의 현실과 그대로 일치한다. 그러나 이 도법을 사용하면 거나 면적은 유지되지 않는다. 지도가 거리가 정확하지 않다면, 그래서 육지든 바다든 면적도 정확하지 않다면 무슨 쓸모가 있냐고? 메르카토르 도법으로 만든 지도의 주된 장점은 바다에서 어떤 지점을 향한 방향이 실제 방향과 일치한다는 것이다. 따라서 이 지도는 뱃사람들에게 아주 유용하다. 선택한 방향이 반드시 가장 짧은 거리에 대응되지는 않더라도 말이다(적도를 제외하면 지도상의 직선은 지구 표면상에서는 곡선에 대응된다). 그런데 위에서 다른 방식으로 말했듯이, 적도에서 멀어질수록 지도가 현실을 왜곡하는 정도는 커진다. 따라서 우리가 보통 보는 세계지도에서 그린란드는 그보다 15배는 큰 아프리카 대륙과 비슷한 크기로 나타나 있다.

페터스 도법은 스코틀랜드의 성직자 제임스 갈이 1855년에 만들고, 독일의 역사학자이자 영화 제작자인 아르노 페터스가 1973년에 "혁신"으로 소개하며 발전시킨 것으로서, 메르카토르 도법과는 거의 정반대의 특징이 있다. 육지와 바다의 거리 및 크기는 현실에 가깝지만, 각도가 왜곡되어 있기 때문이다. 따라서 페터스 도법에 따른 지도는 뱃사람에게는 거의 쓸모가 없으며, 기존 세계지도에 익숙한 사람은 어디가 어디인지 알아보기 힘들 수도 있다. 그러나 이 지도는 적어도 대륙들의 상대적인 크기에 관해서 비교적 올바른 시각을 가지게 해준다는 점에서, 그리고 적도에 가까운 지역들만 중요하게 다룬 것이 아니라는 점에서 가치가 있다.

---

* "메르카토르 도법에 비해서 혁신"이라는 뜻이었을 것이다.

2001년 6월, 미국은 WMAP*라는 이름의 위성을 우주로 보냈다. 30년 전에 발사한 COBE 위성과 마찬가지로 우주배경복사를 탐사하되, 그 비등방성을 세밀하게 측정할 수 있을 만큼 충분히 정확한 이미지를 얻는 것이 목적이었다. 탐사 결과는 2003년 2월 11일에 나왔다. 우주배경복사에서 삼각형은 유클리드적인 성질을 띠며, 평행한 직선들도 서로 만나지 않는다는 것이다. 따라서 이론적 오차 범위 2퍼센트 내외에서 볼 때, 우주는 최초의 복사를 먼 거리에 걸쳐 방출할 당시 평평했던(혹은 "거의" 평평했던, 또 혹은 "충분히" 평평했던) 것으로 보인다. 급팽창의 직접적인 증거는 아직 더 기다려야 하지만, 간접적인 증거들은 계속 늘어나고 있다.

무한히 광대한 우주는 그처럼 우리에게 자신의 비밀을 하나씩 알려준다. 그 각각의 비밀 안에 또다른 비밀들을 숨겨놓은 채 말이다. 그러나 한 가지 사실은 비교적 확실해 보인다. 우리가 역사를 가지고 있는 것과 마찬가지로 지구와 태양계, 우리 은하는 모두 역사를 가지고 있다는 것이다. 우주를 이루는 원자들도 마찬가지이다. 우리가 그 기원과 미래를 궁금해하는 우주 자체를 포함해서, 우주를 이루고 있는 모든 것은 시간의 흐름에 따른 역사를 가지고 있다. 그렇다면 겉으로 보기에는 진부하지만 이 책에서 어쩌면 가장 흥미로운 주제가 될 질문을 한번 던져보기로 하자. 시간이란 도대체 무엇이며, 왜 흘러가는 것일까?

---

* Wilkinson Microwave Anisotropy Probe, 윌킨슨 마이크로파 비등방성 탐색기.

시간

지각할 수도 없고 정의할 수도 없는 것

100. 시간이란 무엇일까?

"과거는 더 이상 존재하지 않고, 미래는 아직 존재하지 않으며, 현재는 존재하는 순간 벌써 끝이 나고 없다. 그런데 어떻게 어떤 존재가 시간 속에 존재할 수 있단 말인가?" ― 아리스토텔레스

내가 이미 여러 번 말했지만, 아리스토텔레스는 철학자일 때는 제법 유

능하다. 그는 『자연학(*Physica*)』이라는 책에서 일시적이면서 지각할 수도 없는 시간의 실재 자체에 대해서 질문을 던졌다. 아리스토텔레스에 따르면, 시간은 "선후(先後)에 따른 운동의 수(數)"이다. 다시 말해서 우리가 "선"과 "후"를 지각한다고 할 때, 시간은 선과 후 사이의 변화에 대응되는 수라는 것이다. 이 정의는 직관적으로는 옳은 것처럼 보이지만, 심각한 문제점을 가지고 있다. 시간이 무엇인지를 먼저 정의하지 않고 어떻게 선과 후를 이야기할 수 있단 말인가? 시간이 우리에게 제기하는 근본적인 문제가 바로 그 점에 있다. 시간은 그것을 정의하려는 모든 시도를 거부한다. 가령 시간을 순간의 연속, 사건의 순서, 운동의 순서, 변화의 순서 등으로 정의한다고 해보자. 그러나 이런 개념들은 시간의 개념 자체를 먼저 언급하지 않고는 논할 수가 없다. 요컨대 시간의 개념을 선행시키지 않으면서 시간을 정의하는 일은 전적으로 불가능하다.* 혹은 좀더 멋있게 이렇게 말할 수도 있을 것이다. "왜 낮은 낮이고, 밤은 밤이며, 시간은 시간인지를 따지는 것은 밤과 낮과 시간을 낭비하는 일일 뿐이다."**

그러므로 시간을 정의하는 문제는 그냥 덮어두기로 하자. 여러분도 나도 시간이 무엇인지는 알고 있으니까. 우리는 계속해서 시간을 경험한다. 지금 이 문장을 읽는 동안에도 마찬가지이다. 문장의 첫 부분은 이미 과거에 속해 있고, 문장의 끝 부분은 미래에 속해 있으니까 말이다. 따라서 시간이 무엇인지 공식적으로 정의하는 일은 (불가능한 일이므로) 건너뛰는 것이 좋겠다. 하지만 심리적 시간과 물리적 시간이라는 두 개념은 구별할 필요가 있다.

---

* 시간을 정의하는 데에 쓰이는 용어들, 가령 "변화", "연속", "다음", 혹은 그밖의 비슷한 용어들 자체에 이미 시간의 개념이 포함되어 있기 때문이다.

** "to expostulate [⋯] why day is day, night is night, and time is time, were nothing but to waste night, day and time." *Hamlet*, William Shakespeare, Act II, Scene 2.

101. 심리적 시간

심리적 시간이란 간단히 말해서 우리가 주관적으로 지각하는 시간을 말한다. 여러분도 알다시피 이 심리적 시간은 "절대적 시간"이라고 하는 것과는 다르다. 물론 여기서 "절대적 시간"이라는 말 자체는 잘못된 용어이다. 이 책 제1권에서 보았듯이 시간은 상대적인 것이기 때문이다. 하지만 역시 여러분도 알다시피, 상대성 이론이 말하는 시간 지연 현상을 우리가 일상생활에서 감지하기란 거의 불가능하다. 그렇지만 어떤 시간이 다른 시간보다 더 빨리 흐르는 현상은 누구나 경험할 수 있다. 가령 여권을 신청하려고 관공서에서 줄을 서 있을 때의 시간은 친한 친구들과 함께 맛있는 음식을 먹을 때에 비해 훨씬 늦게 흘러간다.* 게다가 같은 사건의 시간도 사람에 따라서 다르게 흘러가기도 한다. 예를 들면, 영화광인 여러분이 「2001 스페이스 오디세이」의 재개봉판을 보러 가면서 영화를 욕실 바닥에 아무렇게나 던져둔 축축한 수건 정도로 생각하는 친구를 데려갔을 경우 (내 친구 중에 그런 녀석이 있어서 하는 소리이다), 여러분은 영화가 너무 빨리 끝나서 불만인데, 친구는 그 명작을 끝없이 긴 고문처럼 느낄 수도 있다.

그 같은 차이가 뇌의 작용에 따른 것이라는 결론은 비교적 쉽게 끌어낼 수 있다.** 실제로 시간이 심리적으로 더 빠르거나 더 느리게 흐르는 현상을 설명해줄 수 있는 원인은 몇 가지가 존재한다. 여기서 우리는 두 가지 현상, 즉 기분 좋은 시간은 그렇지 않은 시간보다 더 빨리 흐르는 현상과 마흔 살이 되면 열 살이었을 때에 비해서 일주일이 훨씬 더 빨리 지나가는

---

* 혹시 이 책을 읽을 때 시간이 가장 빨리 가지 않느냐고 묻는다면, 뻔뻔한 질문이겠지?
** 이번 장의 제목이 "심리적 시간"이니까.

현상에 대해서만 살펴볼 것이다.

다음과 같은 상황을 상상해보자. 지금 여러분은 기차역에서(혹은 지하철역이나 버스 정류장에서) 여러분 인생 최고의 러브 스토리가 될 것 같은 사람을 기다리는 중이다. 사귄 지는 아직 얼마되지 않았지만, 이번 연애는 지금까지 했던 것과는 다르다는 느낌이 든다. 그 사람은 이제 몇 분 뒤면 여러분 앞에 나타날 것이다. "지금 가는 중인데 10분 안에 도착할 거야"라는 문자 메시지를 보내왔기 때문이다. 여러분은 그 사람을 놀라게 해주려고 약속에 없던 마중을 나왔고, 말 그대로 초를 세면서 기다리고 있다. 기다리는 내내 시간은 1초가 거의 1분처럼 흘러간다. 그리고 저기, 마침내 그 사람이 도착했다. 여러분과 그 사람은 서로를 보자마자 달려가 포옹을 하고 입맞춤을 나눈다. 그런데 그 잠깐 사이, 시간은 몇 분이나 지나 있다. 이번에는 1분이 1초처럼 흘러간 것이다. 도대체 무슨 일이 벌어진 것일까?

평상시에 우리 뇌는 매순간 아주 많은 양의 정보를 처리한다. 우리가 지각하고, 보고, 듣고, 느끼고, 만지는 것 등, 모든 것을 실시간으로 처리한다고 할 수 있다. 아니, 거의 실시간으로 처리한다고 하는 표현이 맞겠다. 왜냐하면 뇌가 그 정보들을 처리하려면 시간이 걸리기 때문이다. 정말 짧은 시간이지만, 시간이 걸리는 것은 걸리는 것이니까. 특히 사고가 났을 경우 뇌는 훨씬 더 많은 정보를 처리해야 하며, 그 결과 우리는 시간이 천천히 흐르는 것처럼 느끼게 된다.[*] 그러나 여러분이 무엇인가를 참고 있거나 앞으로 일어날 일을 기다리고 있을 때, 여러분의 뇌는 여러분이 지각하는 것을 처리하는 것 말고는 다른 할 일이 없다. 초를 세는 것 말이다.

그러다 기다리던 일이 마침내 일어났을 때, 여러분은 한순간 흥분이 되

---

[*] 『대단하고 유쾌한 과학 이야기』 제1권, 제57장 참조.

죽어도 좋을 정도의 쾌락

1952년, 캐나다 맥길 대학교에서 박사 과정을 밟고 있던 제임스 올즈와 그의 지도 교수 피터 밀너는 실험용 쥐를 이용해서 뇌의 일부 영역에 대한 연구를 진행하고 있었다. 특히 그들은 쥐의 뇌에 전극을 심은 뒤, 쥐가 가령 우리 안에서 어느 한쪽에 다가가는 것 같은 특정 행동을 하면 전기 자극을 보내는 실험을 했다. 이때 대부분의 쥐는 상황을 꽤 빠르게 파악했고, 그래서 위험 구역에는 더 이상 다가가지 않았다. 그런데 이상하게도 단 한 마리의 쥐는 그 구역으로 계속해서 다가갔다. 게다가 전기 자극의 세기를 높일수록 더 자주 다가가는 것처럼 보였다. 올즈와 밀너는 원인 파악에 들어갔고, 그 쥐의 뇌에 심은 전극이 다른 쥐들과는 다른 지점에 위치해 있음을 확인하게 되었다. 그래서 두 사람은 다른 쥐들을 대상으로 다시 실험을 해보기로 결정했다. 이번에는 전극을 쾌락의 중추로 추측되는 문제의 지점에다 일부러 심은 뒤, 쥐들이 작은 레버를 눌러서 전기 자극을 직접 일으킬 수 있게 하는 실험이었다.

실험 결과는 예상대로였다. 쥐들은 새끼를 돌보는 일은 물론이고 먹고 자는 것도 잊은 채 1분에도 수십 번씩 레버만 눌러댔다. 때로는 충격이 너무 커서 우리의 다른 쪽 끝으로 튕겨나면서도 말이다. 결국 지쳐서 정신을 잃으면 몇 분간 잠을 잤지만, 깨어나면 그 즉시 다시 레버로 달려들었다. 쥐들은 생존하는 것 자체를 잊을 정도로, 죽어도 좋을 정도로 쾌락에 스스로를 내맡긴 것이다.

거나 기분이 좋아진다. 초만 세고 있을 때와는 다른 일이 벌어지는 것이다. 우리 뇌는 간단히(아주 간단히) 말하면 연속된 3개의 층으로 나눌 수 있다. 가장 깊은 곳에 자리한 층은 파충류의 뇌(reptilian brain)라고도 불리는 R복합체(R-complex)로서, 우리의 행동에서 가장 동물적이고 본능적인 부분을 담당한다. 생존 및 생존과 관계된 모든 것 말이다. 그 다음에 자리한 층은 변연계(邊緣系, limbic system)이다. 변연계는 대체로 R복합체와 직접 관계된 강렬한 성질의 감정을 담당하는 영역으로, 폴 브로카에 의

해서 처음 이론화되었다.[*] 변연계를 이루는 주요 조직으로는 해마(海馬, hippocampus), 편도체(扁桃體, amygdala), 대상회(帶狀回, cingular gyrus), 뇌궁(腦弓, fornix), 시상하부(視床下部, hypothalamus) 등이 있다. 뇌에서 공포, 공격성, 쾌락 등을 관장하는 곳이 바로 변연계이다.[**]

사랑하는 사람이 도착했거나 즐거운 일이 시작되었을 때, 변연계에서는 우리를 취하게 만드는 신경 호르몬이 다량 분비된다. 게다가 외부 세계에 대한 우리의 지각은 최소한으로, 즉 위험이 있을 경우 생명을 지킬 수 있을 정도로만 축소된다. 그 순간 우리는 약에 취한 것처럼 감정에 취한 상태가 되며, 그래서 시간의 흐름을 느끼지 못하고 시간 개념 자체를 잃게 되는 것이다. 변연계는 R복합체와 긴밀하게 협력해서 일하는데, 이때 R복합체는 수정이 불가능한 엄격한 도식에 따라 움직이지만(R복합체는 적응에 따른 변화를 할 수 없다), 변연계는 논리적인 것과는 거리가 멀다. 따라서 우리가 어떤 사건을 겪느냐에 따라서 시간이 더 빠르거나 더 느리게 흐르는 것처럼 느끼는 이유는 그 같은 맥락에서 이해할 수 있다.

심리적 시간과 관련된 또다른 흥미로운 현상은 나이가 들수록 시간이 더 빨리 흐른다는 것이다. 실제로 초등학교 때는 다음번 방학이 언제나 아주 멀게 생각되고, 방학이 시작되면 또 그 시간이 한없이 길게 느껴진다. 그런데 나이를 먹으면서부터는 시간을 의식할 새도 없이 하루하루가 빨리 지나가기 시작한다. 7월인가 하면 금세 8월이고, 또 어느새 새해로 넘어가 있다. 시간이 점점 더 빨리 흐르는 것이다. 사실 이 현상은 우리의 기억에 비추어 꽤 직관적인 방식으로 설명할 수 있다. 우리는 시간의 흐름을 가늠할 때, 자신이 경험한 인생과 시간을 기준으로 삼는다. 가령 열 살

---

[*] 『대단하고 유쾌한 과학 이야기』 제1권, 제59장 참조.
[**] 장기기억이 형성되는 곳도 변연계이다.

짜리 아이에게 1년은 자기 인생 전체 경험의 10퍼센트에 해당하지만, 쉰 살이 된 사람에게 1년은 자기 인생의 50분의 1, 즉 2퍼센트에 불과한 시간이다. 그래서 열 살이 안 된 아이는 성인과는 달리 지난 주나 지난 달에 자기가 한 일을 놀라울 정도로 정확하게 기억한다. 이는 사건의 중요성과 직접적인 관계가 있다. 여기서 중요성은 사건 자체의 중요성이 아니라, 개인이 기억할 수 있는 인생 전체에서 그 사건을 체험한 시간의 상대적인 비중을 가리킨다. 그렇다면 우리 모두는 무한히 길게 느껴지는 1초를 보낸 적이 있을 것이다. 우리 인생의 첫 1초 말이다.

102. 물리적 시간

물리적 시간, 혹은 물리학에서 말하는 시간은 이 책의 제1권에서 설명한 대로 하나의 차원에 해당한다. 물리적 시간은 변형과 변화와 차이에 대한 측정을 허용하며, 모든 객관적인 정의를 거부한다. 그러나 물리적 시간은 하나의 차원이자 유일한 차원으로서, 그 어느 한 지점은 수를 이용해서 정확히 표현할 수 있다(그 수를 두고 우리는 보통 날짜라고 부른다). 시간을 차원의 개념으로 보면 기하학적으로 직선 형태로 표현되는 1차원의 공간과 비교가 가능하다. 예를 들면, 직선이 무한히 많은 점으로 이루어져 있다면, 시간은 무한히 많은 순간으로 이루어져 있다. 그리고 직선을 이루는 점들이 수학적으로는 아무런 크기도 가지지 않는 것과 마찬가지로, 시간을 이루는 순간들도 수학적으로는 완전히 0의 길이를 가진다. 그러나 수학보다 추상적인 성질이 덜한 물리학이 적용되는 실재 세계에서는 다르다. 이 경우 직선을 이루는 점들은 크기를 가지며(물론 최대한 작은 크기라도 크기는 크기니까), 시간을 이루는 순간도 시계의 초침이 한 번 움직이기도 전의 짧은 시간이든 1밀리초든 1나노초든 간에 길이를 가진다. 시간은 연이은 순간으로 이루어져 있는데, 물리적 시간이 심리적 시간과 특히 다른 점은 순간들이 언제나 같은 속도로 이어진다는 것이다. 시간의 흐름이 항상 일정하다는 뜻이다. 시간의 속도를 이야기하는 것이 아니다. 사실 "시간의 속도"라는 표현은 아무런 의미가 없다. 속도는 단위 시간당 변화로 정의되는데, 시간의 속도는 언제나 1초에 1초가 변화하기 때문이다. 물리학에서는 시간의 속도가 아닌 흐름을 이야기하며, 이 흐름이 항상 일정하다는 말은 유량이 항상 일정한 강물의 흐름과 같다는 의미이다.*

그런데 물리적 시간과 심리적 시간 사이에는 중요한 공통점도 있다. 멈추지 않고 계속 흘러가며, 늘 같은 방향으로, 즉 과거에서 미래로 흘러간다는 것이다.

따라서 물리적 시간은 방향을 가진 1차원이다. 따라서 기하학적으로는 방향을 가진 선으로 표현할 수 있다. 이 선은 꼭 직선은 아니어도 되지만, 열린 선으로 그리는지 닫힌 선으로 그리는지에 따라서 뚜렷한 차이가 나타난다. 우선 열린 선의 경우에 한쪽 끝은 과거로 향하고 다른 한쪽 끝은 미래로 향하되, 이 선을 따라 과거에서 미래로 흐르는 시간은 과거의 어느 한 순간을 결코 다시 지나가지 않는다. 그리고 기하학적 직선과 마찬가지로 이 시간의 선은 무한히 길어질 수 있다. 닫힌 선의 경우에도 시간은 물론 일정한 방향으로, 그러니까 우리가 미래라고 부르는 방향으로 흐른다. 그러나 닫힌 선에서 시간은 어느 지점에서부터 과거에 이미 지나간 순간

---

* 상대성 이론에 따르면 실제로는 그렇지 않다. 하지만 이번 장에서는 "그런 척"을 하기로 하자. 그렇게 보더라도 시간은 충분히 복잡한 개념이니까…….

을, 그것도 수없이 여러 번 지나간 순간을 다시 지나가게 된다. 따라서 이 경우 시간이 순환될 수 있는지에 대한 질문이 제기된다. 시간은 순환적일까, 순환적이지 않을까?

이 질문에 답하려면 과학의 기본 원리 가운데 하나를 먼저 살펴볼 필요가 있다. 인과법칙이 그것이다.

103. 인과법칙

인과율(因果律, causality)이라고도 하는 인과법칙(law of causality)은 과학을 떠받치는 주춧돌이다. 그 자체로 인정되는 원리로서, 틀린 것으로 밝혀진 경우는 아직 한번도 없다.

인과법칙(정확히는 인과원리)의 기원은 역사적으로 오래 전으로 거슬러 올라가며, 기원이 오래된 개념들은 대개 그렇듯이 이번에도 아리스토텔레스가 그 논의에 개입한다. 따라서 그 내용은 여기서 다루지 않을 것이다.[*]

인과법칙은 따로 증명할 필요가 없는(원리이므로) 두 가지 분명한 사실을 이야기하고 있다. 우선 첫째, 어떤 원인의 결과는 언제나 그 원인 다음에 발생한다. 사과는 일단 나무에서 떨어져야 땅에 떨어지는 것이다. 둘째, 어떤 결과는 그 원인에 소급적 영향을 미칠 수 없다. 이는 악순환에서처럼 결과가 그 원인을 다시 야기하는 경우와는 구별해야 한다. 인과법칙이 말하는 내용은 결과가 그것을 불러온 원인 자체에 거꾸로 영향을 미칠 수는 없다는 뜻이다. 예를 들면, 물의 순환에서 비가 땅을 적시고 젖은 땅

---

[*] 내가 아리스토텔레스를 내세우는 방식을 두고 올바른 기세가 아니라고 말할 사람들도 있겠지만, 나는 "내 자유"라고 말하고 싶다.

원리(principle), 법칙(law), 이론(theory)

사람들이 과학을 이해할 때에 겪는 어려움 중의 하나는 일부 단어가 일상생활의 쓰임과는 다르게 사용된다는 데에 있다. 그렇다고 완전히 의미가 다른 것은 아닌데, 바로 그래서 문제가 발생한다. 비슷한 무엇인가를 가리키기 때문이다. 예를 들어보자. 공간과 시간은 과학자가 말할 때와 보통 사람이 말할 때에 개념상의 차이가 있다. 특히 과학에는 이론이나 법칙, 원리 같은 단어로 설명되는 것들이 많은데, 이 단어도 사용하는 사람이 누군가에 따라서 다른 의미를 띨 수 있다. 가령 일상적인 언어에서는 머릿속에서 정리된 생각이기만 하면 "이론"이라고 말한다. 그 생각이 아무 근거가 없는 경우를 포함해서 말이다. 그러나 과학에서 이론은 어떤 근거가 없으면 문제가 된다. 물론 사변적인 추론의 결과일 수도 있지만, 그 추론으로 어떤 상태나 작용, 변화의 규칙 등을 모두 설명할 수 있어야 하는 것이다. 제1권에서 말했듯이* 과학 이론은 끊임없는 확인을 요구하며, 믿음에 근거하는 것이 아니라 가설에 기초를 둔다. 그리고 이 가설은 검토하고 평가하고 검사하고 유효화하는 과정을 필요로 한다. 그러므로 창조론자들이 종종 내놓는 주장, 즉 진화론이 하나의 이론인 것처럼 창조론도 하나의 이론이라고 하는 주장은 잘못되었다. 진화론은 과학적인 이론이지만, 창조론은 과학적 근거가 없는 믿음에 속하기 때문이다.

그다음, "법칙"이라는 단어를 보자. 법칙은 "왜"가 아니라 "어떻게"를 말하는 것이다. 예를 들면, 중력 이론은 중력이 왜 존재하는지, 중력을 일으키는 것은 무엇이고 중력을 방해하는 것은 무엇인지를 설명하는 반면, 중력 법칙은 중력에 개입하는 "힘"을 설명하고 그 "힘"을 계산하게 해준다. 뉴턴은 중력이 왜 존재하는지 알지 못한다고 스스로 인정했지만, 그럼에도 중력의 법칙을 세우는 데는 아무 문제가 없었다. 게다가 뉴턴의 중력 법칙은 속도가 빛에 가까운 경우를 제외한 계산에서는(가령 태양 주위를 도는 행성들의 운동을 계산하는 경우) 완벽하게 유효한 것으로 인정된다.

마지막으로, "원리"가 있다. 원리는 수학에서 말하는 공리(公理, axiom)와 비슷

---

*『대단하고 유쾌한 과학 이야기』 제1권, 제0장 참조.

하다. 가령 수학자들 대부분은 계산을 할 때 "1 + 1 = 2"라는 사실을 따로 증명할 필요가 없는 것으로 받아들인다. 왜 1 + 1 = 2인지 증명하려는 사람들이 없는 것은 아니지만(버트런드 러셀 같은 사람), 보통은 모두 그냥 받아들인다. 왜 그냥 받아들이냐고? 왜냐하면 논의가 필요 없는 "참"으로 볼 수 있기 때문이다. 물론 참이 아니라는 증명이 나오지 않는 이상은 말이다. 과학에도 수학에서와 마찬가지로 보통은 증명할 필요가 없는 추론의 기본 블록이 존재하며, 과학자들은 이 블록 위에 추론을 세운다. 그것이 바로 "원리"이다. 물론 과학자들은 원리에 해당하는 것도 계속 증명하려고 노력하지만(최소한 그 수를 줄이려고 노력하거나), 대부분의 과학자들에게 원리는 반대 증거가 나오기 전까지는 참인 것으로 받아들여진다. 예를 들면, 물리학에는 "시공간의 연속성"이라는 원리가 있다. 공간과 시간은 연속적이며, 시간은 중간에 한 시간이나 한 달, 100만 년을 건너뛰는 식으로 흐르지 않는다는 전제이다. 요컨대 과학에서 원리는 증명된 적은 없지만 증명될 필요가 없다고 인정되는 법칙으로서, 반대 증거가 나오기 전까지는 참이라고 인정된다. 그리고 반대 증거가 나오면 무효화될 수 있다는 것, 바로 이것이 원리가 종교적 교리와는 다른 점이다.

의 물이 증발하여 다시 비가 된다고 할 때, 그 비는 처음에 땅을 적신 비가 아니라 새로운 비, 다른 비이다.

인과법칙에 관해서 더 길게 설명하기는 어렵다. 앞에서 말했듯이 인과법칙은 하나의 원리로서, 설명이 필요 없기 때문이다. 인과법칙을 믿는 것을 거부해도 되지만, 그 거부는 개인적인 신념에 지나지 않음을 인정해야 한다. 인과법칙은 증명된 적은 없어도 아무 근거도 없는 것은 아니기 때문이다. 지금까지 실험에서 인과법칙이 틀린 것으로 밝혀진 적은 한번도 없다. 단 한번도.

그런데 인과법칙이 지금 맥락에서 무슨 상관이냐고?

무슨 상관이냐면, 인과법칙에 비추어볼 때 시간은 순환적일 수 없다는 것이다. 만약 시간이 순환된다면(지금 나는 역사가 순환되는 것이 아니라 시간이 순환된다고 말했다), 사건 A가 사건 B를 일으켰을 경우 순환의 끝에 이르면, 이번에는 사건 B가 사건 A에 영향을 미치는 것처럼 보이게 된다. 새로운 A가 아니라 처음의 그 A에 말이다. B는 A에 아무런 영향을 미치지 않았음에도 불구하고 순환 과정에서의 위치에 따라서 결과인 B가 원인인 A보다 선행하는 것처럼 비춰질 수도 있는 것이다. 따라서 순환적 시간은 인과법칙에 위배되며, 인과법칙이 무효화되지 않는 이상 시간은 순환적일 수 없다. 그러므로 시간은 선적(線的)인 성질을 띠어야 한다.

104. 시간 여행

시간은 선적인 성질을 띠며, 이 선은 다양한 궤적을 그릴 수는 있지만, 닫힌 형태를 이루지는 않는다. 그런데 특수상대성이든 일반상대성이든 간에 상대성 이론에 따르면 시간의 흐름은 절대적이지 않고, 중력이나 가속도 등에 따라서 지연되거나 단축될 수 있다. 물론 그래도 한 가지 사실은 변함이 없다. 시간은 언제나 과거에서 미래로 흐른다는 것. 이 사실에 어긋나는 현상은 현재까지는 발견된 적이 없다. 그것이 시간의 흐름이며, 시간 여행이라는 가설상의 기술(技術)에서 주된 걸림돌로 작용하는 것도 바로 그 같은 시간의 흐름이다. 자, 이 이야기를 이렇게 대충 하고 넘어갈 수는 없으니까 조금 더 정확히 알아보기로 하자.

시간 여행은 가능할 뿐만 아니라 우리가 매순간 경험하고 있는 현실이다. 우리 모두는 어느 한 순간에서 다음 순간으로 옮겨갈 때마다 미래로 가는 여행을 하기 때문이다. 지금 이 말에 여러분이 실망했을 것이라는 것은 나도 잘 안다. 시간 여행이 가능하다는 첫 문장 때문에 기대를 가졌을 텐데 말이다. 하지만 내용을 알고 나면 그 말이 보기보다 훨씬 더 복잡한 이야기임을 깨닫게 될 것이다.

우리가 논할 수 있는 시간 여행의 형태에는 세 가지가 있다. 우선 첫 번째는 가장 시시하지만 우리 모두 경험할 수 있는 형태, 즉 시간의 흐름에 자신을 내맡기는 것이다. 여러분이 바다 한가운데서 물결치는 대로 떠다닌다고 할 때, 어느 순간 동쪽으로 흘러갈 수도 있고 또 어느 순간 서쪽이나 북쪽으로 흘러갈 수도 있다. 그러나 시간은 다르다. 시간의 흐름에만 내맡기고 있으면 과거의 방향으로는 거슬러올라갈 수 없기 때문이다. 우리는 시간이 흐르는 방향대로만, 그러니까 미래로 가는 시간의 흐름에만 우리를 내맡길 수 있다. 물론 당연한 일처럼 보이겠지만, 그래도 짚고 넘어갈 필요가 있는 사실이다. 그 다음, 시간 여행의 두 번째 형태는 미래로 가는 것이다. 이 역시 이론적으로 가능한 형태의 여행일 뿐만 아니라 우리 모두가 일상생활에서 이미 경험해본 여행이다.[*] 특수상대성 이론에 따르면, 이동하는 물체의 시간은 이동하지 않는 물체의 시간에 비해서 느리게 흘러간다. 예를 들면, 여러분이 포레스트 검프가 초콜릿 상자를 들고 앉아 있을 법한 어느 벤치에 가만히 앉아서 버스를 기다리고 있을 때, 달리는 버스에 탄 사람들은 여러분을 기준으로 이동 중이다. 그래서 여러분의 시계 초침은 버스 승객들의 시계 초침보다 빨리 돌아간다. 말하자면 버스 승객들은 여러분이 있는 미래로 여행하는 것이다. 물론 이때 우리는 아무것도 지각하지 못한다. 우리가 그 효과를 지각하려면 그 미세한 차이가 수백만 년 치는 누적되어야 할 것이다. 그러나 그런 효과가 발생하는 것은 분명한 사실이다. 한편, 일반상대성 이론에 따르면 중력이 약할수록 시

---

[*] 자, 또 한번 실망할 준비를 하시라.

간이 빨리 흐른다. 그래서 우주비행사가 지구를 중심으로 궤도를 돌고 있을 때, 그의 시계 초침은 지구에 있는 사람들의 시계 초침보다 빨리 돌아간다(아니, 실제로 우주비행사들의 시계는 그렇지 않다. 그들의 시계 초침은 우리의 시계 초침과 같은 속도로 돌아간다. 하지만 그 이유는 단지 우주비행사가 쓰는 시계가 그 차이를 고려할 수 있도록 만들어졌기 때문이며, 그렇지 않다면 우주비행사의 시계 초침은 정말 더 빨리 돌아갈 것이다). 그래서 위성(특히 GPS 위성)의 경우 그 시간을 지상의 시간에 계속해서 맞추어야 한다. 그래야만 위성에서의 측정과 지상에서의 처리를 서로 대응시킬 수 있기 때문이다. 위성에서 시간이 빨리 흐르는 효과는 버스를 기다릴 때에 비하면 훨씬 크지만, 그래도 우리가 그 효과를 지각하려면 역시 많은 시간이 필요하다. 어쨌든 그래서 여러분이 걸어갈 때 중력을 조금 더 받는 발은 중력을 조금 덜 받는 얼굴보다 천천히 늙고, 앞뒤로 움직이는 팔은 가만히 있는 몸보다 천천히 늙는다고 할 수 있다. 그러므로 시간이 빨리 흐르거나 천천히 흐르는 효과가 우리가 지각할 수 있는 차원에서는 거의 나타나지 않는 것은 다행스럽게 여겨야 할 일이다.

그렇다면 이론적으로 볼 때(실제로도 거의 그렇고) 우리가 공간을 충분히 빨리 이동하거나 지구의 중력에서 충분히 멀어질 경우, 우리의 시계 초침은 지구에 가만히 있는 사람의 시계 초침과는 다른 속도로 돌아가게 된다. 따라서 미래로 여행하는 일은 전적으로 가능하다. 아니, 더 정확히 말하면 미래로 더 빠르게 혹은 더 느리게 가는 일은 가능하다. 요즘 스키장 중에는 봅슬레이처럼 생긴 놀이기구가 있는 곳이 많다. 속도 조절용 브레이크가 달린 썰매를 올라타고 레일 위를 미끄러지듯 내려오는 놀이기구 말이다. 미래로 가는 여행은 바로 그 놀이기구로 대신할 수 있다. 썰매가 달리는 속도를 마음껏 즐기기만 하면 된다.

미래로 가는 여행의 효율성

사실 계산을 해보면 방금 설명한 방식의 미래 여행이 그다지 효과적이지 못하다는 것을 쉽게 알 수 있다. 가령 우리가 빛의 속도의 80퍼센트에 해당하는 속도로 20년간 이동한다고 할 때(그렇게 이동할 수 있는 방법은 모르지만), 지면의 관찰자의 기준에서 우리가 이동한 시간은 12년으로 계산된다. 따라서 현재 기술적으로는 도달할 수 없는 속도로 20년간 끊임없이 이동해봤자 고작 8년의 차이가 나는 것이다.

한편, 일반상대성 이론에 따르면 질량이 아주 커서 시공간을 크게 변형시키는 물체(가령 블랙홀 같은) 주위로 우주선이 궤도를 돌 수 있을 경우 그 우주비행사는 지구에 있는 사람들의 미래로 "빠르게" 갈 수 있다. 그러나 그러기 위해서는 블랙홀에 도달해야 하고(화성에도 못 가는데 블랙홀이라……), 블랙홀 주위 궤도를 돌아야 하며(가능한 일이기는 하지만 궤도 계산을 잘못 하면 큰일이다), 다시 지구로 돌아오는 일까지 끝내야 한다.

그럼 마지막으로, 시간 여행의 세 번째 형태는 어떤 것일까? 공상과학소설에 나오는 시간 여행, 마티 맥플라이와 닥터*의 시간 여행, 아무도 기만하지 않고 정말로 "시간 여행"이라고 부를 수 있는 시간 여행, 기계를 이용하든 아니든 아무 때로나 빠르고 간단하게 갈 수 있는 시간 여행, 시간 여행을 논할 때에 가장 문제가 되는 시간 여행……바로 과거로 가는 여행이다.

과거로 가는 시간 여행은 우리가 그 방법을 모른다는 사실을 떠나서 그 자체로 모순을 안고 있다(방법을 모른다는 말에 "웜홀[worm hole]"을 이야기할 독자가 분명히 있을 것이다. 그러나 지금 나는 전혀 다른 이야기를 하는 중이고, 웜홀 이야기는 뒤에 가서 할 예정이다. 이 내용은 벌써 몇 달

---

* 혹시 모를 독자를 위해서 밝히면 마티 맥플라이는 영화 「백 투 더 퓨처」의 주인공이고, 닥터는 드라마 「닥터 후」의 주인공이다.

전에 써둔 것이라서 순서를 못 바꾼다*). 따라서 일단은 어떻게의 문제보다 무엇의 문제를 먼저 해결해야 한다. 간단히 말해서, 만약 과거로의 여행 자체가 불가능하다는 것이 밝혀지면, 과거로 여행하는 일은 방법을 떠나서 불가능하다고 인정하자는 말이다. 내가 미리 이처럼 못을 박아두는 데는 이유가 있다. 경험으로 미루어볼 때, 그렇게 하지 않으면 증명이 끝난 뒤에도 과거로의 여행에 대한 미련을 여전히 버리지 못하는 사람들이 있기 때문이다.

과거로의 여행이 제시하는 심각한 문제점은 바로 인과법칙에 있다(그래서 바로 이전 장에서 인과법칙을 다룬 것이다. 아주 짜임새 있는 구성 아닌가?). 여러분이 과거로 갈 경우, 그 과거에서 겪게 되는 사건들은 과거에 속하는 것인 동시에 미래에 속하는 것이 되기 때문이다. 이른바 시간 패러독스가 발생하는 것이다.

할아버지 패러독스

할아버지 패러독스는 시간 패러독스의 가장 대표적인 형태로서, 과거로의 시간 여행을 소재로 공상과학소설을 쓸 때에 주요 걸림돌로 작용한다. 다양한 변형이 존재하는데, 전체적인 맥락은 다음과 같다. 여러분이 여러분의 아버지가 태어나기 전의 과거로 가서 젊은 시절의 할아버지를 죽인다고 해보자(이유는 지금 중요하지 않다). 그러면 여러분의 아버지는 태어나지 못할 것이고, 여러분도 태어나지 못한다. 그런데 여러분이 태어나지 못하면 여러분은 과거로 가서 할아버지를 죽일 수 없다. 따라서 할아버지는 과거에 살아 있을 것이고, 덕분에 여러분은 태어날 수 있다. 그래서 여러분은 할아버지를 죽이기 위해서 과거로 가고……. 패러독스 발생!

---

* 아니, 사실 쓰기는 조금 전에 썼다. 내용 구상을 몇 달 전에 했다는 말이다.

패러독스(paradox)

패러독스가 무엇인지 짚고 넘어가자. 사실 요즘에는 불가능한 일이나 직관에 반하는 일, 혹은 그저 놀라운 일을 두고도 패러독스라고 말하는 경향이 있다. 하지만 패러독스는 그런 것이 아니다. 패러독스란 논리적으로 불가능할 뿐만 아니라 답도 구할 수 없는 상황을 말한다. 패러독스의 유명한 예로는 논리학의 대가 버트런드 러셀이 말한 이발사 패러독스가 있다. 어느 마을에 단 한 명의 이발사가 있는데, 이 이발사는 스스로 면도하지 않는 사람의 수염만 깎고 스스로 면도하는 사람의 수염은 깎지 않는다고 한다. 여기서 문제가 발생한다. 이발사의 수염은 누가 깎을까? 우선 이발사가 직접 깎는다고 해보자. 이 경우 이발사는 스스로 면도하는 사람에 속한다. 하지만 이발사는 스스로 면도하는 사람의 수염은 깎지 않는다고 했으므로 자신의 수염을 깎을 수 없다. 그렇다면 이발사가 직접 깎지 않는다고 해보자. 이 경우 이발사는 스스로 면도하지 않는 사람에 속한다. 하지만 이때 그 수염을 깎아야 하는 사람은 다름 아닌 이발사 자신이다. 결국 이발사의 수염을 누가 깎는지의 답을 구할 수 없는 것이다. 바로 이런 경우를 두고 패러독스라고 한다.

이해를 명확히 하기 위해서 패러독스가 아닌 예도 들어보기로 하자. 어떤 방에 있는 사람들 가운데 생일이 같은 사람이 2명 있을 확률이 90퍼센트가 되려면, 그 방에는 몇 명의 사람이 있어야 할까? 여러분은 아마 300명이나 330명 정도는 있어야 된다고 생각할 것이다. 하지만 그렇지 않다. 40명 정도면 충분하다(이 문제에 관해서는 뒤에서 자세히 이야기할 것이다). 놀랍겠지만, 그리고 직관에 반하는 결과이겠지만, 이 문제에는 분명한 답이 있다. 따라서 이런 경우는 패러독스가 아니다.

할아버지 패러독스의 변형 가운데 유명한 예는 히틀러가 1933년에 독일에서 권력을 잡기 전으로 가서 그를 죽이는 것이다. 히틀러가 그때 죽으면 제2차 세계대전은 일어나지 않는다. 그러나 제2차 세계대전이 일어나지 않으면 여러분이 히틀러를 죽이러 과거로 갈 이유는 없다. 무명의 화가였던 히틀러를 어느 저녁 아무 뚜렷한 동기 없이 어두운 골목에서 죽일 이유가 없는 것이다. 따라서 여러분은 과거로 가지 않을 것이고, 덕분에 히틀러는 살아서 권력을 잡고 많은 사람들의 죽음을 불러오게 된다. 그래서 여러분은 히틀러를 죽이기 위해서 과거로 가고……. 패러독스 발생!

작가 패러독스

여러분이 타임머신을 타고 과거로 가서 『햄릿』을 쓰기 전의 젊은 시절의 윌리엄 셰익스피어를 만났다고 해보자. 셰익스피어는 영감이 떠오르지 않아서 괴로워하고 있었고, 여러분은 그런 셰익스피어가 안타까워서 『햄릿』의 전문을 건네주었다. 어차피 그가 쓰게 될 작품이라는 점을 알려주면서 말이다. 그래서 셰익스피어는 그 내용을 그대로 베껴 써서 자기 이름으로 발표했다. 수세기 뒤에 『햄릿』은 지금 우리가 아는 기념비적인 작품의 대열에 올랐고, 세상은 아무 문제없이 흘러갔다. 그렇다면 여기서 질문. 『햄릿』을 쓴 사람은 누구일까? 셰익스피어가 "처음" 썼다고 말하고 싶겠지만, 문제는 이 "처음"이 엄밀히 말하면 "처음"이 아니라는 데에 있다. 지금 이야기에서 셰익스피어는 『햄릿』을 베껴 쓴 것이기 때문이다. 읽을 수는 있는데 쓴 사람은 없는 책이 생겨난 것이다. 패러독스 발생!

이 패러독스의 유명한 변형(정확히 말하면 할아버지 패러독스의 변형이자, 작가 패러독스의 변형)으로는 타임머신을 만든 과학자의 이야기가 있다. 어떤 과학자가 평생을 바쳐 타임머신을 만들었다. 그리고 그 타임머신을 타고 젊은 시절로 돌아갔고, 타임머신에 평생을 바치는 삶이 아닌 다른 삶을 살았다. 그렇다면 이 경우에 타임머신은 누가 만든 것일까? 패러독스 발생!

따라서 이런저런 패러독스로 볼 때, 시간 여행이 언젠가 가능해질 것이라고 보기에는 예감이 좋지 않다. 그러나 확실한 결론을 내리려면 시간 패러독스를 제거할 수는 없는지도 알아볼 필요가 있다. 만약 시간 패러독스를 제거하는 일이 불가능하다면, 시간 여행이라는 주제에 시간을 더 허비해도 아무 소용이 없다. 시간 여행은 정말로 불가능하다는 말이니까. 반대로, 시간 패러독스의 문제를 해결할 수 있다면, 이 주제에 시간을 좀더 할애해도 될 것이다. 물론, 인과법칙을 위반하면서 시간 패러독스를 해결하는 방법은 안 된다. 인과법칙을 위반해도 된다면 시간 패러독스는 간단히 해결되기 때문이다.

첫 번째 해결책 : 대안적 현실

공상과학의 세계에서(특히 「백 투 더 퓨처」 시리즈에서) 전형적으로 사용하는 해결책은 다음과 같다. 과거에서 수정된 각각의 행동이 새로운 시공간 연속체, 즉 기존 현실과 다소간 비슷한 일종의 대안적 현실을 만드는 것이다. 이를 두고 평행 우주(parallel world)라고 말하기도 하는데, 사실 정확히 하자면 이 표현은 잘못되었다. 어떤 두 가지가 서로 평행할 때에 그 둘은 결코 서로 만나지 않지만, 지금 여기서 말하는 경우에는 대안적 현실의 존재를 불러오는 사건이 두 현실의 분기점으로서 분명하게 존재하기 때문이다.

그렇다면 앞에서 말한 예에 이 해결책을 적용시켜보자. 먼저 여러분이 과거로 가서 히틀러를 죽인 경우, 여러분이 알고 있는 세계는 바뀌지 않으며 여러분의 역사 교과서도 제2차 세계대전을 여전히 같은 방식으로 다룬다. 대신에 제2차 세계대전(히틀러가 일으킨 전쟁으로서의 제2차 세계대전)이 일어나지 않는 대안적 현실이 생긴다. 따라서 패러독스는 더 이상 발생하지 않는다. 마찬가지로 여러분이 과거로 가서 셰익스피어에게 『햄릿』을 건네준 경우, 원래 과거의 셰익스피어가 썼던 작품이 "또다른" 셰익스피어 혹은 "대안적" 셰익스피어에게 넘어간 것이 된다. 따라서 이번에도 패러독스는 발생하지 않는다. 이 방법은 확실히 모든 시간 패러독스를 해결해줄 수 있다. 시간 패러독스를 해결할 목적으로 특별히 고안된 것이기 때문이다. 또다른 현실을 개입시키면 "나는 살아 있는 동시에 살아 있지 않다"는 형태의 패러독스에 이를 위험은 없으며, 결과가 원인과 동일한 현실 안에 자리하지 않으므로 인과법칙을 어길 위험도 없다. **맞춤형** 기능을 가진 방법인 셈이다.

어쨌든 따라서 시간 패러독스는 해결될 수 있을 것처럼 보인다. 물론 끼워 맞춘 느낌이 크지만 해결책은 해결책이다. 그리고 어떻게 보면 이 해결책이 가장 간단하다. 과거가 수정될 때마다 대안적 현실이 만들어지기만 하면 되는 것이다. 그런데 여기서 우리가 정확히 알아야 할 것이 있다. 여러분이 과거로 가서 숨을 쉴 때마다 그 호흡은 여러분이 존재하지 않았던 과거에는 없던 일에 해당하며, 그래서 호흡 하나하나가 과거를 수정한 사건이 되어서 대안적 현실을 만든다. 매초 무수한 대안적 현실이 생겨나고 또 생겨나는 것이다. 하지만 그럼에도 가장 간단한 해결책인 것은 사실이다. 특히 다음에 소개할 해결책에 비하면 말이다.

두 번째 해결책 : 운명 예정설

이 해결책은 "일어날 일은 일어나게 되어 있다"는 전제에 따른 것으로서, "어라, 또 그대로네!"라고 요약할 수 있다. 일어날 일은 일어나면 되는 것, 간단하지 않은가? 하지만 조금 더 자세히 들여다보면 첫 번째 해결책이 가장 간단하다고 했던 말이 거짓이 아님을 알게 될 것이다. 왜냐하면 이번 해결책은 간단하기는 해도 해결하는 것은 아무것도 없기 때문이다.

사실 이 해결책은 꽤 솔깃하며, 그래서 공상과학 작품 중에는 전적으로 이 해결책의 원리에 근거한 것들도 있다(영화 「타임 패러독스」*가 대표적인 예이다). 그럼 이 해결책을 가지고 할아버지 패러독스와 그 변형들부터 검토해보기로 하자. 여러분은 여러분의 할아버지를 죽이러 과거로 간다. 이때 여러분의 할머니는 여러분 아버지를 벌써 임신했을 수도 있고, 여러분의 할아버지가 여러분의 생물학적 할아버지가 아닐 수도 있다. 어떤 이유든 간에 여러분이 태어날 수 있는 이유는 존재한다. 여러분이 여러분의 할아버지를 죽이러 과거로 가는 일은 어떻게든 일어나게 되어 있기 때문이다. 심지어 여러분이 그럴 의도가 없는 경우에도 그 일은 일어난다. 그런데 여러분이 과거로 갔음에도 여러분 할아버지가 살아 있다면, 그것은 여러분이 할아버지를 죽이는 일에 실패하도록 예정되어 있기 때문이다.** 히틀러의 사례도 같은 식의 적용이 가능하다. 그리고 좀더 나아가서 여러분이 과거로 가서 여러분 자신을 죽이는 경우도 생각해볼 수 있다(법적으로 자살인 동시에 자살이 아닌, 따라서 이 역시 패러독스에 해당한다). 여러분 자신을 죽이려고 계속 시도하지만 계속 실패하는 슬픈 운명에 놓이는 것이다. 작가 패러독스의 상황도 비슷하다. 여러분이 젊은 시절의 셰익스피어에게 『햄릿』을 건네주는 일은 어떻게든 일어나게 되어 있다. 이 말은 그 누구도 『햄릿』을 쓴 적이 없다는 뜻이다. 그러나 이때도 여러분이 셰익스피어에게 작품을 건네주려고 할 때마다 실패한다면 이야기가 달라진다.

  이 해결책에서는 여러분이 과거로 간다는 사실보다 과거를 바꿀 수 없다는 사실이 더 중요하며, 따라서 패러독스에 대한 해결책처럼 보이기도 한다. 그러나 여러분이 과거에 가 있는 동안 일어난 일들 가운데 그 어느

---

* 「타임 패러독스」, 스피어리그 형제 감독, 2014년.
** 혹시 모르는 사람이 있을까봐 한마디 덧붙이면, 사람을 죽이는 것은 나쁜 일이다.

것도 이후 사건들에 조금의 영향도 미치지 않는다고 볼 수는 없다. 인과 법칙을 위반하는 문제가 생길 수 있는 것이다. 그리고 무엇보다도 시간 여행의 결과 중의 하나가 시간 여행 자체를 부른다는 점에서 결국은 인과 법칙을 위반한다. 결과가 그 원인에 영향을 주는 것은 금지되어 있기 때문이다.

세 번째 해결책 : 두 개의 우주

이 해결책은 첫 번째 해결책의 단순 버전으로서, 무한한 대안적 우주를 필요로 하지 않고 단지 "두 개의 우주"만 가정한다. 할아버지 패러독스의 경우를 보자. 여기서 문제가 되는 패러독스는 다음과 같다. 여러분은 여러분의 할아버지를 죽이고, 따라서 여러분은 태어나지 못하고, 따라서 여러분은 할아버지를 죽이러 가지 못하고, 따라서 여러분의 할아버지가 살아서 여러분이 태어나고, 따라서 여러분은 여러분의 할아버지를 죽이러 가고……. 이 패러독스를 해결하는 데는 두 개의 우주면 충분하다. 일단 여러분은 첫 번째 우주에서 살고 있다. 그리고 여러분의 할아버지를 죽이기 위해서 과거로 간다. 그런데 할아버지를 죽이는 순간, 여러분은 두 번째 우주로 옮겨간다. 이 우주에서 여러분은 살인자로만 존재하며, 할아버지가 죽었으므로 또다른 여러분은 태어나지 않는다. 그 대신 첫 번째 우주에서는 할아버지가 계속 살아 있고, 따라서 여러분은 여러분의 할아버지를 죽였지만 태어날 수 있다. 작가 패러독스의 경우도 마찬가지이다. 여러분이 과거로 가서 셰익스피어에게 『햄릿』을 건네주는 순간, 여러분은 두 번째 우주로 옮겨간다. 『햄릿』이라는 작품이 존재하지 않는 우주로 말이다. 그러면 이 우주에서 『햄릿』은 여러분을 만난 셰익스피어가 처음 쓴 작품이 되는 것이다.

그러나 사실 이 해결책은 단순화를 위해서 너무 억지로 끼워 맞추는 감이 있다. 두 번째 우주에서 여러분은 살인자로만 존재해야 하고, 또 두 번째 우주에서는 『햄릿』이라는 작품이 존재하지 않아야 하고 등등. 게다가 문제를 단순화시켜줄 수 있는지는 몰라도, 앞에서 말했듯이 눈을 한 번 깜빡일 때마다 과거가 바뀌어서 이후 사건의 흐름에 영향을 줄 수 있다는 점은 생각하지 못하고 있다. 눈의 깜빡임 각각에 대해서는 두 개의 대안적 우주만 필요하다고 보더라도, 결국은 무수한 대안적 우주가 생기고 또 생기는 것이다. 첫 번째 해결책으로 돌아간다는 말이다.

그렇지만 첫 번째 해결책이 미미하게나마 가능성을 가졌다고 본다면, 그래서 그 해결책이 유효하다고 볼 수 있다면, 시간 패러독스가 해결될 수도 있음을 의미한다. 따라서 우리가 과거로 여행할 수 있는 방법에 대해서 잠시 생각해보는 것도 전혀 쓸데없는 일은 아니라는 의미이기도 하다. 그런데 이 주제에 대한 가설은 사실 그렇게 많지 않다. 여기서 소개할 만한 것은 세 가지 정도이며, 그중 두 가지는 서로 아주 비슷하다.

첫 번째 방법 : 괴델의 방법

쿠르트 괴델은 오스트리아 출신의 미국 논리학자이자 수학자로서, 머리가 매우 명석한 인물이다. 괴델이 하는 이야기는 워낙 난해하고 추상적이라서 그의 말을 알아듣는 사람은 별로 없었다. 완전성과 관계된 수학적, 논리적 연구의 출발점이 된 사람이 바로 괴델이다.

괴델은 아인슈타인과 일반상대성 이론을 주제로 대화를 나누는 친구 사이였고, 특히 아인슈타인의 방정식에 대해서 자신이 생각한 수학적 풀이를 알려주기도 했다. 그런데 괴델이 내놓은 풀이 가운데 하나는 우주가 (매우 빠른 속도로) 회전을 하고 있을 경우 시공간이 크게 변형되면서 닫

불완전성 정리(incompleteness theorem)

괴델의 불완전성 정리에 대해서 알아보고 지나가자. 이번 삽입 글의 길이를 보면 알겠지만 자세히는 들어가지 않을 것이다. 괴델은 불완전성과 완전성의 문제, 다시 말해서 일련의 명제가 증명되거나 반박될 수 있는지의 문제에 관심이 많았다. 그렇게 해서 아주 기본적인 두 개의 정리를 내놓는데, 그것을 두고 괴델의 불완전성 정리라고 부른다.

먼저 제1불완전성 정리는 산술의 기본 정리를 증명하는 충분히 복잡한 이론에는 증명될 수도 반박될 수도 없는 명제가 포함된다는 것이다. 그 이론에 모순이 없더라도 모든 명제에 대해서 그것이 참인지 아닌지 증명하는 일은 불가능하다는 말이다. 그리고 제2불완전성 정리는 어떤 이론에 모순이 없다고 할 때, 그 무모순성 자체를 해당 이론으로 증명할 수는 없다는 것이다. 더 쉽게 말하면 수학에는 참이지만 증명할 수 없는 명제가 존재하며, 그런 수학에 모순이 없다는 사실을 수학이 자체적으로 증명할 수는 없다는 뜻이다.

힌 형태의 시간의 고리가 만들어질 수도 있음을 암시했다. 그러나 아인슈타인은 우주가 정적이라고 주장하는 쪽이었고, 그래서 괴델의 생각을 별로 마음에 들어하지 않았다. 두 사람의 태도는 물리학자와 수학자의 차이점과도 관계가 있을 것이다. 물리학자는 어떤 발견이 자기가 이해하는(혹은 이해할 수 있는) 대로의 세계에서 의미가 있는지가 중요하지만, 수학자는 그런 것에는 전혀 개의치 않는다. 수학자에게는 수학적으로 옳다고 나오면 생각해볼 수 있는 일인 것이다. 어쨌든 그래서 괴델이 옳다고 한다면 과거로 가는 일은 가능하다. 미래로 가는 방법으로 과거로 가는 것, 즉 우주의 둘레를 아주 빠르게 여행해서 시간의 고리 안에서 미래가 과거와 맞물리는 곳까지 가면 되는 것이다. 물론 이 방법은 몇 가지 문제를 안고 있다. 우선, 여러분도 잘 알다시피 그러한 여행을 하는 것 자체가

쉬운 일은 아니다. 참고로 말하면, 현재 인간이 지구 밖으로 가장 멀리 내보낸 물체도 40년 가까운 시간이 걸려서 태양계를 겨우 벗어났다. 따라서 우주 둘레에는 근처에도 가지 못한 셈이다. 게다가 알다시피 우주를 "아주 빠르게" 여행하는 것은 우리가 아직은 할 수 없는 일에 해당한다. 그리고 시공간을 여행하는 일은 시간만 여행하는 것이 아니라 공간도 여행하는 것인데, 시공간의 고리가 만들어진다고 해서 여러분이 과거의 어느 시기와 어떤 장소로 갈지 마음대로 정할 수 있는 것은 아니다. 한마디로 말해서 가망이 없는 방법이라는 말씀.

사실 이 방법을 적용할 수 없는 이유는 이미 존재한다. 괴델이 그 생각을 내놓은 이후, 우주가 팽창 중인 것으로 확인되었기 때문에, 그리고 회전을 하지는 않는 것으로 확인되었기 때문이다. 따라서 괴델의 방법은 수학적으로는 꽤 근사하지만, 물리학적으로는 아무 실체가 없다. 그러므로 괴델이 시간적, 공간적 고리가 수학적으로 만들어질 수 있음을 증명했다는 사실만 알아두기로 하자.

두 번째 방법 : 블랙홀

블랙홀로 시간 여행을 하는 법은 앞에서 벌써 말했지만, 이번에는 방법이 조금 다르다. 블랙홀의 중력을 활용하기 위해서 아무 블랙홀 주위나 도는 것이 아니라, 매우 빠르게 회전하는 블랙홀 주위로 궤도를 도는 것이다. 일반상대성 이론에 따르면, 그런 경우에 블랙홀 주위로 시간의 고리(정확히는 시공간의 고리)가 형성될 수 있는 것으로 보인다. 하지만 그러한 현상이 가능하다고 해도, 앞에서 말한 문제들은 그대로 남아 있다. 블랙홀이 너무 멀리 있다는 것, 블랙홀까지 아주 빨리 가야 한다는 것, 시간의 고리에서 어느 시기와 어떤 장소로 가게 되는지는 모른다는 것 말이다.

그리고 블랙홀 주위에 만들어지는 시간 고리는 국소적인 성질을 띤다는 것도 감안해야 한다. 공간적으로 그렇게 멀리가지 못하고, 시간적으로도 얼마나 갈 수 있을지 알 수 없다는 뜻이다. 게다가 블랙홀 자체의 문제도 있다. 블랙홀의 강한 중력 때문에 궤도를 계산할 때 조금의 실수도 하면 안 된다는 것이다.

세 번째 방법 : 웜홀

웜홀에 대해서는 뒤에서 자세히 쓰겠지만, 일단 간단히 다음처럼 설명할 수 있다. 블랙홀이 시공간을 아주 많이 변형시키면 두 개의 블랙홀이 서로 "닿아서" 시공간의 두 지점 사이에 일종의 터널이 이론적으로 생길 수 있는데, 그것을 두고 "웜홀(worm hole, 벌레 구멍)"이라고 부른다.* 만약 웜홀이 존재한다면, 또 그 웜홀이 충분히 안정적이고 충분히 크다면(웜홀은 열렸다가 즉시 닫히는데, 이론에 따르면 음의 에너지가 다량 있으면 웜홀을 열린 상태로 유지시킬 수 있다**) 그 "터널"을 통과해서 시공간의 다른 지점으로 갈 수도 있다. 그러나 이번에도 앞의 경우와 같은 문제들이 발생한다.

그래서 정리를 해보면, 시간 여행이 완전히 불가능한 것은 아닐지도 모르지만 편리한 방식으로 시간 여행을 하는 방법은 존재하지 않는다고 말할 수 있다. 다시 말해서, 공상과학 소설이나 텔레비전 드라마, 영화에서 볼 수 있는 타임머신 같은 것은 없다(산타클로스 썰매처럼 생겼든, 전화박스처럼 생겼든, 자동차처럼 생겼든 간에***). 뭐, 그렇지만 그런 타임머신

---

* 영화 「인터스텔라」 참조. 크리스토퍼 놀란 감독, 2014년.
** "음의 에너지"가 무엇인지 나한테 물어봐도 소용없다. 나도 모르니까……
*** 「타임머신」, 「닥터 후」, 「백 투 더 퓨처」에 나오는 타임머신 참고.

이 있다고 치자. 우리를 순식간에 (혹은 거의 순식간에) 다른 시간으로 데려다줄 수 있는 타임머신, 계기판에 원하는 날짜와 시간을 입력하고 버튼만 누르면 우리가 그 시간대에 짠! 하고 나타나게 되는 타임머신이 있다고 말이다. 그런 타임머신만 있으면 시간 여행이 그렇게 간단해질까?

물론 그렇지 않다. 그 이유는 몇 가지가 있다. 우선, 공간과 시간은 하나의 연속체에 해당한다. 그렇다면 내가 에펠 탑 밑에서 타임머신을 타고 한 달 전으로 간다고 할 경우, 나는 어떤 장소에서 나타나게 될까? 지구는 태양 주위로 계속 움직이고 있고, 태양은 우리 은하의 중심 주위로 계속 움직이고 있으며, 우리 은하 자체는 또 우주의 팽창에 따라서 계속 움직이고 있다. 그런데도 같은 장소에 나타난다고 단정할 수 있을까? 그리고 이 질문은 또다른 질문을 부른다. 같은 장소라는 것은 무엇을 기준으로 같다는 것일까? 알다시피 상대성 이론의 전제에 따르면, 우주에서 절대적 기준이 되는 지점 같은 것은 존재하지 않는다. 또 알다시피 상대성 이론은 우주가 돌아가는 방식을 놀라울 정도로 잘 설명해주는 이론이고 말이다. 따라서 타임머신이 적절한 장소에 나타나려면 지구와 태양, 우리 은하, 성단 등등의 상대적 움직임을 정확히 (미터 단위까지) 예상해야 한다. 그렇지 않으면 텅 빈 우주 한가운데에서 나타나거나 최악의 경우 지구나 목성, 태양 등의 중심 핵에서 나타날 수도 있기 때문이다. 바로 이것이 타임머신이 있다고 해도 우리가 부딪치게 되는 첫 번째 어려움이다.

뭐, 그렇지만 이 문제가 해결되었다고 치자. 우리의 타임머신이 날짜만 입력하면 정확히 같은 장소의 다른 시간대(時間帶)로 데려가주는 알고리즘을 가지고 있다고 말이다. 물론 이 경우에도 우리가 나타나게 될 장소가 물속에 잠겨 있던 시간대에는 가지 않도록 주의하는 것이 좋다. 지구가 지각 변동을 계속해서 겪고 있다는 점을 염두에 두어야 한다는 뜻이다. 그러나 장소의 문제가 해결되더라도 문제는 또 있다. 에펠 탑 밑에서 한 달 전으로 가는 경우를 다시 예로 들어보자. 우리가 한 달 전으로 돌아가 정확히 그 장소에 나타났을 때, 에펠 탑을 보러 온 일본인 단체 관광객들이 하필 그곳을 지나가고 있었다면 어떻게 될까? 우리가 나타나는 순간 그들은 산산조각이 날까? 먼지가 되어 사라질까? 우리는 또 어떻게 될까? 우리가 녹아 없어질까? 중력이나 전자기력, 핵력에 따라 문제가 자연적으로 해결되도록 내버려두면 될까? 같은 시간 같은 장소에 두 개의 입자가 자리하게 될 위험은 조금도 없을까? 그러니까 타임머신이 같은 장소에 데려가준다고 해도 그런 문제를 또 해결해야 하는 것이다. 뭐, 그렇지만 이 문제도 해결되었다고 치자. 에펠 탑이 있는 샹드마르스 공원이 한 달 전에는 마침 출입금지 상태였다고 말이다. 그래도 문제는 남는다. 우리가 나타나는 장소에 공기는 존재하고 있기 때문이다. 시각적으로 놀라운 일이 벌어지지는 않겠지만, 같은 시간, 같은 장소에 두 개의 입자가 자리할 수 있는 문제는 그대로인 것이다. 뭐, 그렇지만 그 문제도 해결되었다고 치자. 착륙 지점(엄밀히 말하면 "착륙"은 아니지만 "출현 지점"이라고 하기에는 아무래도 이상하니까)이 완전히 비어 있었다고 말이다. 하지만 그래도 문제는 또 있다.

원래 있던 시공간을 떠날 때 우리는 수많은 입자와 함께 다른 시공간으로 옮겨가게 되고, 우리가 떠난 자리는 순간적으로 말 그대로 텅 빈 공간이 되기 때문이다. 뭐, 타임머신이 사라지는 순간 펑! 하는 소리는 나겠지만 그 빈 공간은 별 문제가 안 된다고 치자. 주변 공기가 그 공간에 바로 자리하면 되니까. 진짜 문제는 우리가 우주의 물질을 시공간의 다른 지점으로 옮겨놓았다는 데에 있다. 에너지 보존 법칙이라고 불리는 것에 따르면, 어떤 고립계(孤立系, isolated system)(가령 우주)에서 전체 에너지의 양은

에미 뇌터

시간에 따라 변하지 않는다. 뭐라고, 시간? 그래, 시간! 따라서 우주의 물질이 어느 순간에서 다른 순간으로 옮겨가면 같은 우주 안에서 이루어진 일이라고 하더라도 에너지 보존 법칙을 위반하게 된다. 타임머신이 우주의 일부가 아니라고 보면 된다고, 그래서 문제의 상황이 고립계에서 벌어지는 일이 아니라고 보면 된다고 설명하는 사람이 또 있겠지만 말이다(타임머신이 우주의 일부가 아니라는 것에 대해서는 어떻게 설명할지 정말 궁금하다).

따라서 에너지 보존이 되지 않는다면 물리법칙들이 흔들리게 된다. 그렇다면 당연히 문제가, 그것도 아주 큰 문제가 될 수밖에 없다.

그러므로 시간 여행에 대해서는 물리학적으로는 불가능할 확률이 아주 크다고 말하는 것으로 합의를 보기로 하자. 나로서는 공상과학을 좋아하는 사람들(나도 포함된다)의 기분을 상하지 않게 하기 위해서 나름대로 많은 노력을 기울인 끝에 내놓는 결론이다.

그럼 시간 여행의 가능성을 배제하고 시간이라는 주제로 돌아가보자. 이 경우 시간은 과거에서 미래로만 흐르는 것이고, 이 흐름은 우리로서는 어쩔 수 없는 것처럼 보인다. 시간이 과거에서 미래로 흐르는 것을 두고 말 그대로 시간의 흐름이라고 부르며, 우리로서는 어쩔 수 없는 그 흐름을 두고 시간의 화살(arrow of time) 내지는 시간의 방향성(direction of time)이라고 부른다. 그렇다면 조금만 길게 생각하면 바로 두통이 찾아오는 마법의 힘을 가진 질문을 하나 던져볼 수 있을 것이다. 왜 시간은 방향성을 가질까?

105. 물리 현상의 가역성

가역성(可逆性, reversibility)이란 어떤 사건이 반대 방향으로도 진행될 수 있는 성질을 의미한다. 시간을 거꾸로 돌린다는 것이 아니라, 단지 사건의 진행 방향을 반대로 할 수 있다는 것이다. 예를 들면, 한 물체가 3초 동안 오른쪽에서 왼쪽으로 1미터 이동했을 때, 그 물체를 역시 3초 동안 왼쪽에서 오른쪽으로 1미터 이동시킬 수 있는 경우를 가리킨다. 포탄을 공중으로 발사했을 경우, 그 포탄이 정확히 같은 궤도를 그리면서 처음 발사 지점으로 되돌아가게 할 수 있는 힘을 매순간 계산하는 것도 이론적으로는 가능하다. 오늘날 우리가 아는 대로의 물리학의 테두리 안에서(강한 상호작용과 약한 상호작용, 전자기력에 관한 것으로서 특수상대성 이론과 일치하는 표준 모형의 테두리 안에서든 일반상대성 이론의 테두리 안에서든 간에) 모든 물리 현상은 가역적인 것처럼 보인다. 따라서 우선 생각하기에 시간이 한 방향으로만 흐를 이유는 없다. 더구나 이론물리학에서 시간의 방향은 하나의 약속에 속한다. 그렇다면 날달걀을 하나 가져와서 실험을 해보자. 우선 달걀을 그릇에 깨뜨린다. 그리고 흰자와 노른자가 섞이게 열심히 저어준다. 자, 그럼 이제 실험을 거꾸로 해보자. 흰자와 노른자를 다시 분리하고, 분리된 흰자와 노른자를 달걀껍데기에 담고, 달걀을 처음 상태로 되돌려놓는 것이다.

물리 현상은 물론 미시적 차원에서는 가역적일 수도 있다. 그러나 거시적 차원에서는 그렇지 않다. 우리는 가역적이지 않은 물리 현상들을 끊임없이 경험한다. 오믈렛은 다시 달걀이 될 수 없고, 바닥에 떨어져 깨진 유리컵은 내용물을 담고 있던 원래의 모습으로 돌아갈 수 없으며, 불을 붙인 양초나 담배는 타기 전의 상태로 돌아갈 수 없다. 거시적 차원에서 물리 현상은 가역적이지 않다. 비가역적(非可逆的, irreversible)이라는 말이다.[*]

시간의 화살은 비가역적 물리 현상의 존재에 의해서 분명하게 확인된다. 가령 어떤 실험이 시간적으로 한 방향으로만 일어나고 다른 방향으로는 일어날 수 없는 경우, 우리는 시간의 방향성을 이야기할 수 있다. 공간의 차원에 대해서 좌우나 상하를 말하는 것처럼, 시간의 차원은 과거와 미래라는 "양쪽"을 가지며, 이 같은 시간의 방향성은 거시적 차원의 사건 대부분에서 어길 수 없는 명령으로 강요된다. 과거에서 미래로 향하는 시간의 불가항력적인 방향을 두고 시간의 화살이라고 부르는 것이다. 그렇다면 시간의 화살이 존재하는 이유는 도대체 무엇일까? 이 질문에 대한 답은 물리 현상들이 왜 비가역적인지를 이해하면 어느 정도 얻을 수 있다.

106. 시간의 화살은 왜 존재할까?

물리 현상의 비가역성은 왜 생길까? 무엇이 비가역성을 불러오는 것일까?

---

[*] 쉽게 말해서 돌이킬 수 없다는 뜻이다. "불가역적"이라고 번역하기도 한다.

52장짜리 카드 섞기

자, 집중만 잘하면 크게 어렵지는 않을 것이다. 52장짜리 카드를 전적으로 확률적인 방식으로 섞는다고 해보자. 다시 말해서 카드를 무작위로 하나 뽑아서 첫 번째 자리에 놓고, 그다음에 뽑은 카드는 두 번째 자리에, 또 그다음에 뽑은 카드는 세 번째 자리에 놓는 식으로 섞는다. 이때 첫 번째 자리에 놓일 카드에 대한 경우의 수는 52이다. 첫 번째 카드를 뽑고 나면 카드는 51장이 남고, 그래서 두 번째 자리에 대한 경우의 수는 51이 된다.

여기서 첫 번째 카드의 경우의 수 52가지 각각에 대해서 두 번째 카드의 경우의 수 51을 적용하면, 두 카드에 대한 전체적인 경우의 수는 다음처럼 계산할 수 있다.

$$52 \times 51 = 2,652$$

세 번째 자리 카드는 남은 50장 중에서 뽑게 되고, 다음 카드는 남은 49장 중에서, 또 다음 카드는 남은 48장 중에서 뽑게 된다. 그런 식으로 계속하면 맨 나중에는 마지막 자리에 놓일 1장의 카드만 남는다. 그래서 52개 자리 모두에 대한 경우의 수는 다음과 같이 계산된다(수학에서는 이것을 순열[順列, permutation]이라고 한다).

$$52 \times 51 \times 50 \times 49 \times 48 \times \cdots \times 4 \times 3 \times 2 \times 1$$

수학에는 계승(階乘, factorial)이라는 기호가 존재하는데, 이 기호를 이용하면 이처럼 긴 연산을 간단하게 나타낼 수 있다.

$$52!^*$$

이 52!라는 것은 엄청나게 큰 값이다. 숫자로 대략 나타내면 8 다음에 동그라미가 67개 붙는다. 그러니까 8에 10억에 10억에 10억에 10억에 10억에 10억에 10억을 곱하고 다시 1만을 곱한 값, 간단히 말하면 8만 비진틸리언**이다(비진틸리언이라는 용어를 처음 들어본 사람은 뭐가 간단하다는 것인가 싶겠지만).

따라서 지구 인구를 편의상 80억으로 잡고 인류 한 사람 한 사람이 카드를 1초에

---

* 여기서 느낌표는 "계승"을 나타내는 기호이다. "52"를 크게 외치라는 의미가 아니라.

** "비진틸리언(vigintillion)"은 10의 63제곱을 가리키는 표현이다. 10의 66제곱은 "언비진틸리언(unvigintillion)"이라고 하며, 따라서 "8만 비진틸리언"은 "80언비진틸리언"으로도 표현할 수 있다.

한 번씩 섞는다고 할 때, 매번 다르게 섞인 카드가 나온다고 전제하더라도 카드를 섞을 수 있는 모든 경우의 수가 다 나오려면 32만에 10억에 10억에 10억에 10억에 10억을 곱한 만큼의 햇수가 걸린다. 참고로, 우리 우주의 추정 나이도 137억 년밖에 되지 않는다.

문제의 성질을 이해하기 위해서 예를 하나 들어보자. 52장으로 구성된 보통의 트럼프 카드가 한 벌 있다. 현재 이 카드는 에이스에서 킹의 순서로, 그리고 무늬는 스페이드, 하트, 클로버, 다이아몬드의 순서로 완벽하게 정리되어 있는 상태이다. 여러분이 이 카드를 섞을 경우, 얼마나 오래 섞든 간에 나는 두 가지 사실을 자신 있게 말할 수 있다. 첫째, 그 카드가 다시 완벽한 순서로 정리되어 있을 확률은 없다. 둘째, 섞인 카드의 순서는 여러분이 아마 이전에는 한번도 본 적이 없는 순서일 것이다. 어떻게 그런 것을 자신할 수 있냐고? 수학적으로 52장짜리 카드 한 벌을 섞을 때에 나올 수 있는 경우의 수는 엄청나게 많기 때문이다(삽입 글로 자세히 설명해 두었다. 그렇게 어려운 수학은 아니니까 걱정하지 마시길).

그런데 지극히 평범한 얼음 조각 하나도 10억에 10억에 수백만을 곱한 개수만큼의 물 분자로 이루어져 있다. 얼음 안에서 물 분자들은 서로 질서 있게 정렬해서 결정을 이루고 있지만, 얼음을 물에 녹이면 그 분자들은 거의 자유로운 방식으로 움직이기 시작하면서 액체 상태로 있던 다른 물 분자들과 섞이게 된다. 그렇다면 그 10억에 10억에 수백만을 곱한 개수만큼의 물 분자들이 다시 처음의 얼음을 이루고 있던 상태로 정렬될 확률을 계산해보자. 계산할 것도 없이 그런 일이 일어나는 것은 불가능하다. 수학적인 확률은 0이 아니라 미미하게라도 있겠지만, 물리적 현실에서는 불가능하다는 뜻이다.

실험에서 물은 갈수록 무질서해진다. 물론 다시 얼리면 얼음 조각이 되겠지만, 분자들이 처음 얼음을 이루고 있었을 때와 완전히 동일한 배열로 정렬되지는 않는다. 물 분자들은 갈수록 무질서해질 수밖에 없다.

이 책 제1권에서 이미 말했지만* 물리학에는 계(系)의 무질서 정도를 나타낼 수 있는 개념이 존재한다. "엔트로피(entropy)"가 바로 그것이다.

따라서 엔트로피는 어떤 면에서는 시간의 화살의 존재를 거시적 차원에서 증명해주는 것이라고 볼 수 있다. 그러나 엔트로피가 시간의 화살이 "절대적으로" 존재하는지, 다시 말해서 우리의 관찰과는 무관하게 모든 차원에서 존재하는지 아닌지를 설명해주지는 않는다. 실제로 우리의 관찰은 우리가 언제나 과거에서 미래로 흐르는 시간 속에서 살아가는 존재라는 사실 자체에 묶여 있다. 그래서 미시적 차원과 입자의 세계를 들여다볼 필요가 있는 것이다. 그럼 이번 장의 마침표가 될 만한 내용을 한 가지만 더 알아보고 입자에 대한 주제로 넘어가기로 하자.

물리학에는 CPT 정리라는 것이 있다. 아주 쉽게 말하면 물리 법칙은 물질과 반물질, 왼쪽과 오른쪽, 과거와 미래를 차별하지 않는다는 것이다(삽입 글 참조). 그리고 이 정리에서 말하는 CPT 대칭성에 의해서 물리 법칙들은 보존될 수 있다. 이 규칙이 어디에서 나왔냐고? 앞에서 말한 에미 뇌터와 뇌터 정리를 기억하는가?** 바로 거기에서 나왔다. 수학적으로 증명된 것으로서, 이 규칙에 문제가 있다면 그것은 표준 모형이 잘못되었음을 의미한다(보통은 "잘못되었다"보다 "불완전하다"라는 표현을 선호한다. 실패라기보다는 중요한 것을 발견할 기회가 남아 있다는 뜻으로 들리기 때문이다).

---

* 『대단하고 유쾌한 과학 이야기』 제1권, 제54장과 66장 참조.
** 123쪽 참조.

CPT 정리(CPT[charge, parity, time] theorem)

CPT 정리는 입자물리학에서 물리 현상에 몇 가지 대칭성(symmetry)의 제약을 부과하는 기본 정리이다. 너무 자세히 들어가지는 말고, 입자가 개입되는 물리 현상을 가지고 이야기해보자. 여기서 말하는 입자들은 물질의 입자일 수도 있고 반물질*의 입자일 수도 있다.

먼저 C 대칭은 "전하 켤레 대칭(charge conjugation symmetry)"을 말한다(C는 전하[charge]의 C이다). 물질의 입자는 각각 그 반입자**와 서로 대체될 수 있다는 것이다.

그 다음 P 대칭은 "반전성(反轉性, parity)"에 대한 것으로, 거울 방식의 공간적 대칭을 말한다. 오른쪽은 왼쪽이 되고 왼쪽은 오른쪽이 되지만, 위는 그대로 위이고 아래는 그대로 아래인 것 말이다. 특히 무엇인가가 시계 방향으로 돌아갈 경우, P 대칭이 적용되면 그 무엇인가는 시계 반대 방향으로 돌아가게 된다.

마지막으로 T 대칭은 "시간(time)"에 대한 대칭으로서, 현상(現象)의 "필름"이 거꾸로 돌아가는 것이다. 시간을 거꾸로 돌린다는 것이 아니라, 현상 자체의 진행 방향을 반대로 한다는 말이다.

오늘날 우리가 가진 지식에 따르면, 입자물리학의 모든 현상은 CPT 대칭성을 준수해야 한다. 물리 법칙들로 설명될 수 있는 현상에 그 세 가지 대칭을 적용하면 물론 다른 현상이 나오지만, 그 역시 동일한 물리 법칙들을 준수한다는 뜻이다.

때때로 C 비대칭이나 P 비대칭이 생길 수는 있지만, CPT 비대칭은 분명히 존재하지 않는다. 그리고 시간은 완벽한 대칭성을 띠기 때문에 T 비대칭은 존재하지 않으며, 따라서 CP 비대칭도 존재하지 않는다. CP 비대칭이 존재하면 그것을 상쇄시키기 위해서 T 비대칭이 발생해야 하기 때문이다.

---

* 반물질(反物質, antimatter)에 대해서는 뒤에서 이야기할 것이다. 일단 여기서는 신경쓰지 않아도 된다.
** 반입자(反粒子, antiparticle) : 같은 입자이지만 반물질의 입자.

아니, 사실 CP 비대칭은 존재하며, 따라서 T 비대칭도 존재한다. 이는 매우 심각한 일로, 이른바 CP 대칭성 깨짐(violation of CP-symmetry)이라고 부르는 현상이다.

현상의 주인공은 케이온(kaon)이라고 부르는 입자이다. 케이온은 중간자(하드론의 일종이며, 따라서 쿼크와 반쿼크로 이루어져 있다)에 속하는 입자로서, 전기적으로는 중성을 띤다. 무엇보다 케이온은 아주 특별한 성질을 가지고 있다. 가만히 내버려두면 저절로 그 반입자로 변했다가, 잠시 후에 다시 입자로 변하는 것이다. 그리고 입자로서의 케이온은 반입자로서의 케이온보다 "수명"이 더 길다(우리의 기준에서는 어느 쪽이든 아주 짧은 수명이지만, 입자일 때의 수명이 반입자일 때보다 약 1,000배 길다). 케이온이 CP 대칭성을 깨는 방식은 T 대칭성의 깨짐으로 상쇄되며, 따라서 CPT 대칭성은 무사하다.

CP 대칭성 깨짐의 발견은 왜 우주가 반물질이 아닌 물질로 이루어져 있는지를 설명해줄 수 있는 좋은 실마리에 해당한다. 그리고 물질로 이루어진 우주에서 시간이 방향성을 가지게 된 사실에 대한 설명도 될 수 있을 것으로 보인다.

그런데 여러분은 어떤지 모르겠지만, 나는 그 같은 내용을 알고 나니까 입자의 세계에 대해서 좀더 알아보고 싶은 생각이 들었다. 어쩌면 까다로운 이야기일 수도 있겠으나, 여러분도 같이 한번 알아보면 좋겠다. 용감한 자에게는 불가능이란 없는 법이니까.

양자역학
그렇게 겁먹을 이유는 없다

지금 여러분은 또다른 차원의 세계로 들어가고 있습니다. 그곳에서는 여러분이 잘 아는 삶의 틀이 사라지고, 현실이 매순간 환상으로 바뀌기도 합니다. 조심하세요! 이제 여러분은 4차원의 세계에 들어와 있습니다!

—로드 설링*

이번 주제는 다루기가 조금 어렵다. 아니, 사실은 아주 어렵다. 이유는 몇 가지가 있는데, 우선 수학적으로 매우 복잡해서 이해하기 쉬운 비유를 통

---

* 미국 텔레비전 프로그램 「환상특급」 중에서.

해서 설명하는 일이 거의 불가능하기 때문이다. 게다가 주제와 관계된 연구 분야 자체가 말도 못하게 복잡하다. 그리고 주제에 연관된 현상들은 우리 같은 보통 사람들이 실재(reality)라고 부르는 것에 전혀 대응되지 않는다. 리처드 파인먼의 말을 인용하자면, 다음처럼 이야기할 수 있을 것이다.

상대성 이론을 이해하는 사람은 전 세계에 12명밖에 없다고 신문에서 말하던 시절이 있었습니다. 나는 정말 그런 시절이 있었다고는 생각하지 않아요. 상대성 이론을 단 한 사람만 이해하던 때는 있었겠지요. 그 사람이 그 이론을 세상에 발표하기 전까지는 그 혼자만 알고 있었으니까요. 하지만 논문이 일단 공개된 뒤에는 정도의 차이는 있어도 훨씬 많은 사람들이, 그러니까 어쨌든 12명 이상의 사람들이 상대성 이론을 이해했습니다. 그런데 양자역학은 달라요. 양자역학을 제대로 이해하는 사람은 단 한 명도 없다고 자신 있게 말할 수 있습니다. 그러니까 내 강연 내용을 세세한 부분까지 다 이해하겠다는 식으로 너무 심각하게 듣지는 마세요. 편안하게 강연을 즐기십시오. 이제 나는 여러분에게 자연이 어떤 식으로 돌아가는지 이야기할 것입니다. 그걸 그냥 받아들일 수 있으면 양자역학이 아주 재미있고 매력적이라는 사실을 알게 될 거예요. "어떻게 그럴 수가 있지?"라는 생각만 가급적 하지 않으면 됩니다.
— 리처드 파인먼[*]

겁먹을 필요는 없다. 겁주려고 하는 말이 아니라 정말 용기를 내라고 하는 말이다. 여러분이 물리학자로서 입자의 세계를 연구하려는 야심을 가지지 않은 이상, 입자 세계의 이론적 모형을 세울 때에 쓰이는 매우 추상

---

[*] *The Character of Physical Law*, Lecture 6, Cornell University, 1964년 11월 9~19일.

적인 학문, 즉 수학에 관심이 없더라도 여기서는 아무 문제가 되지 않는다. 우리는 그런 내용까지는 이야기하지 않을 것이다. 그러나 여러분이 알고 있어야 할 것이 있다. 우리가 가령 전자라는 입자에 대해서 말한다고 할 때, 전자의 작용을 일상생활에서 볼 수 있는 익숙한 어떤 것에 빗대어 설명할 수는 없다. 물론 전자는 때로는 아주 작은 구슬의 성질을 가진 것처럼 보이고, 또 때로는 파동의 성질을 띠는 것처럼 보인다. 하지만 전자는 구슬도 아니고, 파동도 아니며, 구슬인 동시에 파동도 아니고, 어떤 때는 구슬이었다가 또 어떤 때는 파동이 되는 그런 것도 아니다. 전자의 작용은 입자로서의 작용 말고는 다른 어떤 것도 닮지 않았다. 그래도 희소식은 모든 입자가 비슷한 방식으로 작용한다는 것이다. 따라서 양자역학(量子力學, quantum mechanics)의 아름다움을 이해하기 위해서는 상상력을 꼭 동원해야 하지만, 새로운 입자를 만날 때마다 매번 새로운 상상력을 동원할 필요는 없다. 그리고 여러분이 알고 있어야 할 점은 한 가지가 더 있다. 이번 내용을 다 읽은 뒤에 여러분은 양자역학에 관해서 무엇인가를 (어쩌면 꽤 많은 것을) 알게 되겠지만, 양자역학을 이해하지 못하는 정도는 크게 나아지지 않을 것이다. 양자역학은 인간이 생각해낸 가장 아름답고 가장 우아한 과학 모형임이 분명하지만, 가장 이해하기 힘든 과학 이론인 것도 사실이다. 그러니까 혹시 이해가 안 되는 부분이 있더라도 당황하거나 고민하지 마시길.

107. 기압계 이야기

이제 소개할 일화는 인터넷에서 많이 볼 수 있고 근거도 있는 것처럼 보이지만 사실은 허구이다. 실제로 일어난 일은 아니라는 뜻이다. 하지만 그 내용이 지금 우리의 주제와 관련이 있어서 소개하기로 했다. 따라서 순전히 지어낸 이야기라는 점을 염두에 두고 읽기를 바란다.

1905년 무렵, 어느 대학에서(정확히 어느 대학인지는 중요하지 않다. 진짜 일어난 일이 아니니까) 어떤 교수가 동료 교수인 어니스트 러더퍼드*를 만나 고민을 이야기했다. "한 학생이 시험에서 쓴 답이 있는데, 학생은 그 답이 정답이라고 주장하지만 내가 보기에는 오답이야. 그래서 논쟁 끝에 제삼자에게 판단을 맡기기로 했네. 자네가 그 역할을 해주겠나?" 러더퍼드는 무슨 일인지 궁금해서 부탁을 들어주기로 했고, 자세한 사정을 알아보려고 문제의 학생을 만났다. 학생은 다름 아닌 닐스 보어였다. 이후에 양자역학의 선구자 중의 한 명으로 드높은 이름을 남기게 되는 덴마크의 물리학자 말이다. 시험 문제는 고층 건물의 높이를 기압계를 이용해서 측정하는 방법을 제시하라는 것이었다.

그런데 보어는 모범 답안과는 다른 답을 내놓았다. "건물 옥상에 올라가서 기압계를 줄에 매달아 아래로 늘어뜨린다. 기압계가 땅에 닿을 때까지 내려보낸 뒤, 줄의 길이를 재면 건물의 높이가 나온다." 기술적으로는 맞는 답이다. 그러나 물리학 지식을 확인하는 데에는 전혀 도움이 되지 않는 답인 것도 사실이다.

러더퍼드는 보어의 참신한 발상에 내심 즐거워하면서 논쟁을 해결할 간단한 방법을 생각했다. 보어에게 10분을 주고 물리학 지식을 이용한 답을 내놓으면 정답으로 처리하는 것이었다. 보어는 몇 분을 가만히 앉아만 있었다. 그래서 러더퍼드가 잘 돼가냐고 묻자 이렇게 말했다. "답은 찾았는데, 여러 개라서 어떤 것을 말해야 제 물리학 지식을 잘 보여줄 수 있을까

---

* 『대단하고 유쾌한 과학 이야기』 제1권, 제4장부터 참조.

모범 답안

문제의 모범 답안은 꽤 간단하다. 일단 기압계를 이용해서 건물 1층과 옥상에서 기압을 각각 측정한 뒤, 1층과 옥상의 기압 차이를 계산한다. 그런 다음 기압 차이를 가지고 높이를 알아내는 수학 공식을 적용하면, 건물의 높이를 구할 수 있다. 물리학을 공부하는 학생에게는 아주 쉬운 문제이다.

생각하는 중이에요."

10분이 지난 뒤, 보어는 두 교수에게 답을 내놓았다. "건물 옥상에서 기압계를 떨어뜨려 기압계가 땅에 떨어질 때까지의 시간을 잽니다. 물체의 낙하 공식을 적용하면 낙하 시간 동안 물체가 지나간 거리를 계산할 수 있는데, 그 거리가 건물의 높이입니다." 교수들은 정답으로 인정했고, 보어에게 점수를 주는 데에 동의했다.

러더퍼드는 자리를 뜨려다가 말고 다시 앉았다. 보어가 찾았다는 다른 답들이 궁금했기 때문이다.

"기압계를 땅에 세워서 기압계의 길이와 그 그림자의 길이를 잽니다. 그리고 건물의 그림자 길이를 잰 뒤, 탈레스의 정리(Thales' theorem)를 이용하면 건물의 높이를 알 수 있습니다."*

"또다른 방법은, 건물 바깥에 있는 계단을 따라 기압계를 건물 벽에 대보면서 올라가는 것입니다. 기압계를 이렇게 몇 개 대보면 건물 높이만큼 되는지 확인한 뒤, 그 숫자를 기압계 길이에 곱하면 건물의 높이가 나옵니다."

"기압계를 줄에 매달아 건물 옥상에서부터 바닥에 거의 닿을 때까지 늘어뜨립니다. 그런 다음 기압계를 진자처럼 흔들면서 그 주기, 그러니까 기압계가

---

* 고대에 피라미드의 높이를 잴 때도 이 방법을 이용했다.

한 번 왕복하는 시간을 측정한 뒤에 진자의 공식을 적용하면 줄의 길이를 알 수 있습니다."

"끝으로 정말 간단한 방법을 찾는다면, 건물 수위실 문을 두드려서 수위 아저씨한테 '건물 높이를 가르쳐주면 이 멋진 기압계를 드리겠습니다'라고 말하면 됩니다."

러더퍼드는 당돌하면서도 똑똑한 보어의 모습에 아주 흐뭇했지만, 모범답안도 알고 있는지 물어보았다. 그러자 보어는 기압계의 용도를 물론 알고 있다고 답했다. 하지만 사람들이 정해주는 방식대로 생각하는 것이 따분해서 그 답을 말하지 않았다는 것이다.

다시 한번 말하지만, 이 일화는 지어낸 이야기이다. 그럼에도 계속 실화처럼 전해지면서 일부 교과서에까지 등장하는 이유는 그만큼 흥미롭기 때문일 것이다. 이야기 속의 닐스 보어의 행동이 보어 자신의 실제 모습과 꽤 일치한다는 점에서, 그리고 양자역학을 이해하려면 다른 방식으로 생각하고 창의력과 상상력을 발휘할 줄 알아야 한다는 사실을 잘 보여주고 있다는 점에서 말이다.

그럼 서론은 이 정도로 하고, 이제 본격적으로 "어려운" 내용으로 들어가보자.

108. 파동일까, 입자일까?

이 주제에 대해서는 이미 간단히 살펴본 적이 있는데,[*] 이번에는 좀더 깊

---

[*] 『대단하고 유쾌한 과학 이야기』 제1권, 제6-10장 참조.

이 살펴볼 차례이다. 제1권에서 말했듯이, 빛은 때로는 파동으로 작용하는 것처럼 보인다. 제임스 클러크 맥스웰이 전기와 자기를 통합하면서 이야기한 전자기파로서 작용한다는 뜻이다. 하지만 또 빛은 때로는 작은 알갱이, 입자의 흐름으로 작용하는 것처럼 보인다. 아인슈타인이 1905년에 그 존재를 증명한 광양자(light-quantum)라는 입자로서 작용한다는 뜻이다 (1926년에 광자[photon]라고 명명되었다/역주). 그렇다면 어느 쪽이 맞을까? 빛은 파동일까, 입자일까? 어떤 과학자도 그 존재를 부정하지 않는 광자는 흔들리는 파동 같은 것일까, 작은 알갱이(corpuscle) 같은 것일까? 아니면 양쪽 다일까? 아니면 어느 쪽도 아닐까?

앞의 장에서 소개한 기압계 이야기에서처럼, 이 질문에 대한 단 하나의 정답은 존재하지 않는다. 하지만 오답들은 존재한다. 그러므로 오답들을 통해서 광자가 무엇인지의 문제에 접근해보기로 하자.

맥스웰이 빛을 전자기파라고 한 데에는 두 가지 근거가 있다. 첫째는 맥스웰의 실험이 빛을 파동으로 보는 관점과 양립되기 때문이고, 둘째는 그 실험을 설명하는 방정식이 실제로 파동을 그리는 것처럼 보이기 때문이다. 마찬가지로, 아인슈타인이 빛을 "알갱이(grain)"로 이루어졌다고 밝힌 데에도 두 가지 근거가 있다. 아인슈타인의 실험(광전효과[photoelectric effect]의 범위에 대한 실험)이 빛을 입자로 보는 관점과 양립되고, 그 현상을 설명해주는 방정식이 빛을 불연속적인* 현상으로 기술하는 것처럼 보이기 때문이다. 따라서 빛의 성질에 관한 두 접근은 분명히 서로 반대된다. 그러나 문제는, 빛은 파동으로 작용할 수도 있고 입자로 작용할 수도

---

* 수학에서 말하는 "불연속"을 뜻한다. 예를 들면 정수 1, 2, 3, 4⋯⋯는 불연속 집합이고, 수와 수 사이의 거리를 원하는 만큼 가깝게 나타낼 수 있는 소수(小數)를 포함하는 실수(實數)는 연속 집합이다. "연속"이라는 것은 집합을 이루는 요소들 사이에 뚜렷한 경계가 없다는 의미이다.

있다는 것이다.

어떤 경우에도 빛을 파동과 입자 가운데 꼭 어느 하나로만 볼 수는 없다. 그렇다면 몇 가지 새로운 가능성을 생각해볼 수 있을 것이다. 파동인 동시에 입자인 것으로 보거나, 상황에 따라서 파동과 입자 중 어느 하나인 것으로 보거나, 파동도 빛도 아닌 다른 어떤 것으로 보거나. 어떤 것이 올바른 선택일까?

빛(정확히는 광자)의 작용에 관한 방정식들은 뭐라고 말하고 있는지부터 보자. 그 방정식들은 "모든 일이 마치 무엇무엇인 것처럼 진행된다"라는 내용을 수학적으로 아주 복잡하게 설명하는 것이다. 그래서 실험에 따라 "모든 일이 마치 빛이 파동인 것처럼 진행된다"로 해석될 수도 있고, "모든 일이 마치 빛이 입자(광자)로 이루어진 것처럼 진행된다"라고 해석될 수도 있다. 그런데 수학 방정식은 우리로서는 이해할 수 없는 차원에 놓인 실재 세계의 이런저런 측면들을 이론적으로 접근할 수 있게 해주는 도구에 해당한다. 그리고 방정식으로서 실재 세계의 작용을 충분히 설명해주는 이상, 그것이 실재 세계의 진짜 모습에 대응되지 않는다는 것은 사실 별로 중요하지 않다.* 따라서 방정식은 입자를 연구하는 데에 필요한 수학적 도구일 뿐, 입자의 실제 모습과는 무관한 것이다. 그렇다면 방정식이 아닌 다른 방식으로 빛의 성질을 이야기할 수는 없을까?

원기둥 모양의 물체를 이용하면 적절한 비유를 얻을 수 있다. 가령 겉에 아무 글자나 그림도 없는 통조림 깡통이 하나 있다고 상상해보자. 그냥 평범한 금속 원기둥을 떠올려도 된다. 그럼 이 깡통을 공중에 매단 뒤, 한쪽에서 빛을 비추어 벽면과 바닥에 그림자가 생기게 한다고 해보자. 이때 바닥에는 원형의 그림자가 생기는 반면, 벽면에는 사각형의 그림자가 생긴다.

---

* 이 책 제1권에서 실재와 모형에 대해서 말하면서 이야기한 주제이다.

　이 경우에 우리는 관점에 따라서 원형을 볼 수도 있고 사각형을 볼 수도 있다. 그러나 실제 깡통은 원형도 사각형도 아니다. 우리는 원기둥에 해당하는 것의 그림자만 보고 있기 때문이다. 그렇다면 우리가 광자를 대할 때도 이와 비슷한 일이 벌어지는 것은 아닐까? 어떤 "각도"에서는 파동으로 보이고, 또 어떤 각도에서는 입자로 보이는 것일까? 이 발상은 제법 솔깃하지만 맞는 말은 아니다. 실제로 광자가 각도에 따라서 파동으로 보이거나 입자로 보인다는 말은 우리가 광자의 모습을 일부만 보았음을 뜻한다. 따라서 충분히 여러 각도로 보면 광자의 전체 모습을 재구성해서 그 정확한 성질을 알아낼 수 있다는 말인데, 실상은 그렇지 않은 것이다. 이것이 깡통을 이용한 비유의 한계이다. 우리는 어떤 현상을 관찰하느냐에 따라서 빛의 파동적 측면을 볼 수도 있고 입자적 측면을 볼 수도 있지만, 광자라는 입자의 성질 자체는 여전히 파악할 수 없다.

　사실 입자들은 아주 유별나다. 그러나 앞에서도 말했듯이 다행스러운 점은, 이 입자들이 유별나기는 하지만 모두 동일한 방식으로 유별나다는 것이다. 광자와 전자는 둘 다 우리가 이해할 수 있는 차원 밖에 존재하는 입자이지만, 그 존재 방식은 동일하다. 같은 성질을 지녔다는 말이다. 그래서 만약 우리가 때로는 파동이고 때로는 입자인 어떤 것에 이름을 붙인다면, 즉 그 같은 형태의 존재를 "블라블라"라고 부르자고 약속한다면, 광자와 전자는 둘 다 "블라블라"로 부를 수 있다. 물론 우리는 광자와 전자를 계속 입자라고 부르겠지만, 보통 "입자"라는 단어를 들었을 때에 떠올리는 것과는 다르다는 점을 염두에 두어야 하는 것이다(그래서 "소립자[素粒子, elementary particle]"라는 용어를 쓰기도 하는데, 우리는 그냥 입자라고 부르기로 하자). 물리학에서 말하는 공간 및 시간이 일상적으로 경험하는 공간 및 시간과 똑같지는 않은 것처럼, 지금 우리가 논하고 있는 입자는 일반적으로 입자라는 용어에 부여되는 정의로는 설명되지 않는다. "매우 작은 어떤 것"으로 정의되지 않는다는 뜻이다.

양자역학에서 말하는 입자는 우리가 보통 생각하는 입자가 아니라는 것, 이 사실을 받아들일 수 있어야 다음 내용으로 넘어갈 수 있다.

109. 이중 슬릿 실험

이중 슬릿 실험(double-slit experiment)은 아주 유명한 양자역학 실험 가운데 하나로, 이 실험을 보면 지금 우리가 이야기하고 있는 것의 성질이 우리로서는 얼마나 이해하기 힘든지 잘 알 수 있다. 실험방법은 비교적 간단하다. 우선, 테니스 공을 이용한 실험부터 시작해보자.

이 실험에는 테니스 공을 원하는 속도와 리듬으로 하나씩 쏠 수 있는 기계가 필요하다. 기계의 다리는 고정되어 있고, 따라서 다른 곳으로 옮길 수는 없다. 대신 기계를 좌우로 돌아가게 하면서 공을 쏘는 것은 가능하다. 기계에서 몇 미터 떨어진 곳에는 벽이 있고, 벽에는 센서가 장치되어 있다. 공의 속도는 날아가는 중간에 떨어지지 않고 그 벽을 때릴 수 있을 정도가 되게 맞춘다. 공이 벽을 때릴 때마다 해당 위치의 센서가 작동하고, 그래서 공이 어떤 위치를 때린 횟수는 자동으로 기록된다. 이 상태에서 기계를 좌우로 돌아가게 하면서 수백 개의 공을 쏠 경우, 벽 전체가 평균적으로 동일하게 타격을 받는 결과를 얻을 수 있다.

그럼 이제 기계와 벽 사이에 장애물을 하나 설치한다. 공이 충분히 통과할 수 있을 만큼의 구멍 A가 뚫어져 있는 "장애물 벽"을 세우는 것이다. 그런 다음 기계를 다시 좌우로 돌아가게 하면서 수백 개의 공을 쏜다고 해보자. 이때 대부분의 공은 장애물 벽에 맞아 튕겨나오겠지만, 몇 개는 구멍 A를 통과해서 뒤쪽 벽을 때릴 것이다. 따라서 공이 벽을 때리는 곳은 기계 및 구멍과 직선상에 놓이는 비교적 일정한 구역에 한정된다. 여기까지는 전혀 특별할 것이 없다.

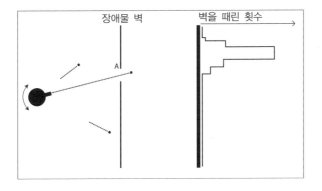

실제로 특별한 것은 전혀 없다. 공이 구멍의 중심에 가깝게 날아갈수록 구멍을 통과해서 벽을 때릴 확률이 높아지는 것은 당연하기 때문이다. 장애물 벽의 다른 위치에 구멍 B를 내고 실험을 해도 아주 비슷한 결과가 나올 것이다.

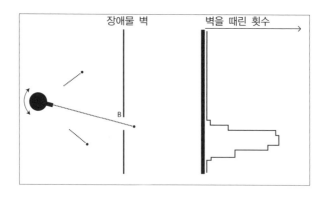

그렇다면 구멍이 A와 B 둘 다 있는 상태에서 같은 실험을 하면 어떻게 될까? 직관적으로 볼 때, 앞의 두 실험을 더한 결과가 나올 것으로 예상할 수 있다. 구멍 A와 직선상에 놓이는 곳과 구멍 B와 직선상에 놓이는 곳은 공을 많이 맞고, 다른 곳은 거의 맞지 않는 식으로 말이다. 테니스공이 구멍 A나 구멍 B를 통과하지 않을 경우, 장애물 벽에 튕겨나와서 뒤쪽 벽을 때리지 못하는 것은 지극히 당연한 현상이다.

공이 어디를 때리는지 낱낱이 관찰할 수 있을 만큼 느리게 쏘든 기관총을 쏘듯이 아주 빠르게 쏘든 간에, 공이 구멍 중 하나를 통과하면 직선으로 날아가 벽을 때리고 장애물을 통과하지 못하면 벽을 때리지 못하는 것에는 변함이 없다. 그리고 실제로 실험을 해도 그런 결과가 나온다.

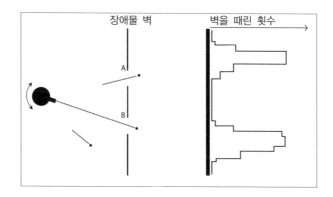

이 실험의 "입자 버전"이 바로 영국의 물리학자 토머스 영이 했던 그 유명한 이중 슬릿 실험이다. 영은 빛을 파동으로 보는 파동광학(波動光學, wave optics)의 선구자로서, 1801년에 실험을 통해서 파동광학에서 중요하게 간주되는 빛의 회절(回折, diffraction) 현상을 밝혀냈다.[*] 이해를 돕기 위해서 파동을 일으킬 수 있는 것, 즉 수면을 가지고 먼저 실험을 해보자.

실험방법은 다음과 같다. 수조에 맑은 물을 담고 수면이 고요해지도록 가만히 둔다. 수조 한쪽 끝에는 물의 최고 높이를 측정할 수 있는 센서가 장치된 벽을 세운다. 이때 측정 단위는 어떤 것으로 하든 상관없으며, 물의 높이 대신 수압을 측정해도 된다. 중요한 것은 어느 한 지점의 물의 높이나 수압이 올라가면 센서의 수치도 올라가는 것이다. 그리고 수조의 다른 한쪽 끝에는 수면에 물결을 자동으로 일으키는 금속판을 수조의 폭에 맞추어 장치한다. 물에 돌멩이를 던졌을 때에 생기는 것 같은 물결을 만들어주되, 물결의 리듬과 파동의 세기는 우리가 마음대로 조절할 수 있는 장치이다. 금속판의 폭이 수조의 폭과 같기 때문에 물결은 수조의 폭 방향으로 직선으로 생기면서 맞은편 벽 쪽으로 퍼져가게 되어 있다. 마지막으로, 벽과 금속판 사이에는 앞의 실험에서처럼 구멍 A가 있는 장애물 벽을 세운다. 자, 그럼 이제 파동을 일으켜보자. 그러면 물결은 아주 평행하게 구멍 A까지 퍼져가다가 A에서부터 회절 현상을 일으킨다. 파동이 구멍을 통과하면서부터 원을 그리며 나아가는 것이다. 이때 벽의 센서의 수치는 앞의 실험과 조금은 비슷하게 구멍과 바로 마주한 곳에서 높게 올라간다. 물론 이 실험은 파동으로 하는 것이고, 따라서 그 수치는 주변으로 갈수록 곡선을 그리면서 낮아진다.

앞의 실험에서처럼 구멍 A 대신 구멍 B로 실험하면 비슷한 곡선이 그려

---

[*] 『대단하고 유쾌한 과학 이야기』 제1권, 제6장 참조.

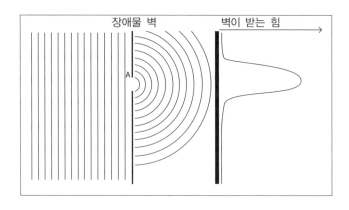

지되, 이번에는 구멍 B와 바로 마주한 곳에 정점이 생긴다. 그렇다면 구멍이 A와 B 둘 다 있으면 어떤 결과가 나올까? 우선 생각하기에는 앞의 실험과 동일한 결과를 기대해볼 수 있을 것이다. 구멍 중 어느 한 곳과 직선상에 놓이는 두 곳에서 수치가 높게 나타날 것이라고 말이다. 그러나 실제 실험을 해보면 토머스 영이 1801년 실험에서 확인한 것과 같은 뭔가 특이한 현상이 발생한다. 파동의 작용에 따른 특유의 간섭(干涉, interference) 무늬가 나타나기 때문이다. 구멍 A에서부터 생긴 물결이 구멍 B에서부터 생긴 물결과 만났을 때, 파동들이 상대적 위치에 따라서 서로 중첩되기도 하고 상쇄되기도 하면서 나타나는 결과이다.

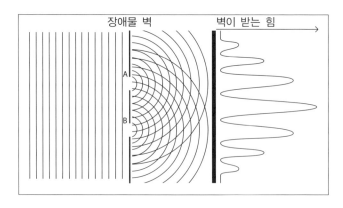

이와 같은 간섭 무늬는 파동이 보여주는 아주 전형적인 현상이다.

그럼 이제 테니스 공이나 물이 아니라 양자역학의 세계에서 온 입자를 가지고 실험할 차례이다. 토머스 영은 광자로 실험을 했고, 실험에서 나온 간섭 무늬가 빛이 파동임을 보여주는 증거라는 결론을 내렸다. 우리는 전자총을 가지고 실험을 할 것이다. 테니스 공을 쏘는 기계처럼 좌우로 돌아가게 하면서 전자를 원하는 속도로 하나씩 쏠 수 있는 전자총이다. 대신 이 실험에서 장애물 벽의 구멍은 좁은 틈새, 즉 슬릿으로 대체된다.

전자는 작은 구슬?

우선 슬릿이 하나만 있는 실험부터 해보자. 전자는 꽤 빠른 속도로 쏘는 조건이다. 이 경우 뒤쪽 벽에서 탄착점, 즉 전자들이 충돌하여 생긴 흔적은 슬릿과 직선상에 위치한 곳을 중심으로 나타난다. 다음 그림과 비슷하게 말이다.

그리고 슬릿 A 대신 슬릿 B로 같은 실험을 하면, 이번에는 다음 페이지 위의 그림과 비슷한 결과가 나온다.

그렇다면 슬릿 두 개를 다 열었을 경우, 전자가 입자처럼 작용한다면 다음 페이지 아래의 그림과 같은 결과를 기대할 수 있을 것이냐.

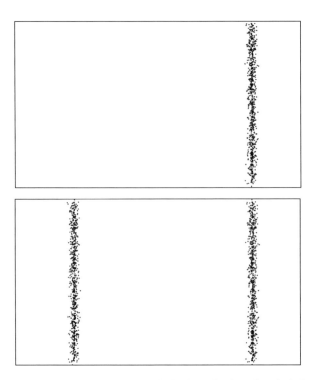

그러나 실제 실험에서는 그런 결과가 나오지 않는다. 앞에서 이미 말했듯이 광자와 전자는 같은 식으로 작용하며,* 그래서 이 실험에서는 간섭무늬가 만들어지는 결과를 얻게 된다.

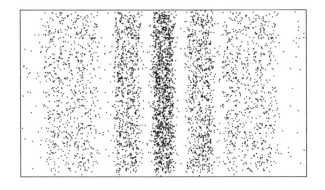

* 이번 장은 조금 복잡하니까 집중해서 따라오시길.

자, 무슨 상황인지 이해했을 사람들도 있겠지만, 정리를 해보면 다음과 같다. 만약 전자가 파동이라면, 탄착점은 생기지 않았을 것이다. 그러나 또 만약 전자가 작은 구슬 같은 것이라면, 간섭 무늬가 생길 이유는 없다. 때로는 입자처럼 작용하고 때로는 파동처럼 작용하는 전자의 복잡한 성질을 아주 잘 보여주는 예인 것이다. 그럼 전자의 성질을 조금 더 알아보기 위해서, 이번에는 전자를 느리게 쏘면서 실험을 해보자.

전자는 파동?

전자를 천천히 쏘면서 충돌 위치를 하나하나 정확히 확인해가면서 실험할 경우, 슬릿이 하나만 있을 때는 예상한 대로의 결과가 나온다. 슬릿과 직선상에 놓이는 구역에 탄착점들이 나타난다는 말이다. 그렇다면 슬릿이 두 개인 상태에서 전자를 충분한 간격을 두고 하나씩 쏘면 어떤 결과가 나올까? 이 경우 점이 하나씩 찍히면서 무늬가 만들어진다는 차이는 있지만, 앞의 실험에서와 정확히 똑같은 간섭 무늬가 나타난다. 그리고 바로 여기서 문제가 제기된다.

전자가 파동처럼 작용한다면, 무더기로 거의 동시에 쏘았을 때 전자들이 서로 간섭을 일으키는 것은 당연하다. 그런데 어째서 하나씩 쏠 때도 간섭이 발생하는 것일까? 하나씩 날아가는 전자가 무엇과 간섭을 일으킨다는 말인가? 자기 자신과? 바로 앞에 날아가서 벌써 도착한 전자와? 바로 다음에 날아갈 아직 출발하지 않은 전자와? 어느 쪽이든 말이 되지 않는다.

실제로 전자를 파동으로 생각하면 그 어느 답도 말이 되지 않는다. 파동은 자기 자신과 간섭을 일으키는 것이 아니라 다른 파동과 간섭을 일으키기 때문이다. 하지만 그렇다고 전자를 작은 구슬로 생각하면 간섭 무늬

자체가 나타날 수 없다. 그렇다면 전자를 도대체 뭐라고 해석해야 할까? 양자역학적인 "무엇", 우리로서는 이해할 수 없는 "무엇", 알려진 그 어떤 것과도 닮지 않은 "무엇"으로 해석해야 한다. 다른 해석은 존재하지 않기 때문이다.

아니, 사실은 다른 해석이 존재한다. 전자가 두 슬릿을 동시에 통과할 수 있다고 본다면, 전자는 파동으로서 스스로와 간섭을 일으킬 수 있다. 물론 내가 생각해도 이 해석은 하늘에서 갑자기 뚝 떨어진 것처럼 보이고 현실성도 떨어지는 듯하다. 그러나 수학적으로는 문제될 부분이 없는 것이 사실이다. 그러니까 일단 그럴 수도 있다고 해보자. 이 경우 전자가 어느 슬릿으로 통과하는지 알아낼 수만 있으면, 그 해석이 옳은지 옳지 않은지 판단이 가능하다. 그리고 정말 다행스럽게도 전자가 어디로 통과하는지는 꽤 쉽게 알아낼 수 있다. 각각의 슬릿 바로 뒤에서 전자가 슬릿 A와 B 가운데 어디로 통과하는지 관찰만 하면 되기 때문이다. 실험방법은 간단하다. 우선 슬릿 각각의 출구에 빛을 비춘다. 다시 말해서 광자를 쏜다는 말이다. 따라서 전자가 슬릿을 통과하면 그 전자와 충돌한 광자들이 산란을 일으키게 되고, 그 결과 카메라 플래시를 터뜨린 것 같은 섬광이 나타난다. 그 섬광이 센서에 기록되게 하면 전자가 A를 통과했는지 B를 통과했는지, 아니면 A와 B를 동시에 통과했는지 확인할 수 있다.

짙어지는 미스터리

그럼 바로 실험을 해보자. 슬릿은 두 개를 두고, 전자는 하나씩 쏘고, 전자를 쏠 때마다 그 전자가 슬릿 A와 B 가운데 어디로 통과하는지 센서로 기록하는 실험이다. 이 경우 전자는 때로는 A를 통과하고 때로는 B를 통과하는 것으로 확인이 된다. 대신 두 슬릿을 동시에 통과하는 일은 절대 없다. "100퍼센트의 전자가 첫 번째 구멍이나 두 번째 구멍 중 어느 하나로 통과한다"는 파인먼의 설명처럼,[*] 두 슬릿을 동시에 통과하는 전자는 분명히 없다. 그렇다면 이 실험에서 문제의 간섭 무늬는 어떻게 될까? 간섭 무늬에 변화가 생겼다면, 우리는 그것을 어떻게 설명해야 할까? 일단 실험 결과는 다음의 그림처럼 나온다.

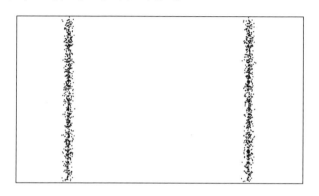

보다시피 간섭 무늬는 나타나지 않는다. 전혀. 전자가 어떤 슬릿을 통과하는지 정확히 관찰하면 파동으로서의 작용이 사라지는 것이다. 이 현상을 어떻게 설명해야 할까? 설명은 부분적으로 가능하다. 여기서 내가 "부분적"이라고 말하는 이유는 우리로서는 이해할 수 없는 부분이 여전히 남아 있기 때문이다.

그럼 여기서 잠깐, 지금까지의 내용을 또 정리해보자.

슬릿이 하나만 있을 때 전자들은 구슬처럼 작용한다. 슬릿이 두 개 있을 때는 탄착점을 보면 일정한 위치를 가진 구슬처럼 작용하는 것으로 보이지만, 간섭 무늬를 보면 파동으로 작용하는 것처럼 보인다. 게다가 간섭 현상은 전자들을 하나씩 천천히 쏠 때도 나타나며, 그래서 마치 각각의 진지가 두 슬릿을 동시에 통과하는 것 같다고 생각하게 만든다. 그러

---

[*] *The Character of Physical Law*, Richard Feynman, Lecture 6, 1964년 11월 9–19일.

나 전자가 어떤 슬릿으로 통과하는지 정확히 관찰하는 순간 간섭 현상은 사라지고, 전자들은 슬릿이 두 개 있어도 오로지 구슬처럼 작용한다. 마치 전자를 관찰했다는 사실 자체가 전자의 성질까지는 아니더라도 최소한 그 작용에 변화를 일으킨 것처럼 말이다.

양자역학에서 말하는 입자는 입자도 아니고 파동도 아님을 증명하기 위한 논거가 단 하나 필요하다면, 이 실험이 바로 그 논거가 될 수 있을 것이다. 그렇다면 실험에서 일어난 현상을 어떻게 이해해야 할까? 파동-입자 이중성(wave-particle duality)이 존재하든 존재하지 않든, 어떻게 동일한 실험으로 완전히 다른 두 개의 결과가 나올 수 있을까? 설명이 불가능한 현상일까? 아니, 충분히 설명이 가능하다. 물론 복잡한 설명이지만, 그리고 설명을 들어도 입자의 성질이 크게 와닿지는 않겠지만, 그래도 설명을 듣고 나면 입자를 관찰하는 일이 그 작용을 마법처럼 변화시킨다는 식의 생각은 더 이상 하지 않게 될 것이다. 여기서 내가 "마법처럼"이라고 말한 것은 괜한 소리가 아니다. 사람들이 문제의 현상을 두고 이렇게 말하는 것을 자주 들었기 때문이다. "우리가 자기를 관찰하는 걸 입자가 어떻게 알아요? 말도 안 돼, 안 그래요?" 아니, 말이 된다.

양자역학적 측정의 문제

전자가 두 슬릿 중에서 어느 하나를 통과할 때, 그 존재를 포착하려면 어떻게 해야 할까? 슬릿 바로 다음에 스크린을 설치해서 전자의 충돌을 확인하는 방법은 사용할 수 없다. 스크린을 놓으면 전자가 뒤쪽 벽까지 도달할 수 없으니까. 그럼 어떻게 해야 할까? 앞에서 말했듯이 빛을 비추면 된다. 이때 빛을 이루고 있는 광자들은 전자를 만나지 않는 이상 제 갈 길을 조용히 간다. 그러나 전자와 만나는 순간 광자들은 산란을 일으키며, "무엇인가"가 광자들의 여정을 방해했다는 사실이 센서에 기록된다. 그 "무엇인가"는 우리의 전자이고 말이다. 아주 간단히 말하면, 슬릿의 출구에 빛을 비추어서 전자가 나오는지 아닌지를 관찰한 것이다. 테니스 공을 이용한 실험에서는, 구멍마다 관찰자를 세워놓고 공이 통과하는 순간 큰소리로 알리도록 한 것이라고 보면 된다(테니스 경기의 선심을 생각하면 되겠다. 공이 라인을 벗어났음을 알려주는 목청 좋은 분들 말이다). 물론 어둠 속에서는 관찰자가 제 역할을 할 수 없기 때문에 관찰하려는 곳에 빛을 비추어야 한다. 따라서 차원은 달라도 실험방법은 정확히 똑같다.

그런데 한 가지 차이점이, 그것도 아주 중요한 차이점이 있다. 알다시피 날아가는 테니스 공에 빛을 비춘다고 해서 테니스 공의 궤적이 어떤 영향을 받지는 않는다. 그러나 전자가 날아가던 도중에 광자와 부딪친 경우, 그로 인해서 아무 영향도 받지 않는다고 할 수 있을까?

양자역학적 차원에서의 측정이 제기하는 문제가 바로 그 점에 있다. 입자에 대한 실험 도중에 조금이라도 관찰을 하려면 그 입자에 영향을 미치는 입자를 개입시켜야 하는 것이다. 그 결과 실험은 당연히 영향을 받게 되며, 따라서 마법 같은 일은 전혀 아니다. 전자에 빛을 비추는 것은 거시적 차원에서는 구멍을 통과하는 테니스 공에 총을 쏘는 것과 같은 일인 셈이다. 그런데 전자를 관찰했을 때, 하나의 전자가 두 슬릿을 동시에 통과하는 일이 없다고 해서 전자를 관찰하지 않을 때도 그런 일이 없다고 자신할 수 있을까? 그렇다면 간섭 무늬가 나타나는 이유는 어떻게 설명해야 할까?

이 질문에 대한 답은 다음과 같은 방식으로 접근해볼 수 있을 것이다. 슬릿의 출구에서 전자를 관찰하지 않으면 간섭이 발생하고, 전자를 하나도 놓치지 않을 만큼 충분히 자세히 관찰하면 간섭은 발생하지 않는다.

그렇다면 전자를 "덜 자세하게" 관찰하면 전자에 영향을 적게 미치게 될까? 그때는 두 개의 줄무늬에서 간섭 무늬로 옮겨가는 형태의 무늬를 보게 될까?

　문제는 빛 역시 양자역학적인 방식으로 작용한다는 것이다. 그래서 전자에 빛을 덜 세게 비춘다는 것은 광자를 적게 쏜다는 것을 의미한다. 그리고 광자를 적게 쏘면 지나가는 전자를 놓칠 우려가 있다. 따라서 빛을 충분히 약하게 비추면서 전자를 하나씩 쏠 경우에는 때로는 전자가 슬릿 A나 B 중에서 어디를 통과하는지 포착할 수 있지만, 또 때로는 전자가 어느 슬릿으로 통과했는지 확인하지 못한 채로 뒤쪽 벽에 충돌하는 것을 (빛이 약할수록 더 많이) 보게 된다. 그러나 전자들이 뒤쪽 벽에 충돌하는 것은 어쨌든 볼 수 있고, 그래서 관찰한 전자들에 의한 무늬와 관찰하지 못하고 놓친 전자들에 의한 무늬를 구별할 수는 있다. 이 경우 슬릿을 통과할 때에 포착된 전자들은 뚜렷이 구분되는 두 개의 줄무늬를 만들고, 슬릿에서 놓친 전자들은 간섭 무늬를 만드는 것으로 확인된다.

결론은?

　이 실험에서 우리는 어떤 결론을 끌어낼 수 있을까? 과학이 언제나 전제로 내세우는 것은 어떤 물리 현상이든 설명할 수 있어야 한다는 것이다. 그 모든 메커니즘을 충분히 알지는 못한다고 하더라도 말이다. 예를 들면, 동전 던지기를 한다고 해보자. 이때 우리는 동전이 앞면으로 떨어질지 뒷면으로 떨어질지 예측할 수 없다. 그러나 예측이 불가능한 이유가 너무 많은 변수들이 개입하기 때문이라는 것은 잘 알고 있다. 그래서 공기의 성분과 요동, 동전 표면의 요철, 동전이 던져지는 순간의 정확한 움직임 등을 따져보면, 동전이 어떤 면으로 떨어질지 알려줄 방정식을 세우는 일은 이론적으로 가능하다. 게다가 동전 던지기에 개입되는 모든 변수들을 정확히 제어할 수 있다면, 그리고 매번 같은 조건에서 정확히 같은 방식으로 동전을 던질 수 있다면, 어떤 면으로 떨어질지 예측도 할 수 있을 것이다. 우리는 원인이 같으면 결과도 같다는 생각에 익숙해져 있으며, 실제로도 그럴 때가 많다. 그러나 이중 슬릿 실험은 그렇지 않은 경우도 있음을 보여준다. 이중 슬릿 실험에서 우리는 전자를 관찰하지 않고는 그것이 어떤 슬릿으로 통과할지 정확히 예측할 수가 없다. 예측할 수 있는 경우에는 간섭 무늬가 사라지고 말이다. 양자역학이 과학에서 처음으로 확률(確率, probability)을 토대로 삼은 분야는 물론 아니지만(확률을 토대로 하는 대표적인 분야는 열역학이다), 그 토대 자체가 확률적이라고 말할 수 있는 분야는 양자역학이 처음이다. 양자역학에서는 확실한 것은 아무것도 없으며, 모든 것이 다소간 가능성을 가질 뿐이다. 우리가 몰라서도 아니고, 극복할 수 없을 만큼 복잡해서도 아니다. 그저 양자역학을 이루고 있는 것 자체가 그런 성질의 것이다. 많은 사람들이 양자역학을 불편해하는 것도 바로 그 때문이다(뒤에서 보겠지만 아인슈타인도 양자역학의 확률적 성격을 못마땅하게 여겼다).

110. 코펜하겐

여러분은 이번 장의 제목을 보고 도시의 이름이 아니냐는 생각을 하고 있을 것이다. 하지만 지금 나는 양자역학 이야기를 하다 말고 느닷없이 도시 이야기를 하려는 것이 아니다. 그럼 무슨 이야기냐고? 어서 내용으로 들어가보자.

매력적인 도시 코펜하겐

그래도 이름이 나왔으니까 코펜하겐이라는 도시에 대해서 몇 마디는 하고 지나가자. 코펜하겐은 덴마크의 수도이자 덴마크에서 가장 큰 도시이다(덴마크어로는 "쾨벤하운"이라고 한다). 셸란 섬 동쪽 해안에 위치해 있으며, 외레순 다리를 통해서 스웨덴 말뫼와 연결되어 있다. 현재(2016) 코펜하겐 시장을 맡고 있는 인물은 사회민주당의 프랑크 옌센이고, 이전 시장은 코펜하겐 출신의 여성 정치가로서 역시 사회민주당 소속인 리트 비에르가르트이다.

여기서 말하는 코펜하겐은 코펜하겐 학파(Copenhagen School) 또는 코펜하겐 해석(Copenhagen interpretation)이라고도 불리는 것과 관계가 있다. 그리고 거기에 코펜하겐이라는 지명이 들어간 이유는 닐스 보어를 중심으로 하이젠베르크와 파울리 같은 사람들이 속해 있던 물리학 연구소가 바로 코펜하겐에 위치해 있기 때문이다. 그럼 그 연구소는 지금 이 맥락에서 왜 나왔냐고?

그 연구소에서 활동한 뛰어난 과학자들이 양자역학의 토대를 마련했기 때문이다. 오늘날 인류가 고안한 가장 복잡한 과학 이론이자 가장 완성된 과학 이론으로서 지금도 계속 발전 중인 양자역학은 바로 그 토대를 바탕으로 세워진 것이다.

코펜하겐 해석에는 우리가 앞의 장에서 살펴본 내용이 요약적으로 담겨 있다. 우선, 양자역학은 무엇보다도 형식적이고 수학적인 틀이다. 따라서 물질의 일부 작용을 이해하기 위한 도구일 뿐, 그 작용의 실제적인 모습과는 혼동하지 않는 것이 좋다. 달리 말해서, 양자역학은 추상적이면서도 우아한 수학 방정식 모음 같은 것이다. 이 방정식들을 이용해서 물질의 작용을 일반화할 수 있지만, 그렇다고 그 방정식들이 실재 세계를 묘사하고 있다고 생각하면 안 된다는 뜻이다. 더구나 양자역학의 세계에는 우리의 과학적 관례가 더 이상 통용되지 않는 차원이 존재한다. 그래서 과학적 방법론을 잘 아는 관찰자라도 양자역학적 차원에서는 자신이 관찰하는 것에 대해서 명확한 주장을 할 수 없다. 물론 거시적 차원의 과학적 관찰과 측정은 인간의 감각을 이용한 것이든 기계를 이용한 것이든 간에 관찰 대상에 큰 영향을 미치지 않는 것으로 간주된다. 그러나 양자역학적 차원에서는 그렇지 않으며, 그런 것으로 간주될 수도 없다. 어떤 대상을 기술한다고 할 때, 그 대상과는 무관한 위치에서 그 어떤 영향도 미치지 않으면서 기술하는 일은 불가능하기 때문이다. 코펜하겐 해석의 직접적인 결과 가운데 하나는 두 관찰 사이에 일어날 수 있는 일을 정확히 기술하기가 불가능하다는 것이다. 그래서 두 관찰 사이에 일어나는 일은 일련의 가능태(可能態)로만 존재하며, 가능태들의 중첩 상태는 관찰 순간에 즉각 붕괴된다("파속[波束, wave packet]의 붕괴"라고 말한다*). 그리고 그 가능태들에 대한 지식의 한계를 두고 불확정성(uncertainty) 또는 더 정확히는 비결정성(indeterminacy)이라고 부른다.

111. 과학사의 한 페이지 : 베르너 하이젠베르크

베르너 하이젠베르크는 어떤 드라마**를 통해서 더욱 유명해진 20세기 초 독일의 물리학자로, 양자역학 이야기가 나오면 닐스 보어나 에르빈 슈뢰딩거 같은 이들과 함께 꼭 거론되는 인물이다. 1932년에는 양자역학을 창

---

* 178쪽 참조,
** 미국 드라마 「브레이킹 배드」(2008-2013)에서 주인공이 사용하는 가명 "하이젠버그"는 하이젠베르크의 영어 발음이다.

막스 보른과 파동함수(波動函數, wave function)

막스 보른에 대해서 잠깐만 살펴보고 넘어가자(이 인물을 이런 식으로 소개하는 것은 예의가 아님을 나도 잘 알지만, 책의 분량 때문에 내린 선택이니까 이해해주기를 바란다). 독일의 물리학자 막스 보른은 양자역학의 창시자 중 한 명으로, 입자의 상태를 나타내는 "파동함수"라는 것에 대한 해석이 바로 보른의 업적이다.

여러분도 이제 알겠지만(내가 여러분 귀에 못이 박히도록 말했으니까) 양자역학에서 말하는 입자는 입자나 파동 가운데 어느 하나로 볼 수 없고, 입자인 동시에 파동으로도 볼 수 없다. 그리고 그 작용을 기술하는 방정식들도 때로는 입자의 작용을 기술하는 것으로 읽히고, 또 때로는 파동의 작용을 기술하는 것으로 읽힌다. 그런데 막스 보른은 파동함수의 속성 중 하나(절댓값의 제곱)를 입자가 특정 위치에 존재할 확률의 밀도로 해석할 수 있음을 알았다. 앞에서 본 이중 슬릿 실험으로 이야기하면, 간섭 무늬를 보면 전자가 벽의 특정 위치에 충돌할 확률을 알 수 있다는 말이다. 따라서 관찰되기 이전의 입자는 "붕괴되지 않은 물질-에너지 덩어리"로서 그 정확한 위치가 가능태로 머물지만, 입자에 결부된 파동을 이용하면 그것이 관찰 순간에 특정 위치에 존재할 확률을 알 수 있다. 예를 들면, 어떤 특별한 상황에서 어느 입자가 특정 위치에 존재할 확률이 10퍼센트라면, 동일한 상황에서 관찰을 수천 번 했을 때(실제로는 완전히 동일한 상황에 놓일 수 없지만) 관찰의 10퍼센트는 그 특정 위치에서 문제의 입자가 관찰된다. 보른의 해석은 수학적 쾌거이기도 하지만, 양자역학의 주요 방정식 가운데 하나를 처음으로 "현실적으로" 해석했다는 데에 큰 의미가 있다.

시한 공로로 노벨 물리학상을 수상했다(수상식이 연기되어 상은 1933년에 수여되었다/역주).

하이젠베르크의 업적은 여러 뛰어난 연구를 했다는 것으로 요약할 수 있을 것이다. "뛰어난"이라는 단어로는 그 연구들이 얼마나 뛰어난 것인지 제대로 설명할 수 없지만 말이다. 하이젠베르크는 스물두 살에 박사 학위

잘못된 명칭

"불확정성 원리(uncertainty principle)"는 일반적으로 쓰는 명칭이기는 하지만 사실 잘못된 명칭이다. 이 원리에서 말하는 것은 불확정성(uncertainty)이 아니라 비결정성(indeterminacy)이기 때문이다. 문제의 발단은 독일어를 영어로 잘못 옮긴 과정에서 찾아야 할 것이다. 실제로 하이젠베르크는 불확정성과 부정확성*이라는 용어를 거의 구별 없이 사용했지만, 나중에는 더 명확하게 비결정성**이라는 용어로 바꾸려고 했다. 그러나 논문은 이미 영어로 번역된 뒤였고, 그래서 불확정성이라는 용어로 알려지게 되었다.

를 땄고(이것만 봐도 그의 뛰어남을 알 수 있다), 막스 보른의 조수로 일하다가 닐스 보어의 조수로 들어갔다. 알맞은 때에 알맞은 장소에 있었던 셈이다.***

하이젠베르크와 관련하여 또 하나 주목할 사실은, 행렬(行列, matrix)에 대한 특별한 지식이 없었는데도 행렬 연구에 뛰어들어 혼자서 해당 분야의 지식을 재발견하는 공을 세웠다는 것이다. 기하학적 지식이 전혀 없는 사람이 혼자서 삼각형을 연구해서 유클리드 기하학을 재정립한 것과 조금은 비슷하다.

하이젠베르크는 1925년에 행렬 계산에 근거해서 양자역학의 수학적 형식화를 처음 내놓았다(슈뢰딩거 역시 같은 일을 했는데, 대신 슈뢰딩거가 근거로 삼은 것은 미분이다****). 그리고 1927년에는 그 유명한 "불확정성 원리"를 발견한다(사실 "비결정성 원리"라고 부르는 것이 맞지만 많이 알

---

* 독일어로는 각각 Unsicherheit와 Ungenauigkeit.
** Unbestimmtheit.
*** 뒤에서 보겠지만, 보어와 하이젠베르크가 이후 다른 문제를 놓고 대립각을 이룬다는 점에서는 얄궂은 운명이었다.
**** 슈뢰딩거는 나중에 두 형식화가 등가라는 것을, 따라서 하나에서 출발하면 다른 하나가 나온다는 것도 보여주었다.

려진 표현대로 "불확정성 원리"로 부르기로 하자).

불확정성 원리가 말하는 내용은 다음과 같다. 각각의 입자는 내재적인 것이든 아니든 간에 얼마간의 정보를 가진다. 질량, 전하, 위치, 속도 등을 두고 하는 말이다. 그런데 불확정성 원리에 따르면, 그 정보들 중에는 동시에 둘을 정확히 측정할 수 없는 정보들이 존재한다(여기서 "동시에"는 "동일한 관찰이나 측정으로"의 뜻으로 이해하면 된다). 짚고 넘어가자면, "정확히 측정한다"는 말은 하이젠베르크가 쓴 표현이 아니라 내가 설명을 간단히 하기 위해서 쓴 것이다. 하이젠베르크는 그보다 더 자세한 표현을 썼다. 이 원리는 수학 방정식에서 나온 것이기 때문이다. 어쨌든 여기서 핵심은, 일부 정보의 경우 두 가지를 동시에 알려고 할 때, 측정의 정확성에 한계가 따른다는 사실이다.* 한 가지 정보만 측정할 때는 문제가 없으나, 특정한 두 가지 정보를 동시에 측정할 때는 문제가 되는 것이다. 가령 입자가 어디에 있는지 또는 어떤 속도로 움직이는지는 정확히 알 수 있어도, 그 위치와 속도를 동시에 정확히 알 수는 없다.

이해를 돕기 위해서 비유를 들어 설명하는 편이 좋겠다.

호수 표면의 물결을 관찰해서 그 파장과 정확한 위치를 동시에 알 수

---

* 수학을 좋아하는 독자를 위해서 말하면, 이 한계는 $h/4\pi$라는 식으로 표시된다(h는 플랑크 상수).

있다고 하자. 일단 파장을 알기는 아주 쉽다. 물결의 파동을 관찰하면서 그 꼭대기와 꼭대기, 즉 두 정점 사이의 거리를 측정하면 그 값이 파장에 해당한다.

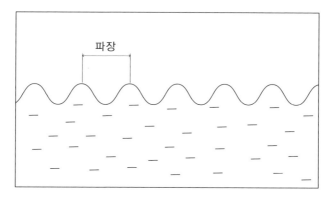

따라서 물결의 파장은 정확하게 측정할 수 있다. 하지만 위치의 경우, 물결의 파동이 정확히 어디에 위치한다고 말하기는 불가능하다. 거의 곳곳에 동시에 위치하기 때문이다.

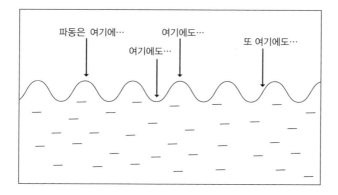

물결의 파장은 측정할 수 있지만 그 위치는 측정할 수 없는 것이다. 그렇다면 수면에 진동이 한 번만 생긴 경우는 어떨까? 진동이 아주 국소적으로 나타났다면? 이때는 그 파동의 위치를 정확히 알아내는 일이 진직으

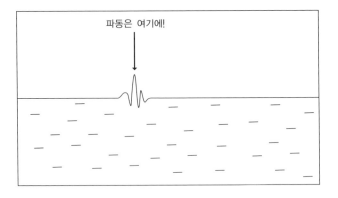

파동은 여기에!

로 가능하다.

그럼 이 경우에 그 파장도 측정할 수 있을까? 주기적인 진동이 없는 경우, 파장을 측정하는 일은 불가능하다. 특정한 두 가지 정보를 동시에 정확히 측정할 수 없는 사례에 해당하는 것이다. 물론 두 가지를 동시에 측정할 수 있는 정보들도 존재한다. 불확정성 원리는 그런 일이 불가능하다고 말하는 것이 아니다. 불확정성 원리가 말하는 내용은 (전부가 아니라) 일부 정보에 대해서는 두 가지를 동시에 정확하게 측정하기가 불가능하다는 것이다. 예를 들면 입자의 경우, 그 위치와 운동량을 동시에 정확히 알 수는 없다.

하이젠베르크의 원리에 따르면, 입자의 운동량 변화를 측정하는 동시에 그 위치 변화를 측정할 경우에 두 변화량의 곱은 어떤 측량 도구를 쓰든 정해진 한계보다 항상 크게 나온다.* 이 말이 의미하는 것은, 입자의 위치나 운동량 가운데 어느 하나는 절대로 정확히 측정할 수 없다는 것이다 (경우에 따라서 어느 한 변화량이 0이면 두 변화량의 곱은 0이 되기 때문에 문제의 원리가 적용되지 않는다). 측정의 부정확성은 양자물리학 이론에 내재된 특성이다. 새로운 모형이 등장해서 실험으로 확인된 사실을 재

---

* 앞에서 말한 h/4π보다 항상 크게 나온다.

운동량(momentum)

운동량에 관해서는 제1권에서 이미 살펴보았지만,[*] 기억을 되살리는 의미에서 짧게만 알아보고 지나가자. 운동량이란 말 그대로 "운동의 양"으로서, 운동 중인 물체에 대해서 그 질량과 속도를 곱한 값으로 계산된다. 전혀 현실성이 없는 값처럼 보일 수도 있으나, 이 값을 통해서만 설명할 수 있는 속성이 존재한다. 예를 들면, 활주로를 시속 20킬로미터로 달리는 비행기가 있고, 같은 활주로를 역시 시속 20킬로미터로 구르는 테니스 공이 있다고 하자. 이때 우리는 당연히 두 물체가 같은 속도로 이동한다고 말할 수 있다. 그러나 비행기가 테니스 공보다 질량이 훨씬 더 크고, 따라서 비행기를 움직이는 데에 더 많은 작용이 개입한다. 테니스 공을 전진시킬 때에 비해서 비행기를 전진시킬 때에 훨씬 더 많은 에너지, 많은 힘, 많은 무엇인가(과학적인 관점에서는 부적절한 용어이지만)가 필요한 것이다. 운동량을 통해서 설명할 수 있는 것이 바로 그 무엇인가의 양이다.

검토하지 않는 이상(그러니까 오늘내일 될 일은 아니다), 우리로서는 양자물리학적 현상을 언제나 부분적으로밖에 파악할 수 없다.

주제에서 조금 벗어난 내용이기는 하지만 완전히 무관하지는 않은 한 가지 사실을 짚고 넘어가자. 지금 우리는 어떤 정확한 순간에 입자의 위치나 속도를 측정하는 문제를 이야기하고 있고, 따라서 입자 차원에서 공간이나 시간이 어떤 것인지에 대해서 질문을 던져볼 필요가 있다. 입자 차원의 공간과 시간은 어떤 것일까? 우리에게 익숙한 "고전적인" 개념일까? 물론 그렇지 않다. 지금 내가 이 이야기를 꺼낸 이유는 다음 장에서 살펴볼 주제 때문이기도 하지만, 실제로 입자 차원의 공간 및 시간의 개념을 우리가 잘 아는 공간 및 시간의 개념과 동일한 것으로 생각하는 사람들이 있기 때문이다. 그렇게 생각하니까 양자물리학이 거의 마법처럼 보이는 것이다.

---

[*] 『대단하고 유쾌한 과학 이야기』 제1권, 제52장 참조.

112. 양자 상태의 중첩

자, 이번 장의 제목에서 여러분에게 문제가 되지 않는 단어는 "의" 하나밖에 없을 것이다. 그러므로 무엇인가의 중첩을 논하기에 앞서, 그 무엇인가가 무엇인가부터 정확히 알아보기로 하자.

고전물리학("비양자역학적인" 물리학이라는 의미에서)의 계(系, system)는 **결정론적인** 것으로 규정할 수 있다. 충분한 측정 도구만 있으면 매순간 계의 상태를 측정해서 결정지을 수 있기 때문이다. 예를 들어보자. 경사면 위로 구슬을 굴린다고 할 때, 우리는 매순간 구슬의 위치와 속도뿐만 아니라 구슬의 질량과 부피, 알베도(albedo),* 온도 등을 알 수 있다. 이정보들을 안다는 것은 문제가 되는 계의 상태를 안다는 뜻이다. 그런데 앞에서 보았듯이, 양자역학에서는 결정론적인 성질이 사라진다. 양자역학적 현상은 이런저런 방식으로 일어날 다소간의 확률을 가지는 것으로 설명되기 때문이다. 그러나 양자역학의 방정식을 이용하면 그 확률을 알아내는 일은 가능하다. 주사위를 던질 때 어떤 면이 나올지 미리 알 수는 없어도, 점이 1개에서부터 6개까지 있는 각각의 면이 나올 확률이 얼마나 되는지는 알 수 있는 것과 마찬가지이다.

양자역학은 그런 주사위와 비슷하다. 전자를 관찰하지 않는 이상 그 전자가 정확히 어디에 있는지 알 수 없지만, 이 위치에 있을 확률은 10퍼센트이고 저 위치에 있을 확률은 20퍼센트라는 식으로 아는 것은 가능하다. 게다가 우리는 전자의 질량과 전하량을 알고 있으며, 그 외에도 결정적이거나 확률적인 많은 정보를 알 수 있다. 바로 이러한 일련의 정보를 두고 그 전자에 의해서 형성된 계의 "양자 상태(quantum state)"라고 부른다. 더 복잡

---

* 빛을 반사하는 정도.

한 경우 양자 상태는 여러 입자들로 이루어진 계 전체에 의해서 형성된다.

양자 상태의 일부는 분명하게 결정되지 않는다. 가령 어떤 특정 상태에 있는 전자는 여기 있을 수도 있고 저기 있을 수도 있기 때문이다. 그래서 공식적으로는 그런 상황에 적합한 수학적 표기법을 이용해서 양자 상태를 좀더 정확하게 나타낸다. 전자가 질량과 전하 등을 가지면서 여기에 있는 경우에 대한 양자 상태("가능한 양자 상태"라고 말한다)와 같은 전자이지만 저기에 있는 경우에 대한 양자 상태를 모두 고려하는 것이다.

우리가 전자를 실제로 관찰하지 않는 이상, 그 두 양자 상태는 둘 다 "존재할" 확률을 가진다. 그래서 두 양자 상태는 중첩의 형태로 공존하는 것으로 간주되는데, 그것을 두고 양자 상태의 중첩(superposition : 겹침이라고도 번역한다)이라고 말한다.

수학적으로 표기하면 양자 상태 E는 다음처럼 나타낼 수 있다.[*]

$$|E>$$

그래서 상태 A가 20퍼센트 가능하고 상태 B가 80퍼센트 가능하다면, 전체 양자 상태 E는 다음처럼 표현된다.

$$|E> = \frac{20}{100}.|A> + \frac{80}{100}.|B>$$

이 공식은 수학자들이 정한 약속이다. 그리고 이를 해석할 때는 오해가 없도록 주의해야 한다. 여러 상태가 가능하다는 의미일 뿐, 그 여러 상태가 동시에 존재한다는 의미가 아니기 때문이다. 양자역학적 계는 사실상 단 하나의 상태로만 존재한다. 수학적으로는 여러 상태가 다소간의 확률

---

[*] "브라-켓 표기법(bra-ket notation)"이라고 부른다. 폴 디랙이 고안했기 때문에 "디랙 표기법"이라고도 한다.

을 가지고 공존하는 것처럼 나타낼 수 있지만, 그것은 어디까지나 수학적 표현일 뿐이다. 일반적인 양자역학과 특히 양자 상태의 중첩에 관한 잘못된 이해를 바로잡으려면, 이 점을 명확히 하는 것이 중요하다.

따라서 이 주제에 관해서 종종 들을 수 있는 이야기와는 달리, 하나의 입자는 서로 다른 두 장소에 동시에 있을 수 없으며 서로 다른 두 속도를 동시에 가질 수도 없다. 물론 수학 방정식만 보면 모든 일이 마치 하나의 전자가 서로 다른 두 장소에 동시에 있는 것처럼 진행된다는 생각이 들 수도 있을 것이다. 그러나 수학이라는 것은 아무리 근사하더라도 물리적 실재와는 다른 것임을 명심해야 한다. 물리적 실재에서 하나의 전자는 서로 다른 두 장소에 동시에 있는 것이 아니라, 어떤 특정한 순간에 여기나 저기에 위치할 다양한 확률을 가질 뿐이다. 이 상황을 연못의 물고기에 비유하면 이해에 더 방해가 될 수 있다. 물고기가 연못에서 여기나 저기에 위치할 이런저런 확률을 가지는 것은 사실이지만, 연못에 "퍼져 있는" 것은 아니기 때문이다. 뒤에서 보겠지만, 전자는 어떤 면에서는 퍼져 있는 것으로 설명된다.

113. 스핀과 양자수

과학을 대중화하는 작업을 할 경우, 설명하려고 아무리 애를 써도 설명이 되지 않는 어떤 것에 부딪칠 때가 간혹 있다. 어떤 의미에서 양자역학은 그 자체가 이미 그 어떤 것이라고 할 수 있지만, 그래도 그런 대로 이해할 수 있는 방법은 존재한다. 문제를 여러 방향에서 살펴보고, 비유를 들어보고, "마치 무엇무엇인 것처럼" 내지는 "무엇무엇과 비슷한"과 같은 표현

보어의 원자 모형

보어에 앞서 러더퍼드는 전자들이 원자핵 주위를 행성처럼 돌고 있는 원자 모형을 발표했다. 그런데 분광법(分光法, spectroscopy)*을 이용한 실험 결과, 수소 원자를 자극하면 파장의 폭이 아주 좁은 스펙트럼 선(spectral line)이라고 불리는 복사(輻射, radiation)가 방출된다는 사실이 확인된다. 방출된 빛을 스펙트럼으로 분석하면 매우 특징적인 색을 띠는 광선이 나온다는 말이다. 그러나 러더퍼드의 원자 모형으로는 이 현상이 설명되지 않았다.

따라서 보어는 문제를 다음과 같은 방식으로 접근했다. 전자가 원자핵 주위를 돌되, 기차 레일처럼 완전히 미리 정해진 궤도를 따라 돈다고 생각한 것이다. 예를 들면, 수소 원자에는 전자가 다닐 수 있는 일정 수의 궤도가 존재하고, 전자는 그 궤도상에서 돌아다닌다. 그런데 전자가 자극을 받았을 때, 그 전자는 말 그대로 "점프"를 해서 원자핵에서 더 멀리 떨어진 궤도로 옮겨간다. 그리고 안정이 되면 낮은 궤도로 다시 내려오면서 출발 궤도와 도착 궤도에 따라서 파장이 결정되는 빛을 방출한다. 문제의 실험에서 나온 빛이 무엇인지 설명되는 것이다. 물론 이 모형은 불완전하며, 수소 원자에만 정확히 적용된다는 한계가 있다. 그러나 수소 유사 원자들의 스펙트럼 선에 간단하면서도 명쾌한 설명을 제공한다는 점에서 큰 가치를 가진다.

으로 접근하는 것이다. 그러나 스핀(spin)이라는 것에 대해서는 이해할 수 있으리라는 기대는 하지 않는 편이 좋다. 스핀은 여러분이나 내가 아는 그 무엇에도 대응되지 않기 때문이다. 그렇지만 양자역학을 논하려면 스핀을 언급해야 하기 때문에 여기서도 설명을 하겠다. 그러니까 이번 내용은 이해가 되지 않더라도 이야기를 읽듯이 편안하게 읽기를 바란다.

1913년, 닐스 보어는 수소 원자를 꽤 정확하게 설명하는 원자 모형을 내놓았다. 제1권에서 원자 모형에 대해서 살펴볼 때, 다음 기회에 알아보

---

* 『대단하고 유쾌한 과학 이야기』 제1권, 제3장 참조.

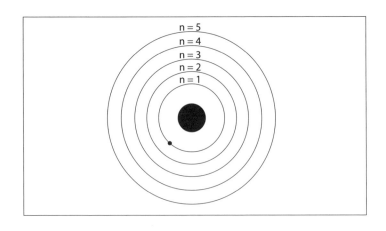

자고 했던 그 모형이다.[*]

보어의 모형에서 수소 원자의 전자는 여러 궤도로 옮겨다닐 수 있다. 이 궤도들은 완전히 미리 정해져 있는 것이고, 그래서 보어는 각 궤도를 정수 n으로 표시했다. 원자핵에서 가장 가까운 궤도는 1, 그 다음으로 가까운 궤도는 2, 그 다음 궤도는 3……. 이렇게 수소 원자 안에서 전자의 상태에 관한 정보를 숫자 하나로 나타낼 수 있는 것이다. 전자가 어느 궤도에 있는지 말해주는 이 숫자를 두고 주양자수(主量子數, principal quantum number)라고 부르며, 기호는 "n"으로 표시한다.

보어의 원자 모형은 이제는 많이 낡은 이론이 되었지만, 주양자수는 여전히 전자의 양자 상태를 나타내는 정보로 쓰인다. 그러나 어쨌든 낡은 이론인 것은 사실이다. 특히 보어의 모형으로는 전자가 여러 개인 원자의 구조를 설명할 수 없다. 그래서 1916년, 독일의 물리학자 아르놀트 조머펠트는 전자가 어느 한 궤도에서 다른 궤도로 옮겨갈 수 있는 것 외에 두 가지 가능성을 추가함으로써 보어의 모형을 일반화했다. 타원 궤도를 가질 가능성(이 경우 원자핵이 타원의 초점 중 하나가 된다. 태양 주위를 도

---

[*] 『대단하고 유쾌한 과학 이야기』 제1권, 제5장 참조.

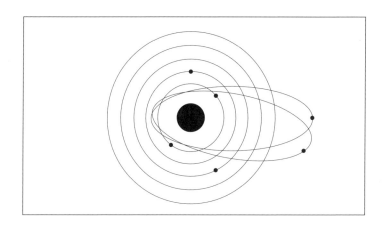

는 행성들의 타원 궤도에서 태양이 그 타원의 초점 중 하나가 되는 것과 같다), 그리고 그 타원 자체가 자기장에 의해서 변화할 가능성을 추가한 것이다(전자는 음의 전하를 띠기 때문에 궤도에서 작은 전기 회로처럼 작용하며, 그래서 자기장의 변화에 반응을 보인다).

보어-조머펠트 모형(Bohr-Sommerfeld model)이라고 불리는 이 모형은 원자의 작용을 더 잘 설명해준다. 그러나 속으면 안 된다. 이 모형 역시 이제는 낡은 이론이 되었기 때문이다. 하지만 보어-조머펠트 모형은 원자 내의 전자의 상태에 관해서 두 가지 추가적인 정보를 제시할 수 있게 해주었다. 우선 첫 번째는 타원 궤도에 관한 정보인 "방위 양자수(方位量子數, azimuth quantum number)"이다. 방위 양자수는 "ℓ"로 나타내고, 주양자수와 마찬가지로 0, 1, 2······에서 (n − 1)에 이르는 정수의 값을 가진다(여기서 n은 주양자수이다). 그리고 두 번째 정보는 자기장의 변화에 따른 궤도의 방향을 나타내는 자기 양자수(磁氣量子數, magnetic quantum number)이다. 자기 양자수는 "m"으로 나타내며, −ℓ에서 +ℓ에 이르는 값을 가질 수 있다(여기서 ℓ은 방위 양자수이다). 값이 양일 수도 있고 음일 수도 있는 이유는 궤도가 대칭적으로 이쪽 방향으로도 이동할 수 있고, 다른 쪽 방향으로도 이동할 수 있기 때문이다. 따라서 궤도 n = 1에 있는 전자의 경우 방위 양자수는 ℓ = 0이며(방위 양자수는 0과 (n − 1) 사이의 값이므로), 자기 양자수 역시 m = 0이다. 그러나 전자가 원자핵에서 멀어질수록(n의 값이 커질수록) 가능한 타원 궤도가 많아지고(ℓ은 0에서 (n − 1) 사이이므로), 자기 양자수도 더 다양한 값을 가질 수 있다.

자기장이 전자에 영향을 미치는 현상에 대해서는 조금 더 알아보는 것이 좋겠다. 문제의 현상은 1896년에 네덜란드의 물리학자 피터르 제이만이 발견했다. 제이만 효과(Zeeman effect)라고 불리는 현상으로서, 제이만은 이 발견으로 1902년에 노벨 물리학상을 받았다.

당시 제이만은 프리즘을 가지고 나트륨의 스펙트럼을 연구하고 있었다(나트륨은 589나노미터 파장의 스펙트럼 선을 방출한다. 나트륨의 스펙트럼 선이 역사적으로 처음 관찰된 것은 1752년이다). 그런데 실험장치에 자석을 가져가자 나트륨 특유의 노란 선이 갈라지면서 처음 보였던 선 양쪽으로 두 개의 선이 추가로 나타났다. 자기장이 전자의 에너지 준위(準位, level)에 영향을 미친다는 것을 보여주는 명백한 증거였다. 실험에서 확인된 파장의 변화는 전자의 에너지 준위 변화와 직접적인 관계에 있기 때문이다.

원자 모형 이야기를 하다 말고 왜 제이만 효과가 나왔냐고? 보어-조머펠트 모형이 보어의 모형보다는 완성도가 높아도 이제는 낡은 이론이라는 점을 설명하기 위해서이다. 그렇다면 뭐가 문제일까? 방금 언급한 제이만 효과는 사실 더 정확하게 말하면 정상(normal) 제이만 효과에 해당한다. 그러니까 "비정상" 혹은 "이상"이라고 칭할 수 있는 제이만 효과도 존재한다는 뜻이다. 정상적인 경우, 처음부터 있던 선은 그대로 남아 있는 상태에서 그 양쪽으로 동일한 개수의 선들이 추가적으로 나타난다. 따라서 선의 개수를 모두 더하면 홀수가 된다.

「메리 포핀스」

그렇다, 여러분이 제목을 잘못 읽은 것이 아니다. 이번 삽입 글은 「메리 포핀스」에 관한 것이다. 요즘은 영화를 찍을 때 일부 장면을 그린 스크린이나 블루 스크린을 배경으로 하는 경우가 흔하지만(디지털 방식이 나오기 전에는 거의 블루 스크린만 사용했다), 100년이 조금 넘는 영화의 역사에서 그 시스템이 개발되기까지는 오랜 시간이 걸렸다. 기본 원리는 비교적 간단하다. 어떤 한 가지 색상을 배경으로 촬영한 뒤, 나중에 배경색은 지우고 인물만 남겨서 다른 배경에다 그 인물을 합성하는 것이다. 이 기법이 처음 나왔을 때는 제작 과정이 오래 걸리고 배우의 윤곽도 잘 드러나지 않는 단점이 있었다. 그런데 디즈니 스튜디오가 문제에 대한 해결책을 발견한다. 완전히 흰 배경에 나트륨 램프(네온 램프 같은 것인데 네온 대신 나트륨을 사용한 것)를 비추어 노란색으로 빛나는 배경을 만든 것이다. 그냥 아무 노란색이 아니라 나트륨 특유의 노란색, 즉 589나노미터 파장의 노란색 말이다. 이때 프리즘을 이용해서 그 노란색만 분리하면 카메라에는 다른 색들만 담기게 된다. 따라서 촬영을 하는 도중에 인물의 모습만 뽑아낼 수 있는 것이다(촬영 후에 배경을 일일이 지울 경우 많은 시간과 수고가 요구되었다. 컴퓨터가 아직 없던 시절 이야기이다). 디즈니는 해당 기술의 특허를 사들였고, 기술이 적용된 특수한 카메라를 제작했다. 만화를 배경으로 한 「메리 포핀스」의 장면들은 바로 그렇게 탄생했다.[*] 그런데 디즈니에서 그 장비를 빌리려면 비용이 아주 많이 들었다. 그래서 다른 스튜디오들은 다른 기법을 개발했고, 그 결과 블루 스크린을 거쳐 그린 스크린에 이르게 되었다.

그런데 나트륨 주위의 자기장이 충분히 강할 경우, 중앙의 선이 두 개의 선으로 갈라진다. 처음에 있던 중앙의 선은 사라지고, 전체적으로 짝수 개의 선이 나타나는 것이다. 이것이 바로 비정상 제이만 효과이다. "비

---

[*] 「메리 포핀스」에 나오는 표현을 빌리면, "슈퍼칼리프라질리스틱익스피알리도셔스한(super califragilisticexpialidocious)" 장면들이다.

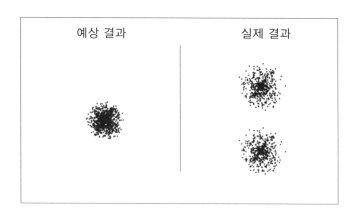

| 예상 결과 | 실제 결과 |

정상(anomalous)"이라는 명칭이 붙은 이유는 무엇보다도 원자 및 전자의 궤도 운동에 관한 당시의 지식으로는 그 원인을 찾을 수 없었기 때문이다.

게다가 문제는 그것이 전부가 아니다. 1922년, 독일의 물리학자 오토 슈테른과 발터 게를라흐는 은(銀) 원자 빔을 수직 방향의 자기장에 통과시키는 실험을 했다. 실험에서 은 원자들은 자극을 받은 상태가 아니었고 (이런 경우 바닥 상태[ground state]에 있다고 말한다), 따라서 원자 빔은 휘어짐 없이 자기장을 통과해야 했다. 멀리 있는 스크린에는 원자들이 충돌한 흔적이 한 곳에만 나타나야 하고 말이다. 그러나 실험 결과, 충돌 흔적은 위의 그림에서처럼 위와 아래로 두 곳에 나타났다.

이 현상은 전자의 궤도에 관한 기존 지식으로는 설명이 되지 않았다. 그래서 물리학자 볼프강 파울리는 이미 알려진 세 가지 양자수 외에 전자의 숨겨진 속성에 해당하는 네 번째 양자수가 존재할지도 모른다고 생각했다. 그리고 1925년, 네덜란드의 물리학자 조지 월렌벡과 사무엘 구드스미트는 그러한 속성이 실제로 존재하며, 그 속성은 각운동량(角運動量, angular momentum : 직선을 따라서 움직이는 물체의 운동량에 대응하는 회전하는 물체의 성질. 물체의 각운동량은 질량, 크기, 회전속도에 따라서 달라진다/역주)에 비교할 수 있다는 의견을 내놓는다. 전자가 원자핵을 중심으로 하는 운동 외에, 자체적으로 회전하는 자전 운동 같은 것을 하고 있으리라고 본 것이다. 그 속성을 두고 스핀 각운동량 내지는 간단히 스핀이라고 한다.[*]

지금 여러분 중에는 스핀을 이해하기가 불가능하다는 나의 말이 좀 과장된 것이 아닌가 생각하는 사람도 있을 것이다. 그러나 잘못 이해하면 안 된다. 전자는 구슬 같은 것이 아니며, 적도(赤道) 같은 것도 없다. 지구가 양극을 이은 축을 중심으로 자전하는 것처럼 어떤 중심축을 기준으로 자전하는 것이 아니라는 말이다. 만약 전자가 그런 식으로 자전을 한다면, 전자의 적도상의 한 점은 그 회전으로 인해서 빛보다 빨리 이동하게 될 것이다. 그러나 알다시피 그런 일은 불가능하다. 그러니까 여기서 회전의 개념은 수학적으로 스핀을 고전적인 물리량의 한 가지, 즉 회전에 의한 각운동량에 비교할 수 있다는 사실에서 비롯된 비유에 지나지 않는다.

스핀은 양자역학에 고유한 전자의 특성이며(다른 모든 입자의 특성이기도 하다), 거시적 차원에서는 그에 대응되는 것을 찾을 수 없다. 그리고 양자역학의 다른 특성들과 마찬가지로, 스핀은 아무 값이나 가지지는 않는다. 전자의 경우에 그 스핀은 $(+1/2)$ 또는 $(-1/2)$을 가질 수 있다. $(+1/2)$은 위로 회전하는 스핀, $(-1/2)$은 아래로 회전하는 스핀이라고 말한다. 물론 임의로 그렇게 말하는 것일 뿐, 상징적인 의미 외에는 다른 어떤 의미도 없다. 전자의 스핀에 대해서 우리가 그나마 말할 수 있는 것이 있다면, 바로 그 특성 때문에 전자가 N극과 S극을 가진 작은 자석처럼 작용한다는 것이다. 이때 N극과 S극의 방향은 스핀의 값과 직접적인 관계에 있다.

그런 1925년까지의 지식을 정리해보자. 전자의 양자 상태는 "양자수"로

---

[*] 영어로 "스핀(spin)"은 "회전하다"를 뜻한다. 팽이처럼 그 자체가 도는 회전 말이다.

나타낼 수 있으며, 양자수는 다음의 요소들로 구성된다.

- 주양자수 n : 1 이상의 정수
- 방위 양자수 ℓ : 0에서 (n − 1) 사이의 정수
- 자기 양자수 m : $-\ell$에서 $+\ell$ 사이의 정수
- 스핀 : 전자의 경우 (+1/2) 또는 (−1/2)

114. 양자역학적 원자 모형과 배타 원리

앞에서 말한 원자 모형들, 즉 많게든 적게든 태양계와 닮은 그 모형들은 오늘날의 우리의 지식에 비추어보면 사실과 한참 동떨어져 있다. 물론 원자의 구조에 관해서 몇 가지를 알려주기는 하지만, 너무 단순화되어 있어서 과학자들에게 큰 도움이 되지 않는다. 1926년, 에르빈 슈뢰딩거는 수학적 형식화를 통해서 새로운 원자 모형을 내놓았다. 이 원자 모형에서 전자는 더 이상 구슬이 아니며, 그렇다고 파동도 아니다. 슈뢰딩거의 원자 모형에서 전자는 어떤 형태를 취하기보다는 상징적으로 존재한다. 『어린왕자(Le Petit Prince)』에서 상자 안에 숨겨져 있던 완벽한 양과 비슷하다고 할 수 있다. 전자는 가능한 위치의 집합과 그 위치에 있을 확률로 표시되며, 전자 구름(electron cloud)은 바로 그런 전자의 상태를 가리키는 표현이다. 전자 구름의 이미지에는 중요한 사실이 담겨 있다. 전자가 어느 한 곳에 위치하는 것이 아니라 말하자면 퍼진 채로 존재한다는 것인데, 바로 그 퍼져 있음이 원자의 실재성을 설명해주기 때문이다. 물질을 **구체화할** 수 있는 실재성 말이다.

물질을 구체화한다는 것이 무슨 말인지 좀더 설명을 해보자. 원자는 원

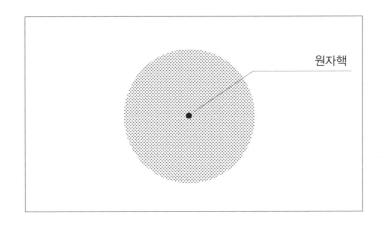

원자핵

자핵과 그 주위의 전자로 이루어져 있다. 원자핵은 원자보다 약 10만 배 작고, 전자는 그런 원자핵보다 또 훨씬 작다. 간단히 말해서, 원자는 99퍼센트 이상이 비어 있다. 그렇다면 내가 동전을 손에 쥐었을 때 어째서 그 동전은 내 손을 통과해 빠져나가지 않을까? 동전도 99퍼센트 이상은 빈 공간으로 이루어져 있고, 내 손도 99퍼센트 이상은 빈 공간으로 이루어져 있다. 그렇다면 논리적으로, 서로를 통과할 수 있어야 하지 않는가?

제1권 제15장에서 설명했듯이,* 우리는 그 무엇과도 정말로 접촉을 할 수는 없다. 내가 손을 탁자에 올렸을 때, 우리가 보통 생각하는 물리적 접촉은 원자 차원에서는 전혀 일어나지 않는다는 말이다. 전자기적 상호작용, 즉 전자들이 전기적으로 음성을 띠면서 서로 밀어내는 작용에 따른 현상이다(전자들은 서로 가까워질수록 서로를 더 세게 밀어낸다). 그런데 만약 전자들이 작은 구슬처럼 위치해 있다면, 고체로 된 물체들은 실제로 서로를 통과할 수 있을지도 모른다. 물질의 여러 성분들 사이에 아주 큰 빈 공간이 있을 것이기 때문이다. 이 경우 서로 다른 원자들에 속한 두 전자는 서로 만날 기회가 거의 없고, 따라서 서로를 밀어낼 일도 거의 없다. 그

---

* 『대단하고 유쾌한 과학 이야기』 제1권, 제15장 참조.

러나 전자가 퍼진 채로 존재하면 이야기가 달라진다. 물론 전자 하나가 원자핵 주위를 다 차지한다는 말은 아니다. 전자는 어떤 위치에 존재할 확률에 따른 구역을 차지한다. 그리고 이 구역은 이웃 원자들에 속한 전자들의 구역과 충분히 가깝게 형성되며, 그 결과 전자들끼리 서로를 밀어내게 된다. 그래서 내가 양손을 맞잡았을 때, 손과 손이 서로를 통과하지 않는 것이다.

그럼 여기서 조금 더 나아가보자. 여러분도 잘 알다시피 두 물체는 동시에 같은 공간을 차지할 수 없다. 그렇지 않은가? 테니스 공 두 개가 있다고 해보자. 이때 두 공은 물론 동시에 같은 장소에 있을 수 없다. 그런데 이는 단지 두 공만의 문제가 아니다. 테니스 공이 어딘가에 놓이면, 그 공은 그곳에 있던 공기를 다른 곳으로 밀어낸다. 공기 역시 공과 그 장소에 동시에 있을 수 없기 때문이다. 굳이 구구절절 설명하지 않아도 그런 식의 공존은 불가능하다는 것을 여러분도 잘 알고 있을 것이다. 그럼 전자의 경우는 어떨까? 전자는 확률적 위치만을 가지므로 전자들을 두고 동시에 같은 장소에 있는지의 문제는 사실상 논할 수 없다. 그렇다면 여러 전자들이 동일한 확률적 위치의 집합을 공유할 수는 있을까? 볼프강 파울리가 발견한 **배타 원리**(排他原理, exclusion principle)에 따르면(파울리의 배타 원리[Pauli exclusion principle]라고도 부른다), 두 전자는 동시에 동일한 양자 상태에 놓일 수 없다. 다시 말해서 두 전자가 동시에 동일한 주양자수, 동일한 방위 양자수, 동일한 자기 양자수, 동일한 스핀을 가질 수 없다는 뜻이다. 파울리의 배타 원리는 양자 중첩(quantum superposition)이나 양자 얽힘(quantum entanglement)과 마찬가지로 양자역학의 기본 토대로서, 두 물체가 동시에 같은 공간을 차지할 수 없다는 고전물리학적 명제에 대응되는 양자역학적 명제라고 할 수 있다.

115. 과학사의 한 페이지 : 에르빈 슈뢰딩거

에르빈 슈뢰딩거는 특히 고양이 실험 때문에 세간에 잘 알려진 인물이다. 닐스 보어, 베르너 하이젠베르크와 함께 "양자역학의 아버지" 자리를 두고 다툰다면, 유리한 위치에 놓이는 인물이기도 하다.

하이젠베르크가 행렬의 관점에서 양자역학을 창시했다면, 슈뢰딩거는 미분의 관점에서 양자역학을 창시했다고 말할 수 있다.

슈뢰딩거에 대해서 이야기하려면 루이 드 브로이라는 인물에 관한 이야기부터 해야 한다. 루이 드 브로이는 드 브로이 공작으로도 알려진 귀족 출신의 프랑스 물리학자로서, 서른두 살이던 1924년에 폴 랑주뱅과 장 페

미분(微分, differential)

미분은 적분(積分, integral)과 함께 미적분학의 기둥에 해당한다. 함수 값의 변화를 아주 미세하게까지 계산할 수 있게 해주는 일련의 방법과 규칙으로 이루어져 있다. 예를 들면, 물체의 속도는 단위 시간당 위치의 변화를 말하고 물체의 가속도는 단위 시간당 속도의 변화를 말하는데, 그 변화를 분석해주는 것이 미분이다. 위치를 미분하면 속도가 되고, 속도를 미분하면 가속도가 되는 것이다. 적분은 함수에 따른 면적을 계산하는 수학적 도구로서, 미분의 역(逆)이라고 할 수 있다. 그래서 가속도를 적분하면 속도가 되고, 속도를 적분하면 위치가 된다.

미적분학의 창시자에 대해서는 라이프니츠와 뉴턴 가운데 누구로 볼 것인가 하는 논쟁이 존재한다. 그런데 사실 미적분학적 접근을 처음 시도한 인물은 아르키메데스이다. 그리고 극한(極限, limit)의 개념을 이용해서 곡선에 대한 접선의 기울기를 구하는 방법(미분에 속하는 요소)을 처음 고안한 것은 피에르 드 페르마였다. 그 내용이 세상에 발표된 것은 고안되고 30년이 더 지난 1667년에 하위헌스를 통해서였지만 말이다.

랭과 같은 심사위원들 앞에서 순수하게 이론적인 성질의 박사 논문을 발표했다. 이 논문으로 드 브로이는 몇 년 뒤에 노벨상 후보에 올랐고, 서른여섯의 나이에 노벨상을 수상했다. 당시로서는 혁신적이었던 그 논문에서 드 브로이는 모든 물질이 파동의 성질을 가지고 있다고 주장했다. 게다가 그 파동의 파장은 해당 물질의 운동량과 직접적인 관계에 있으며, 이 관계는 아주 간단한 수학식으로 표현할 수 있다는 설명이었다.

이 이야기를 왜 하냐고? 왜냐하면 드 브로이의 논문이 발표되었을 때, 네덜란드의 물리학자이자 화학자인 피터 디바이가 슈뢰딩거에게 과학계를 술렁이게 만든 그 논문의 가설을 연구해보는 것이 어떻겠냐고 말했기 때문이다. 슈뢰딩거는 당시 특별히 하던 연구가 없었던 터라 디바이의 제안을 실행에 옮겼고, 해당 주제에 대한 강연을 준비했다. 그런데 디바이는 그 강연을 유치하다고 평가했다. 그 주제를 제대로 된 방정식 하나 없이 말로만 논하는 것은 쓸모가 없다는 뜻이었다. 기분이 상한 슈뢰딩거는 본격적으로 연구를 해보기로 마음먹었고, 조용히 연구에만 집중하기 위한 준비에 들어갔다. 아내에게 알리고 귀마개만 챙겨서 애인과 함께 2주일간 알프스로 떠난 것이다.* 전해지는 이야기로는 슈뢰딩거가 애인(정확히 누구인지는 오늘날까지도 미스터리로 남아 있다)의 품에서 깨달음을 얻었다고 하는데, 사실은 잠깐 쉬다가 귀마개를 꽂고 연구를 시작했을 가능성이 더 크다. 어쨌든 슈뢰딩거는 물질을 입자로 보는 형식화에서 일부 변수를 미분 연산자로 대체하면 물질을 파동으로 보는 형식화로 옮겨갈 수 있음을 알아냈다. 그렇게 해서 1926년, 슈뢰딩거 방정식이 탄생한다.

슈뢰딩거 방정식은 수학적으로 접근하지 않으면 완벽하게 설명하기가

---

* 슈뢰딩거의 사생활은 이 책에서 다룰 주제는 아니지만, 그도 그의 아내도 바람을 피우는 문제에 대해서 아주 개방적이었다는 점만 말해두기로 하자.

어려운 일이지만, 일단 할 수 있는 데까지 해보자. 우선, 슈뢰딩거의 방정식은 앞에서 이미 말했듯이 행렬에 기초한 하이젠베르크의 방정식과 등가 관계에 놓인다. 그런데 이 방정식이 오늘날에는 양자물리학의 수학적 기본 토대로 간주되지만, 슈뢰딩거가 처음 내놓았을 당시에는 제대로 증명된 것이 아니라 가설에 지나지 않았다. 이후에 실험적 결과 및 관찰과 맞아떨어지는 것으로 확인되었고(비상대론적 입자와 관계된 경우에만 해당한다. 여기에 대해서는 뒤에서 말할 것이다), 그렇게 시간이 흐르는 가운데 점차 신뢰를 얻게 되었다. 게다가 슈뢰딩거 자신은 그 방정식이 양자역학적 실재를 표현한 것이라고 주장한 적이 한번도 없었다. 오히려 그는 그 방정식이 기능적인 수학적 도구에 지나지 않으며, 따라서 해석하려고 하면 안 된다고 설명했다. 그러나 수학을 꺼내지 않고 그 방정식에 대해서 말하고 싶다면 해석을 해볼 수밖에 없다. 그렇다면 슈뢰딩거 방정식은 도대체 무엇을 말하고 있을까?

슈뢰딩거 방정식은 양자역학적 계의 상태를 기술하는 방정식이다. 이 방정식을 풀면 파동함수라는 것을 얻을 수 있고(그리스 문자 Ψ로 표시), 이 파동함수에는 양자역학적 계의 상태에 관해서 알 수 있는 모든 정보가 담겨 있다. 물리학자들에 따르면, 새로운 이론이 나오지 않는 이상 양자역학적 계에 대해서 그 정보들을 제외한 다른 속성을 아는 것은 불가능하다. 그리고 파동함수는 확률로도 해석된다.

파동함수를 확률의 개념에 연결 짓기에 앞서, 확률에 관련된 원칙 두세 가지를 먼저 알아보자. 우선, 확률은 언제나 제한된 범위의 값을 가진다. 0퍼센트에 해당하는 0에서부터 100퍼센트에 해당하는 1까지가 그 범위이다. 그리고 어떤 사건에서 나올 수 있는 결과들의 확률이 시간에 따라서 변하는 경우, 특정 시간을 기준으로 가능한 결과들의 확률을 모두 더하

파속(波束, wave packet)

파속은 양자역학의 기본 개념으로서, 파동 묶음이라고도 한다. 임의적인 소수의 파동이 좁은 영역에 밀집해 있는 상태를 말한다. 파속의 개념도 불확정성 원리와 연결시켜서 설명할 수 있다. 가령 파속은 크기가 작고 국소적으로 나타날수록 위치를 정확하게 파악할 수 있지만, 이때 그 운동량은 정확히 파악할 수가 없다.

면 반드시 100퍼센트가 된다. 한 결과의 확률이 올라가면 다른 결과의 확률은 내려가야 한다는 뜻이다.

그렇다면 파동함수를 어떻게 확률로 해석할 수 있을까? 주기적이고 연속적인 파동의 경우 파동함수의 값은 분산해서 무한대에까지 이를 수 있으며, 따라서 확률을 말하는 해석은 불가능하다. 그런데 빛은 광자의 방출로 전파되기 때문에 사실상 파동이 아니라 파속의 개념이 적용된다.

파속의 개념을 적용하면 파동함수는 다행스럽게도 더 이상 무한대로 분산하지 않는다. 하지만 그렇더라도 파동함수로 확률을 나타내려면, 앞에서 말했듯이 그 값이 0과 1 사이에 포함되는 수로 나타나야 한다. 그런데 문제는 파동함수가 복소수를 개입시킨다는 것이다.

복소수가 개입된다면 파동함수로는 확률을 이야기할 수 없다. 허수로

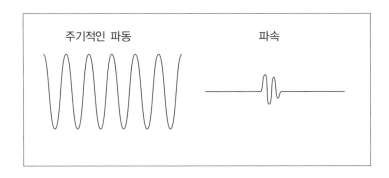

복소수(複素數, complex number)

수학에서 수는 여러 집합으로 나누어진다. 아무 집합(짝수의 집합, 5보다 작은 수의 집합, "1, 2, 3"이라는 집합 등)이나 만들 수도 있지만, 좀더 중요한 집합들이 있다. 예를 들면, 가장 기본적인 집합으로는 0, 1, 2, 3과 같이 음이 아닌 정수를 가리키는 **자연수**가 있다. 자연수는 다시 **정수** 집합(양의 정수와 0, 음의 정수)에 포함되고, 정수는 다시 유리수 집합(1/2, 1/3, 1/4, 1/5처럼 분수 형태로 나타낼 수 있는 수)에 포함되며, 유리수는 다시 **실수**에 포함된다. 따라서 실수는 정수와 정수가 아닌 수, 양수와 음수, 유리수와 유리수가 아닌 수를 모두 포함하는 집합(8, 3.22, π, $\sqrt{2}$ 등)이다.

이상 살펴본 수들은 여러분도 나도 일상생활에서 별로 신경 쓰지 않고 사용하는 것들이다. 그런데 수에는 수학자들이 아주 복잡한 문제를 풀기 위해서 만들어둔 또다른 중요한 집합이 존재한다. **복소수**가 그것인데, 이 집합은 실수 전체를 포함하되 좀더 복잡하게 정의된다. 하나의 복소수는 실수부와 허수부라는 두 부분으로 이루어지기 때문이다. 여기서 **허수**는 실수로는 나타낼 수 없는 수를 나타내기 위해서 수의 개념을 확장하는 과정에서 도입되었다. 복소수는 그래프로 나타내면 이해하기가 쉽다. 실수부와 허수부를 각각 x좌표(가로 좌표)와 y좌표(세로 좌표)로 보면 되기 때문이다.

이번 장의 내용과 큰 상관은 없기 때문에 더 자세히 들어가지는 않겠지만, 복소수에 대해서 한 가지만 더 알아두자. 복소수는 i로 표시되는 특별한 수를 개입시킨다. 여기서 i는 $i^2 = -1$이라는 방정식으로 정의되는데, 이 방정식은 실수 집합에서는 해를 가지지 않는다. 실수 집합에서 제곱은 언제나 양의 값을 가지기 때문이다. 복소수의 예로는 $(3 + 2i)$, $(5 - 4i)$, $(\pi^2 + \pi i)$ 등을 들 수 있다.

표현되는 확률, "가상의" 확률이 무엇이란 말인가? 그런데 복소수는 **절댓값**으로 계산이 가능한 벡터와 비슷한 성질을 가지며(절댓값은 어떤 벡터의 "길이"를 나타낸다), 이 절댓값은 언제나 실수로 나타난다. 그리고 슈뢰딩거 방정식에 관한 연구에 따르면, 파동함수의 절댓값의 제곱은 어떤

입자가 특정 위치에 존재할 확률의 밀도에 대응된다. 막스 보른 덕분에 밝혀진 사실이다.[*]

요컨대, 슈뢰딩거 방정식을 이용하면 입자의 존재 확률을 정확하게 기술할 수 있는 것이다. 그런데 슈뢰딩거는 자신의 방정식이 그런 쓰임새를 가진 것에 대해서 어떻게 생각하느냐는 질문에 이렇게 대답했다.

별로 마음에 들지 않아요. 내가 그 일에 관여했다는 자체가 유감입니다.[**]

그렇다, 앞에서 깜빡하고 말을 하지 않았는데, 슈뢰딩거는 "확률론파"가 아니었다. 절대로 정확하게 측정할 수 없는 확률적 정보가 존재한다고 생각하는 입장이 아니었다는 말이다. 양자역학적 정보의 문제와 관련해서 슈뢰딩거는 "결정론파"에 속했고, 이 파의 대표적인 인물은 바로 아인슈타인이었다. 결정론과 비결정론 사이의 논쟁은 수년간 지속되었으며, 그 과정에서 양자 얽힘과 EPR 논거가 나온다. 1935년 슈뢰딩거가 고양이 이야기를 하게 된 것도 바로 그 논쟁 때문이다.

116. 양자 얽힘

양자 얽힘(quantum entanglement)은 두 양자역학적 물체가 어떤 의미에서 서로 분리될 수 없는 상태에 놓여 있는 현상이다. 실제로 몇몇 경우에 두 물체의 양자 상태는 전체적으로만 기술될 수 있으며(그래서 얽혀 있다고 말

---

[*] 기억나는가? 156쪽에서 말했다.
[**] "I don't like it, and I'm sorry I ever had anything to do with it."

한다), 이때 두 물체의 속성 사이에는 직접적인 상관관계가 존재한다. 정확히 말해서, 외부의 간섭이 없는 이상 그 두 물체로 이루어진 계의 일부 속성은 전체적으로 일정하게 보존된다. 양자 얽힘이 제기하는 근본적인 문제는 두 양자역학적 물체(그것이 광자든 전자든, 혹은 다른 입자든 간에)를 연결 지을 수 있다는 사실이 아니다. 양자 얽힘에서 정말 중요한 문제가 되는 것은 국소성(局所性, locality)이다. 양자 얽힘 상태의 두 입자는 아주 먼 거리를 사이에 두고 있더라도 서로 얽힘 상태를 유지하기 때문이다. 멀리 떨어져 있는데도 어느 한 입자의 속성이 계속 다른 입자의 속성에 연결되어 있는 것이다. 이것이 왜 문제가 되냐고? 원격 양자 얽힘이라는 개념에는 서로 양립할 수 없는 두 측면이 담겨 있기 때문이다. 우선 특수상대성 이론에서 비롯된 국소성의 원리에 따르면, 충분히 멀리 떨어진 두 물체는 서로에게 직접적인 영향을 미칠 수 없다. 아인슈타인의 표현을 빌리면, 다음과 같이 말할 수 있을 것이다.

공간적으로 떨어진 사물들은 서로 독립적으로 존재한다는 가정, 매일 매일의 사고에서 기인하는 이 같은 가정 없이는 우리에게 익숙한 물리학적 사고는 불가능하다. 사물들 간에 그러한 분리가 없다면 물리 법칙들을 어떻게 수립하고 입증할 수 있을지 모르겠다.

게다가 코펜하겐 해석에 따르면, 양자역학적 물체의 일부 속성은 측정되기 전에는 결정되지 않으며, 결정되기 전까지는 확률로만 존재한다. 그렇다면 서로 얽혀서 스핀의 합이 0이 되는 두 전자가 있다고 해보자. 각각의 전자는 (+1/2) 또는 (−1/2)의 스핀을 가질 수 있고, 따라서 두 전자 가운데 하나의 스핀을 측정했을 때 그 값이 (+1/2)이라면 나머지 전자의 스핀은 즉시 (−1/2)로 결정된다. 문제는 바로 여기서 발생한다. 두 전자가 서로 수백만 킬로미터 떨어져 있다면, 그리고 "코펜하겐 해석"대로 전자의 스핀은 측정하기 전에는 결정되지 않는 것이라면, 측정 순간에 첫 번째 전자의 스핀이 결정되자마자 그 정보가 수백만 킬로미터 거리 너머로 **즉시** 전달되어 다른 전자의 스핀도 결정된다는 의미이기 때문이다. 정보가 수백만 킬로미터를 순식간에 이동한다는 것은 진공에서 빛보다 빨리 전달된다는 뜻인데, 이는 특수상대성 이론에 따르면 불가능한 현상이다. 특수상대성 이론은 재고의 여지가 없는 이론이고 말이다.

117. EPR 패러독스

1935년, 아인슈타인과 보리스 포돌스키, 네이선 로젠은 결정론의 지지자로서 EPR*이라는 이름으로 알려진 논문을 함께 발표했다. 이른바 EPR 논거라고 불리는 주장이 담긴 논문이다.

앞에서 말했듯이 불확정성 원리에 따르면, 두 값을 동시에 정확히 알아낼 수 없다는 의미에서 **양립 불가능**하다고 이야기되는 물리적 속성들이 존재한다. 그런데 EPR 논문은 이 사실에 대해서 상반되는 두 가지 논거를 제시했다. 양자역학 이론의 모형이 불완전하든지, 아니면 양립 불가능한 물리적 속성들이 동시에는 객관적 실재를 가지지 않든지 해야 한다는 것이다(객관적 실재를 가지면 측정할 수 있어야 한다). 물론 EPR 가설은 양립 불가능한 속성들이 객관적 실재를 가진다고 보았고, 결국 양자역학 이

---

* 왜 "EPR"인지는 굳이 설명을 안 해도 되겠지만, 혹시라도 모르겠다면 세 인물의 이름인 아인슈타인(Einstein)과 포돌스키(Podolsky), 로젠(Rogen)에 주목하시길.

실재(實在, reality)의 개념

아인슈타인은 해당 논문에서 정확성을 기하기 위해서 "실재"라고 하는 것의 정의를 제시했다. 이 정의에 따르면, 어느 계의 어떤 물리량의 값을 그 계에 영향을 미치지 않고 확실하게 예측할 수 있으면 그 물리량은 실재의 개념을 가진다. 달리 말해서 어떤 물리적 현상을 관찰자와는 무관하게 기술할 수 있으면 실재적인 것으로 규정할 수 있다는 뜻이다. 이는 어떤 의미에서는 듣는 사람이 전혀 없는 숲에서 나무가 쓰러지면 소리가 날 것인가를 논하는 철학적 질문에 대한 답이라고 할 수 있다.

론이 불완전하다는 주장이었다. 따라서 코펜하겐 학파와는 대립되는 입장이다. 코펜하겐 학파는 양자역학 이론이 완전하며, 불확정성 원리에 비추어볼 때 양립 불가능한 속성들은 동시에는 객관적 실재를 가질 수 없다고 보았기 때문이다.

EPR 팀은 자신들의 주장을 뒷받침하기 위해서 사고실험을 제안했다. 실험방식을 간단히 설명하면 다음과 같다. 표면이 광자 센서로 뒤덮인 구형의 실험기구 가운데에 원자 하나를 놓고, 이 원자가 광자를 한 번에 두 개씩 방출하도록 자극한다. 이때 두 광자는 대칭성에 의해서 언제나 서로 반대되는 방향으로 방출되며, 따라서 센서에는 중앙의 원자와 완벽하게 직선상에 놓이는 위치에서 동시에 포착된다(두 광자가 방출되는 방향이 말 그대로 180도 다른 것이다). 이 실험은 언뜻 보기에는 문제가 없는 듯하다. 그러나 그것은 어디까지나 **고전적인** 관점에서 보았을 때이고, 양자역학적 관점에서는 그렇지 않다. 알다시피 양자역학적 관점에서 광자는 측정되기 이전에는 정확한 방향을 가지는 것으로 간주되지 않는다. 가능한 방향에 내린 저소간이 확률만을 가지는 것으로 간주되기 때문이다. 그런데 문제의 실험은 전자가 서로 반대되는 방향으로 방출된다는 것을 분

"나는 신이 주사위 놀이를 하지 않는다고 확신한다."[*]

이 말은 아인슈타인이 양자역학의 확률을 부정하기 위해서 썼던 것이다. 그는 결정론적 입장을 굽히지 않았다. 아무리 부분적이라고 해도 확률적인 방식이 물리적 실재에 적용되는 것을 극도로 싫어했기 때문이다. 그래서 그는 멀리 떨어진 채 얽혀 있는 두 입자 사이에 미리 결정되지 않는 관계가 존재한다는 개념을 죽을 때까지 거부했다. 이 주제에 관한 아인슈타인의 입장을 잘 설명해주는 비유가 있다. 여러분이 신발 한 켤레를 가져다가 똑같이 생긴 두 개의 상자에 오른쪽 신발과 왼쪽 신발을 각각 따로 담고, 제삼자가 두 상자 중 하나를 무작위로 골라서 달로 보냈다고 해보자. 이때 상자를 열어 확인하지 않는 이상, 어느 쪽 신발이 달에 있는지 알 수 없다. 그러나 여러분이 가지고 있는 상자를 열어서 왼쪽 신발이라는 것을 확인하는 순간, 달에 있는 상자에는 오른쪽 신발이 들어 있음을 눈으로 보지 않고도 알 수 있다. 오른쪽 신발은 여전히 달에 있는데도 말이다. 그는 얽힘 상태에 있는 입자들을 그런 식으로 이해하려고 했다. 단지 상자를 열지 않아서 모를 뿐이지, 결정되지 않은 채로 있다가 한쪽이 결정되는 순간 다른 한쪽도 결정되는 유령 같은 원격 작용(spooky action at a distance)은 있을 수 없다는 것이다.

명하게 보여주었고, 그래서 EPR 팀은 그 실험을 양자역학의 이론적 모형이 불완전하다는 증거라고 보았다. 광자에 대해서 결정되지 않은 것이라고 이야기되는 물리적 속성은 결정되지 않았다기보다는 단지 알려지지 않은 것으로 보아야 한다는 설명이다. EPR 팀은 입자들이 **국소적 숨은 변수**(local hidden variable)를 가지고 있으며, 이 변수들을 알면 이른바 "결정되지 않은" 속성들을 미리 알 수 있다고 주장했다.

EPR 팀이 생각하기에 양자 얽힘은 두 입자 사이의 신비하면서도 이해할 수 없는 관계가 아니었다. 물론 양자 얽힘이 존재하기는 하지만, 아직 알려지지 않은 속성들을 통해서 설명될 수 있어야 한다는 것이다. 간단히

---

[*] Lettre n°52, *Correspondance entre Albert Einstein et Max Born*, 4 Dec. 1926.

말해서, 양자역학 이론가들의 연구는 아직 다 끝난 것이 아니라는 말이었다. EPR 팀에 따르면 양자역학 이론은 불완전하고, 빛보다 빨리 전달되는 것은 여전히 아무것도 없으며, 불확정성 원리는 우리가 아직 모르는 것과 알아내야 할 것에 대한 표현에 지나지 않았다. 아인슈타인의 이러한 생각은 그가 1955년에 숨을 거둘 때까지 계속되었다.

118. 존 벨과 존 클라우저

양자 얽힘의 문제가 거의 철학적인 문제로 간주되어오던 1970년대 초, 컬럼비아 대학교에서는 천체물리학 박사 과정에 있던 한 학생이 고민에 빠져 있었다. 양자역학 때문에 애를 먹고 있었고, 어쩌면 그래서 수료를 하지 못하고 학위를 따지 못할 수도 있는 상황이었기 때문이다. 그런데 그의 머릿속에 엉뚱한 생각이 하나 떠올랐다. 만약 아인슈타인이 옳다는 것을 증명한다면 양자역학의 토대가 무너져서 양자역학이라는 과목이 사라질 것이고, 이와 동시에 자신은 그 증명으로 박사 학위도 딸 수 있을 것이라고 말이다. 조금은 황당한 발상이지만 오해는 없기를 바란다. 그 학생, 그러니까 존 클라우저는 공부를 못하는 학생이 아니었다. 아니, 못하는 것과는 거리가 멀었다. 그리고 실제로 그는 자신의 목표를 이루기 위해서 실험에 들어갔다. 존 벨이라는 이름의 잘 알려지지 않은 이론물리학자가 몇 년 전에 생각한 실험이었다.

존 벨, 더 정확히는 존 스튜어트 벨은 1928년에 태어난 아일랜드의 이론물리학자이다. 그는 얽힘 상태에 있는 입자들의 비분리성에 대해서 다음과 같은 질문을 던졌다. 그 입자들을 정말로 하나의 계로 보아야 할까,

아니면 분리해서 생각할 수도 있을까?

이 질문이 묻고 있는 내용을 우리는 다른 방식으로 풀어서 던져보는 것이 좋겠다. 일단 두 입자가 얽힘 상태에 있다고 가정해보자.

- 이때 두 입자는 코펜하겐 학파가 말하는 식으로 실제로 복잡하게 얽혀 있을 수 있다. 다시 말해서 두 입자로 이루어진 계의 일부 속성들(특히 입자들의 스핀 각운동량)이 전체적으로 일정하게 보존되는 한편, 그 속성들은 어느 한 입자에 대한 측정이 이루어지기 전까지는 결정되지 않는다.

- 그러나 두 입자가 자체적으로 변수를 가지고 있다면(복잡하면서도 섬세하게 조절되는 아주 많은 양의 변수), 정확한 방정식만 있으면 문제의 결정되지 않은 속성을 미리 알 수 있을 것이다. 따라서 "결정되지 않은"이라는 수식어는 더 이상 유효하지 않을 것이고 말이다.

존 벨은 이 문제를 해결하기 위해서 한 가지 실험을 제안했는데, 간단하게 소개하면 다음과 같이 설명할 수 있다.

실험의 이론적 전제조건

두 입자가 스핀의 합이 0이 되는 방식으로 얽혀 있다고 할 때, 어느 한 입자의 스핀이 특정 방향으로 측정되면 다른 입자의 스핀은 따로 측정하지 않아도 반대 방향으로 결정된다. 예를 들면, 한쪽이 (+1/2)이면 다른 한쪽은 (−1/2)이 되는 것이다. 그렇다면 편의상 입자가 수직으로 "회전한다"고 보고, 그 입자의 스핀을 수직 방향에서 측정한다고 해보자. 이때 스핀이 위로 향할(플러스로 나올) 확률은 50퍼센트, 아래로 향할(마이너스로 나올) 확률도 50퍼센트이다. 그러나 수직과 120도를 이루는 방향에서 측정하면 스핀이 플러스로 나올 확률은 75퍼센트, 마이너스로 나올 확률은 25퍼센트가 된다(수학적으로 자세히 들어가지는 않겠지만, 이 계산은 측정 각도의 코사인 값과 관계가 있다).

여기서 우리가 기억해야 할 것은 두 가지이다. 얽혀 있는 두 입자에 대한 측정이 동일한 방향에서 이루어지면 스핀이 서로 반대로 나온다는 것, 그리고 스핀을 측정하는 각도에 따라 스핀이 플러스나 마이너스로 나올 확률이 달라진다는 것.

존 벨의 실험

존 벨은 양자 얽힘의 성질을 분명히 밝히기 위해서 측정 각도를 매개변수로 이용했다. 가령 입자의 스핀을 임의적인 방식으로 측정하는 탐지기가 있다고 하자. 스핀을 때로는 수직 방향에서 측정하고, 때로는 120도 각도로 이쪽에서 측정하고, 또 때로는 120도 각도로 다른 쪽에서 측정하는 탐지기이다.

실험은 얽혀 있는 입자들 수천 쌍의 스핀을 측정하되, 한 입자의 스핀과 다른 입자의 스핀을 두 대의 탐지기를 사용해서 각각 측정하는 식으로 진행된다. 따라서 입자 하나하나에 대한 측정이 세 방향 중 임의의 한 방향으로 이루어지는 것이다. 그럼 실험을 시작하기에 앞서, 스핀의 합이 0이 될 확률을 미리 알아보자. 일단 스핀의 측정이 두 입자에 대해서 동일한 방향에서 이루어지면 그 합은 0이 된다. 그렇다면 다른 경우들은 어떨까?

이 실험의 결과는 다음 둘 중의 하나로 말할 수 있다. 코펜하겐 학파의 말대로 원래 결정되지 않는 무엇인가가 존재하든지, 아니면 스핀을 측정하지 않아도 그 값을 미리 알 수 있게 해주는 변수들이 존재하든지.

우선, 코펜하겐 학파의 설명을 보자. 이에 따르면 측정 중의 하나가 이루어졌을 때 다른 측정이 동일한 방향으로 이루어질 확률은 3분의 1이다.

그리고 다른 측정이 첫 번째 측정의 방향과 120도 각도로 이루어질 확률은 3분의 2이며, 이때는 75퍼센트의 경우에 스핀의 합이 0으로 나온다. 따라서 코펜하겐 학파에 따르면, 50퍼센트의 경우에 우리가 찾는 결과가 나와야 한다.[*]

그렇다면 숨은 변수가 존재한다면 어떻게 될까? 숨은 변수가 존재한다는 것은 측정하기 전이라도 충분한 정보만 있으면 어떤 방향에서든 측정 결과를 미리 말할 수 있다는 뜻이다. 이 내용을 표로 나타내기 위해서 세 측정 각도를 각각 A, B, C로 놓고, 각 측정 결과는 ↑ 또는 ↓로만 나올 수 있다고 해보자. 그러면 어떤 한 측정에서 나올 수 있는 모든 경우의 수는 다음과 같다.

	A	B	C
경우 1	↑	↑	↑
경우 2	↑	↑	↓
경우 3	↑	↓	↑
경우 4	↓	↑	↑
경우 5	↑	↓	↓
경우 6	↓	↑	↓
경우 7	↓	↓	↑
경우 8	↓	↓	↓

두 입자의 스핀을 같은 방향에서(같은 각도에서) 측정하면 반대되는 스핀이 나온다는 것을 우리는 이미 알고 있다. 이 말은 한 입자를 측정한 결과가 ↑라면 다른 입자의 스핀은 자동적으로 ↓로 추론됨을 의미한다. 따라

---

[*] 3분의 2의 75퍼센트는 2/3 × 3/4 = 2/4 = 1/2의 계산에 따라 50퍼센트이므로, 수학 계산이 나온 것에 대해서는 양해를 바란다.

서 가령 두 탐지기의 측정이 모두 A 각도로 이루어진다면, 결과는 언제나 반대되는 스핀으로 나올 것이다. 그러나 첫 번째 탐지기의 측정이 A 각도로 이루어지고 두 번째 탐지기의 측정은 C 각도로 이루어진다면, 두 측정 결과 모두 ↑로 나올 수도 있다. 벨은 이런 식으로 모든 가능한 경우를 따지는 복잡한 계산에 들어갔고, 측정 결과를 정말 미리 말할 수 있다면 적어도 55퍼센트의 경우(더 정확히는 최소 9분의 5의 경우, 즉 55.555……퍼센트의 경우)에 두 입자의 스핀이 반대되는 결과로 나온다는 결론을 내렸다. 코펜하겐 학파가 말한 50퍼센트와는 차이가 나는 값이다.

존 클라우저와 알랭 아스페

존 클라우저는 존 벨의 이론적 실험을 실행에 옮겼다. 이 실험은 측정과 측정 사이의 간섭이나 상관관계의 가능성을 충분히 제거하지 않았다는 점 때문에 비판을 받았지만, 클라우저의 결과는 몇 년 뒤에 프랑스의 물리학자 알랭 아스페에 의해서 재확인되었다. 아스페는 1980년과 1982년 사이에 실험을 하면서 다음과 같은 조건을 두었다.

• 실험장치가 충분히 효율적이어서 실험이 짧은 시간 안에 실행될 수 있어야 한다.
• 실험장치가 충분히 효율적이어서 측정과 측정 사이에 빛의 속도보다 낮은 속도로 전달되는 방해 효과에 따른 상관관계가 존재하지 않아야 한다. 간단히 말해서, 탐지기 사이에 간섭이 없어야 한다.
• 실험장치가 존 벨이 고안한 방법에 최대한 일치해서 그 이론적 계산에 대한 결론을 내릴 수 있어야 한다.

실험 결과, 코펜하겐 학파가 말한 대로 50퍼센트의 경우에 반대되는 스핀이 측정되는 것으로 확인되었다. 따라서 숨은 변수가 존재한다는 주장은 배제시켜야 했다. 입자들이 그 변수들의 변화를 빛보다 빠른 속도로 전달할 수 있다면 또 모르지만 말이다.

양자 얽힘의 성질은 여전히 미스터리로 남아 있으며, 어떤 사람들은 거기에 특별한 해석을 부여하려고 애쓰기도 한다(얽혀 있는 입자들 사이에 웜홀이 존재한다는 식으로). 하지만 어쨌든 양자 얽힘이 실재하는 것은 사실이다. 유령 같은 원격 작용은 정말로 존재한다.*

그렇지만 과학계에는 아인슈타인에게 조금이나마 위로가 될 만한 합의도 여전히 존재한다. 양자 얽힘이라는 현상의 성질을 정확히 이해할 수는 없으나, 어떤 정보가 빛보다 빨리 전달된다고 주장할 수 있는 근거는 없다고 보고 있기 때문이다. 모순되는 것처럼 보일 수 있겠지만, 양자역학 분야에서는 그렇게 특별한 일도 아니다. 그래서 합의가 존재하는 것이다.

119. 슈뢰딩거의 고양이

이른바 슈뢰딩거의 고양이는 대중이 가장 잘못 해석하는 실험 중의 하나일 것이다. 그것이 사고실험이라는 점을 잊는 경우가 너무 많을 뿐만 아니라, 실험에서 보여준다고 생각되는 것과는 사실상 반대되는 주장을 펼치기 위한 것임을 아는 경우는 또 너무 적기 때문이다. 무슨 말인지 자세히

---

* 광자들을 멀리 떨어뜨려놓고 양자 얽힘 현상을 확인하는 아스페의 실험은 오늘날 30킬로미터가 넘는 거리에서도 재현할 수 있다.

들어가보자.

1935년에 EPR 논문이 발표된 이후, 결정론자들과 확률론자들 사이에는 많은 논쟁이 벌어졌다. 특히 아인슈타인이나 슈뢰딩거 같은 결정론자들은 확률론자들이 물질을 동시에 여러 상태에 있는 것으로 간주하는 것을 못마땅하게 여겼다. 그래서 급기야 아인슈타인은 그런 머저리들* 말대로라면, 화약통이 "아직 폭발하지 않은" 상태와 "이미 폭발한" 상태를 동시에 가지고 있다는 소리도 조만간 나올 것이라면서 비아냥거렸다. 슈뢰딩거 역시 확률론에 불만이 많았고, 그래서 좀더 영리한 반박에 나섰다. 단지 말로만 반박하는 것이 아니라 아주 엉뚱한 과학 실험 하나를 내놓은 것이다. 그것이 바로 그 유명한 고양이 실험으로, 슈뢰딩거는 다음과 같은 말로 이 실험을 소개했다. 이 말을 보면, 내가 이 장의 서두에서 한 설명이 이해가 될 것이다. 이 실험이 사실은 그 내용과 반대되는 주장을 펼치는 데에 이용된다는 설명 말이다.

말도 안 되긴 하지만 이런 실험을 한번 상상해보자. 고양이 한 마리를 철로 만든 상자 안에 넣는다. 그리고 이 상자에⋯⋯.**

슈뢰딩거 자신이 직접 "말도 안 된다"고 밝히고 있다. 그렇다면 문제의 실험은 도대체 어떤 것일까?

여러분에게 고양이가 한 마리 있다. 물론 살아 있는 고양이이다. 여러분은 이 고양이를 철제 상자에 넣는다. 상자에는 구멍도 없고, 투명한 부분

---

* 여기서 "머저리"는 물론 내가 쓴 표현이다. 아인슈타인은 그 같은 "인신공격"을 하는 사람이 아니었을 것이다.
** Erwin Schrödinger, *Die gegenwärtige Situation in der Quantenmechanik*.

도 없다. 그리고 그 상자에 실험장치도 같이 넣는다. 방사성 물질 조금, 가이거 계수기, 망치, 청산가리가 든 유리병이 들어 있는 실험장치이다. 방사성 물질을 이루고 있는 원자들은 1시간 안에 1개가 붕괴할 확률과 1개도 붕괴하지 않을 확률이 반반이고, 원자가 붕괴해서 입자가 방출되면 가이거 계수기에 연결된 망치가 작동하면서 유리병을 깨뜨리게 된다. 간단히 정리하면, 원자는 입자를 방출할 수도 방출하지 않을 수도 있는데, 방출할 경우에는 독극물이 상자 안에 퍼지게 되는 것이다. 실험 조건을 왜 그렇게 자세히 설정했느냐고? 슈뢰딩거는 상자가 완전히 독립적인 상태, 즉 어떤 관찰이나 외부 작용에도 좌우되지 않는 상태에 있음을 말하고자 한 것이다. 실험 준비가 끝나면 상자를 닫고 1시간을 기다린다. 상식선에서 이야기하면, 1시간 뒤에 고양이는 입자가 방출되지 않아서 살아 있을 수도 있고, 입자가 방출되는 바람에 죽었을 수도 있다. 그런데 파동함수에서는 측정이 이루어지기 전까지는 원자가 입자를 방출한 상태와 방출하지 않은 상태가 중첩(superposition)의 형태로 공존한다고 말한다. 우리가 상자를 열어보지 않는 이상 고양이는 살아 있는 동시에 죽었다는 의미이다. 물론 그런 일은 있을 수가 없다.

전하는 바에 따르면, 슈뢰딩거가 이 실험을 내놓자 아인슈타인은 화약통 이야기를 수정해서 화약통과 고양이가 함께 등장하는 예를 제시했다는 후문이다. 어쨌든 슈뢰딩거는 어떤 목적에서 그런 실험을 내놓았을까? 그 실험으로 무엇을 보여주려고 했을까?

슈뢰딩거는 코펜하겐 학파가 실재에 대해서 설명한 내용이 거시적 차원에서는 아무 의미가 없음을 분명하게 보여준 것이다. 더 정확히는 다음과 같이 말했다.

이 실험은 원래는 원자 차원에 제한된 불확정성이 직접적인 관찰에 의해서 해결될 수 있는 거시적 불확정성으로 바뀌는 전형적인 사례로서, "흐릿한 모형"으로 실재를 나타낼 수 있다는 주장을 순진하게 사실로 받아들이면 안 된다는 것을 보여주고 있다. [……] 흐릿하게 찍힌 사진과 구름이나 안개를 찍은 사진 사이에는 차이가 존재한다.[*]

그렇다, 슈뢰딩거는 코펜하겐 학파를 공격하고 있다. 코펜하겐 학파가 주장하는 논거로는 우리가 아는 것(이미 알고 있던 것)에 대해서 아무것도 설명하지 못하며, 양자역학적 불확정성은 단지 파동함수의 "우아함"으로 볼 문제가 아니라 무지나 불완전함에 지나지 않을 수 있다는 것이다. 앞에서 보았듯이, 슈뢰딩거 자신이 파동함수가 나오게 해놓고 말이다(그래서 그의 심기가 더 불편했을 것이다).

요컨대 슈뢰딩거는 고양이 실험을 통해서 양자역학이 가지고 있는 기본적이면서도 중요한 문제를 지적하고 있다. 일이 진행되는 상황이 입자의 차원에서는 양자역학적 "특이함"이 나타나는 방식으로 돌아가고, 거시적 차원에서는 특이할 것이 없는 고전적인 방식으로 돌아가는 것이다. 그 둘 사이의 경계는 어디에 위치할까? 상황이 돌아가는 방식의 차이를 설명해주는 것은 무엇일까? 여기에서 중요한 사실은 두 차원 사이에 모순이 존재하지 않는다는 점이다.[**]

---

[*] Erwin Schrödinger, *Die gegenwärtige Situation in der Quantenmechanik*.
[**] 양자역학적 상용에서 고전적인 쪽으로 옮겨가는 현상은 무순(incoherence)이 아니라 결어긋남(decoherence)이라고 부른다.

120. 결어긋남

질문 내용은 명확하다. 작을 때는 특이하고 클 때는 특이하지 않다면, 어떤 크기에서부터 특이함을 멈추는 것일까? 보다시피 질문은 명확하다. 하지만 이제 보겠지만, 그에 대한 답은 그렇게 명확하지 않다.

어떤 물체의 작용을 기술한다고 해보자. 그 물체가 비행기나 구슬, 자동차, 기체, 액체 등 어떤 것이든 간에 그것은 무엇인가로 이루어져 있고, 이 무엇인가는 또 무엇인가로 이루어져 있다. 이 무엇인가의 마지막에는 언제나 원자 같은 입자들이 나오며, 이 입자들은 양자역학 이론의 모형에 따라 작용한다. 따라서 고전물리학의 규칙은 당연히 양자역학의 규칙으로부터 추론될 수 있을 것처럼 보인다. 그러나 사실은 그렇지 않다. 그러한 추론을 끌어내기 위한 이론은 모두가 다소간 씁쓸한 실패를 맛보았다. 그런데 1970년, 하인츠 디터 체라는 이름의 독일 이론물리학자가 결어긋남 이론(decoherence theory)이라는 것을 내놓으면서 성공에 가까운 결과를 얻었다. 이 이론으로 모든 문제가 해결되는 것은 아니지만, 그래도 꽤 많은 문제가 해결되기 때문이다.

그렇다면 결어긋남 이론을 통하면 특이한 양자역학적 작용이 어떤 "크기"에서부터 사라지는지 알 수 있을까? 그렇기도 하고 아니기도 하다. 여기서 우리가 알아야 할 점은, 지금 이 문제가 언뜻 생각할 수 있는 것과는 달리 차원에 관계된 문제는 아니라는 것이다. 물론 양자역학적 작용이 거시적 차원에서는 더 이상 통용되지 않는 것은 맞지만, 이는 크기보다는 양자역학적 물체와 그 주변 환경 사이의 상호작용에 관계된 문제이기 때문이다. 실제로 앞에서 여러 실험들, 즉 이중 슬릿 실험이나 클라우저와 아스페의 실험들을 설명할 때 깜빡하고 말하지 않은 것이 한 가지

결어긋남(decoherence)이란?

이 용어에 대해서는 조금(아주 조금) 전문적인 설명이 필요하다. 양자역학에서는 고전역학의 조화 진동자(調和振動子, harmonic oscillator)처럼 작용하는 양자역학적 조화 진동자의 상태를 두고 **결맞음**(coherence)이라고 부른다(지금 여러분은 조금 전문적인 설명이 아니라고 생각하겠지만 정말로 조금 전문적인 설명이 맞다). 진동자는 주기적인 방식으로 동일한 운동을 하는 어떤 것이고(진동한다고 말한다), 이 진동자의 진동이 사인(sine) 곡선을 그리면서(파동을 이야기할 때 제시하는 물결 모양을 생각하면 된다) 진동자에만 종속될 때(그러니까 진동수가 외부 물체에 의해서 결정되지 않는다는 의미이다) 조화 진동자라고 말한다.

단일 입자 혹은 얽혀 있는 두 입자는 자연적으로 조화 진동을 하며, 따라서 결맞음 상태에 놓인다. 이중 슬릿 실험을 예로 들면, 전자를 쏘았을 때 그 전자는 뒤쪽 벽에 부딪치는 순간(파속이 붕괴되는 순간)까지는 결맞음 상태에 있다.

따라서 결어긋남은 결맞음이 더 이상 존재하지 않는 상태를 말하며, 결맞음을 "잃었다"고도 표현한다.

있다. 이 실험들은 극한의 조건에서 실행된다. 절대영도에 가까운 온도, 거의 완벽한 진공, 빛이 완전히 차단된 어둠, 모든 전자기적 간섭의 제거 등등. 앞에서 보았듯이 가령 전자 같은 입자는 측정을 위해서 단지 "관찰되는" 일에도 민감하게 반응한다. 말하자면 성질이 예민하다. 그런데 차원의 크기가 커질수록 관찰해야 할 입자들 사이의 상호작용의 수가 늘어나며(입자들 사이의 상호작용뿐만 아니라 입자 주변의 공기, 빛, 물질, 전자기 등과의 상호작용까지), 이 모든 상호작용이 많아지면 입자들의 양자역학적 불확정성은 **묻히기**에 이른다. 슈뢰딩거의 고양이가 우리에게 보여주는 것이 바로 그런 것이다. 결어긋남이 발생하면 가능한 양자 상태들의 중첩은 더 이상 유지될 수 없으며, 여러 입자들의 파동함수도 더

이상 서로 간섭을 일으킬 수 없다. 파속의 갑작스러운 붕괴가 일어나는 것이다.

이 현상은 앞에서 살펴본 물리 현상의 비가역성과도 직접적인 관계에 있다.[*] 결어긋남은 양자역학적 계가 주변 환경과 열역학적으로 비가역적 방식으로 상호작용하는 것과 동시에 발생하기 때문이다. 여기서 "동시에 발생한다"고 말한 부분을 좀더 정확히 해보자. 이 말은 결어긋남이 파속의 붕괴를 일으킨다는 것이 아니라, 파속의 붕괴와 함께 발생한다는 뜻이다. 따라서 어떤 의미에서는 계의 양자역학적인 성질이 주변 환경으로 **새어나간다**고 할 수 있다(이번 내용에는 "어떤 의미에서는"이나 "말하자면"이라는 식의 표현이 자주 등장하는데, 설명을 위해서는 어쩔 수 없는 부분이다. 오히려 그런 단서를 붙이지 않으면 잘못된 설명이 된다).

그렇다면 결어긋남과 함께 일어나는 일을 정확히 말할 수 있을까? 그렇기도 하고 아니기도 하다. 내가 양자역학 방정식들이 정확히 말하고 있는 것을 이해하기에 충분한 수학 실력이 있고 여러분도 그렇다고 가정한다면, 모든 것이 양자역학적인 범위 안에서 벌어지는 일은 바로 그 방정식들을 보면 알 수 있다. 또한 그 방정식들은 결어긋남을 수량으로 나타낼 수 있게 해주며, 결어긋남이 순식간에 일어나지 않는다는 것도 보여준다. 그러나 방정식을 사용하지 않고 어떤 일이 일어나는지 설명하라고 한다면, 입자가 "지쳐서" 에너지가 떨어지면 양자역학적 성질을 더 이상 유지하지 않는 상태가 됨을 암시하는 내용을 제시하는 것 말고는 딱히 더 할 수 있는 것이 없다.

파속의 붕괴도 비슷한 방식으로 설명할 수 있다. 이중 슬릿 실험을 가지고 다시 이야기해보자. 전자가 벽을 막 때리려는 순간에 그 전자는 여러

---

[*] 124쪽 참조.

곳에 있을 수 있다. 확률에 따라 이곳이나 저곳에 있을 수 있다는 말이다. 그런데 전자가 벽을 때리는 순간, 그것이 어떤 슬릿으로 통과하는가를 탐지한 경우와 마찬가지로 벽을 때렸다는 사실 자체가 탐지 행위가 되면서 (전자가 외부 환경과 상호작용을 "너무 많이" 한 것이다) 양자역학적인 성질을 띠는 것을 멈추게 된다. 전자를 관찰하든 전자가 벽을 때리든, 결국 같은 현상이 나타나는 것이다. 현재 그 작용을 수학적으로 이해하는 일은 가능하며, 전자가 벽을 때리는 순간 그 전자를 벽의 이런저런 위치에서 발견할 확률을 수학적으로 기술하는 일도 가능하다. 그렇지만 파속이 붕괴할 때, 전자가 다른 위치가 아닌 어떤 위치를 "선택하는" 이유를 알아내는 일은 여전히 불가능하다. 게다가 전자는 나타날 확률이 가장 높은 위치를 꼭 선택하지도 않는다. 우리가 미리 말할 수 있는 유일한 사실은, 전자를 충분히 많이 방출하는 경우에는 전자가 나타날 확률이 2퍼센트인 곳에서 2퍼센트의 전자가 탐지된다는 것이다. 그렇다면 각각의 전자는 왜 다른 위치가 아닌 어떤 위치를 선택하는 것일까? 이 의문은 일차적으로는 코펜하겐 학파와 EPR 팀 사이의 오랜 철학적 논쟁과 맞물리지만, 이차적으로는 다른 여러 논쟁과도 맞물린다. 가령 전자는 어떤 위치를 정말로 임의적으로 선택하는 것일 수도 있고(일부 학자들은 인정하지 않지만), 무한대의 평행 우주에서 모든 가능한 위치를 가지는 것일 수도 있다(이 경우 어느 우주에서 어느 위치를 선택하는 기준은 무엇일까?). 또다른 가능성들도 존재할 수 있고 말이다.

그런데 이 의문은 어떤 실험을 통하면 어쩌면 부분적으로는 해결이 될지도 모른다. 슈뢰딩거의 고양이를 이용한 실험이 그것이다.

121. 슈뢰딩거의 고양이

지금 여러분은 이 책에 문제가 있다는 생각을 할 것이다. 바로 앞에서 이런 제목의 장이 벌써 나왔으니까. 그러나 잘못된 것이 아니다. 이번 장의 제목도 "슈뢰딩거의 고양이"가 맞다.

여기서 말하는 슈뢰딩거의 고양이는 앞에서 말한 것과 같은 것이 아니다. 우선 보기에는 한 글자도 다르지 않아서 헷갈리지만 말이다. 양자역학에는 슈뢰딩거의 고양이라고 불리는 현상이 존재한다. 물론 앞에서 말한 실험과 관계가 있는 현상이다. 여기서 말하는 슈뢰딩거의 고양이는 거시적 차원(즉 양자역학적인 성질을 정상적으로 유지하기에는 너무 크거나 복잡한 상태)에 있으면서 양자역학적인 방식으로 작용하는 물체를 가리킨다. 따라서 꼭 고양이일 필요는 없다. 유니콘, 흰 늑대, 흑고니 등으로 대체해도 상관없지만, 그냥 슈뢰딩거의 고양이라고 말하는 것이다.

그렇다면 그런 종류의 물체를 실제로 관찰할 수 있을까? 알다시피 거시적인 차원에서는 어떤 것도 양자역학적 방식으로 작용하지 않는다. 따라서 정말로 양자역학적인 현상을 거의 맨눈으로 관찰할 수 있게 해주는 방법을 생각해낸다면 아주 혁신적인 발상일 것이다. 그런데 세 명의 학자가 그런 발상을 실제로 내놓았다. 아니, 사실 셋보다 더 많은 사람들이 그런 생각을 했지만, 결과에까지 이른 것은 그 세 명이다. 캘리포니아 대학교에서 물리학 박사 학위를 준비하던 에런 오코넬이 앤드루 N. 클러랜드와 존 M. 마티니스의 지도하에 대략 머리카락 한 올 크기의 슈뢰딩거의 고양이를 만들었다. 머리카락 한 올은 엄밀히 말하면 거시적인 차원으로 볼 수 없다고 할 사람도 있겠지만, 상대적으로 생각해야 한다. 머리카락 한 올의 굵기는 그것을 구성하고 있는 원자들의 크기보다 약 10만 배는 크니까.

실험은 조금 복잡한데, 최대한 간단하게 설명하면 다음과 같다. 일단 상자가 하나 필요하다. 상자 안은 온도가 아주 낮고(절대영도에 가깝게 정말 아주 낮은 온도*), 진공 상태이며(최대한 완벽한 진공 상태), 어떤 빛도 들어오지 않는다. 이 조건이면 간섭 현상을 제한하기에 이상적이다. 이 실험에서는 결어긋남을 피하는 것이 중요하고, 따라서 결어긋남이 발생하지 않도록 모든 조치를 취해야 하기 때문이다. 「스페셜리스트」, 「오션스 일레븐」, 「미션 임파서블」** 같은 범죄 스릴러 영화에서 주인공이 보안 시스템을 통과하는 장면을 떠올려보자. 혹은 벽을 건드리지 않고 환자를 수술해야 하는 보드 게임 「오퍼레이션」을 떠올려도 좋다. 아니면 우리가 지금 부모님 모르게 "무단 외출"을 감행하려는 순간이라고 해보자. 이때 우리는 불을 켜는 등의 행동 없이 최대한 조용히 움직일 것이다. 문제의 실험에서 어둠과 진공과 낮은 온도가 필요한 것도 비슷한 맥락이다.

그 상자에 들어가는 것은 물론 고양이가 아니라(그런 조건이면 굳이 파동함수를 동원하지 않아도 고양이가 죽는다는 것을 알 수 있다) 다음과 같은 방식으로 만들어진 작은 실험장치이다. 우선 얇은 금속조각(두께가 약 10마이크로미터*** 정도밖에 안 되게 얇다)을 진동이 가능하도록 매달아둔다. 이 금속조각은 전류를 약간만 흘려보내도 쉽게 진동하는데, 이 실험에서는 "조지프슨 접합(Josephson junction)"이라고 불리는 양자역학 메커니즘을 이용하여 약한 전류를 만들어 금속조각을 진동시킨다(조지프슨 접합에 대해서는 여기서 자세히 설명하지 않을 것이다. 절연체로 분리된 두 개의 초전도체 사이에 전류를 흐르게 만드는 방법이라는 정도로만 알

* 0.025K, 즉 −273.125°C.
** 삭삭 파스티스 크롱드, 스티븐 스더버그, 브라이어 드 팔마가 감독을 맡았다.
*** 1밀리미터의 100분의 1, 즉 아주 얇은 머리카락 한 올 굵기 정도 된다.

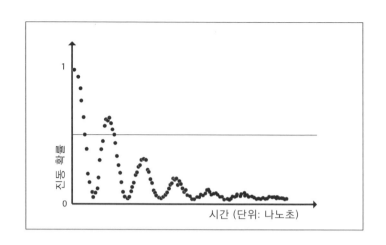

세로축: 진동 확률
가로축: 시간 (단위: 나노초)

아두자). 왜 단순한 전기 회로를 쓰지 않고 그런 식으로 전기를 발생시키
느냐고? 왜냐하면 조지프슨 접합은 양자역학 체계에 해당하고, 따라서 전
류가 흐르는 "동시에" 흐르지 않는 중첩 상태에 있을 수 있기 때문이다.

　여기서 "동시에"라는 표현은 좀더 명확히 하는 것이 좋겠다. 앞에서 나
는 어떤 입자가 정말로 동시에 서로 다른 두 상태에 있는 것이 아니라, 가
능한 각 상태에 대한 확률을 가지는 것이라고 말했다. 지금 이야기하고
있는 실험에서도 마찬가지이다. 전류가 흐르는 동시에 흐르지 않는 상태
에 있다는 말은 확률에 따라서 흐르거나 흐르지 않는다는 뜻이다.

　이 실험에서 측정할 것은 금속조각이 진동 중에 있을 확률이다. 전류를
강하게 걸 경우에 금속조각은 확실하게 진동하고, 따라서 문제의 확률은
1이다. 반면에 전류를 조금도 걸지 않을 경우에 금속조각은 진동할 수 없
고, 따라서 진동 중에 있을 확률은 0이다. 장치를 가만히 내버려두면 어떤
일이 일어날까?

　위의 그래프에서 보듯이 진동 확률은 시간과 함께 크게 낮아진다. 이는
비교적 짧은 얼마간의 시간(40나노초)이 지나면 조지프슨 접합 자체가 더

이상 양자역학적인 성질을 띠지 않음에 따른 현상이다. 조지프슨 접합의 결어긋남이 증가하는 것이다. 그리고 이 그래프에는 다른 더 중요한 사실도 담겨 있다. 확률의 크기가 그래프에서 중간에 그어진 선상에 있을 때, 금속조각은 진동하는 동시에 진동하지 않는(확률이 같다는 의미에서) 양자 상태에 놓인 것으로 간주된다. 따라서 슈뢰딩거의 고양이, 즉 거시적 차원에 있으면서 양자역학적인 방식으로 작용하는 물체가 되는 것이다.

122. 특이한 효과들

양자역학적 차원에서만, 즉 양자역학적 물체가 양자역학적 방식으로 작용하는 조건에서만 나타나는 현상과 효과들은 양자 상태의 중첩과 파속의 붕괴, 그리고 그밖에 지금까지 이야기한 입자들의 양자역학적 속성 외에도 다양하게 존재한다. 제이만 효과는 앞에서 이미 말했고, 다른 두 가지 효과를 더 알아보기로 하자.

터널 효과

터널 효과(tunnel effect)는 양자역학적 특이함과 그 특이함을 거시적 차원에서 실용적으로 활용하는 방법을 동시에 보여줄 수 있는 예이다. 그렇다면 터널 효과란 무엇일까?

거시적 차원에서 어떤 파동을 벽을 향해 방출했을 때(예를 들면 빛을 벽에 비추었을 때), 그 파동의 일부는 반사된다. 말하자면 벽에서 튕겨나오는 것이다. 공을 벽에 던지면 튕겨나오는 것처럼 말이다. 양자역학적 차원에서도 사실상 같은 일이 일어난다. 양자역학적 물체를 벽에 던지면⋯⋯.

퍼텐셜 장벽(potential barrier)

어떤 입자가 낮은 에너지 준위를 가지고 있어서 특정한 에너지 준위를 넘을 수 없을 때, 그 에너지 준위를 두고 "퍼텐셜 장벽"이라고 부른다. 퍼텐셜 장벽을 설명하기에 가장 좋은 비유(퍼텐셜 장벽이 실제로 무엇인지에 비추어보면 부적절한 비유일 수도 있지만)는 다리 밑으로 나 있는 도로이다. 다리 높이가 도로에서부터 4미터라고 하자. 그렇다면 도로 입구에는 높이가 3.9미터 이하인 차량만 지나갈 수 있다는 표지판이 붙어 있을 것이다. 따라서 이 경우 3.9미터가 퍼텐셜 장벽이 된다. 그보다 더 높은 차량은 지나갈 수 없다는 점에서 장벽의 개념이 "거꾸로" 적용되고는 있지만 말이다. 퍼텐셜 장벽의 경우, 충분히 높은 에너지 준위를 가지지 않은 양자역학적 물체는 그 장벽에 차단을 당한다.

아, 잠깐! 양자역학적 차원에서도 "벽"을 말할 수 있을까? 그렇기도 하고 아니기도 하다. 넘을 수 없는 일종의 한계라는 의미에서는 벽을 말할 수 있다. 그러나 이 벽은 우리가 보통 생각하는 그런 벽이 아니라 **퍼텐셜 장벽**을 가리킨다.

그럼 양자역학적 물체를 "벽"(그러니까 퍼텐셜 장벽)에 던진다고 해보자. 벽이 충분히 두꺼울 경우, 파동함수가 벽의 다른 쪽에 나타날 확률은 전혀 없다. 따라서 우리가 던진 양자역학적 물체는 벽에서 튕겨나오면서 수족관의 물이 한쪽 벽에 부딪쳤을 때와 비슷한 간섭을 일으킨다. 그러나 벽이 충분히 얇은 경우, 파동함수가 벽의 다른 쪽에 나타날 확률은 0이 아닌 값으로 존재한다. 양자역학적 물체는 그 벽을 통과할 가능성을 가지게 되고, 그래서 말 그대로 벽을 통과하는 입자를 보게 되는 것이다. 바로 이것이 터널 효과이다. 사실 파동함수는 어떤 두께의 벽을 만나든 값이 줄어들며, 터널 효과의 여부는 양자역학적 물체의 성질과 벽의 두께 정도에 달려 있다. 터널 효과는 고전역학의 차원에서는 대응되는 것이 없다.

따라서 비유를 통한 설명은 사실상 불가능하다(벽이 충분히 얇으면 공이 벽을 통과한다고 말하는 것이니까).

터널 효과는 많은 곳에 응용되는데, 가장 유명한 것은 주사(走査) 터널링 현미경(scanning tunneling microscope)이다. 실제로 일반 현미경으로는 아무리 성능이 좋아도 원자를 관찰할 수 없다. 그러나 주사 터널링 현미경은 "마치 원자를 보고 있는 것처럼" 해준다. 원리는 비교적 간단해도 실행에 옮기기는 그렇게 간단하지 않다. 일단 굵기가 원자 크기 정도 되는 금속침(금을 원자 하나 크기가 될 때까지 뾰족하게 "갈아서" 만들면 되는데, 쉬운 작업은 아니다)이 달린 장치가 필요하다. 그리고 이 장치를 전기 회로에 연결하고, 그 맞은편에는 금속판을 설치한다. 그다음에는 금속침을 금속판 표면에 가까이 가져가되, 서로 닿지는 않게 해야 한다. 이때 금속침과 금속판 표면 사이는 진공이 되어야 하며, 모든 것이 완벽하게 안정적으로 유지되어야 하는 등의 조건도 필요하다. 따라서 실험적으로 매우 복잡하고 어려운 일이다. 어쨌든 금속침을 금속판 표면에 아주 가까이 가져갔을 때, 침의 끝이 위치한 곳 아래에 아무런 특별한 것이 없으면 전류가 측정되지 않는다. 그러나 침의 끝 아래에 원자가 있으면 터널 효과에 의해서 전자가 진공을 가로질러 지나가게 되고(진공이 장벽 역할을 한다), 그 전자의 이동이 회로를 닫으면서 전류를 유발한다(이때 발생하는 전류는 물론 매우 약하지만 측정이 가능하다). 따라서 현미경의 침이 이동할 때에 전류가 흐르는 위치와 흐르지 않는 위치를 기록하면, 금속 표면에 있는 원자들의 위치를 지도처럼 나타낼 수 있다. 엄밀히 말하면 원자를 보는 것은 아니지만, 원자들이 어디에 있는지 충분히 자신 있게 말할 수 있는 것이다. 이 장치는 특히 금속 표면의 구조를 과학적으로 관찰할 수 있게 해준다.

앞에서 말했듯이 이 장치는 이해하기는 비교적 간단하지만, 그 원리를

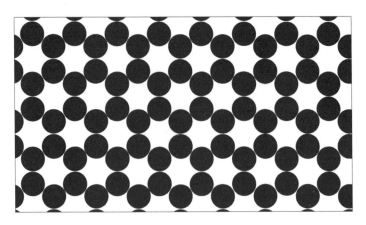

그래핀의 구조

실행한 것은 아주 대단한 기술적 쾌거에 해당한다. 거시적 차원에서 말하면, 엠파이어스테이트 빌딩을 뒤집어 바닥에서 1밀리미터만 띄운 채 이동시키는데도 모든 것이 완벽히 안정적으로 유지되는 내진 시스템이 필요하기 때문이다.

앞에서 말한 조지프슨 접합의 원리도 터널 효과에 근거한다. 전류가 터널 효과에 의해서 충분히 얇은 절연층을 "통과하여" 흐르는 것이다. 그리고 M램(magnetic RAM) 형태의 컴퓨터 메모리도 터널 효과를 이용한다. M램을 간단히 설명하자면, 바로 접근할 수 있다는 점에서는 보통 컴퓨터의 램과 동일하다(하드디스크에 저장된 메모리는 일단 램으로 불러와서 접근해야 한다). 그러나 데이터를 저장하는 데에 에너지가 필요하지 않다는 점에서는 하드디스크와 동일하다. 보통의 램에서는 전기로 데이터를 저장하지만, M램에서는 자기(磁氣)를 이용해서 메모리의 **기억 소자**를 이루는 전자들의 스핀을 바꾸는 방식으로 데이터를 저장하기 때문이다. 그리고 바로 그 과정에서 터널 효과가 개입한다. M램에서 기억 소자들은 강자성(强磁性)을 띠는 두 층 사이에 샌드위치처럼 끼어서 얇은 절연층을 이루고 있는데, 두 강자성 층 사이의 터널 효과에 의해서 전자들의 스핀 방향이 바뀌는 것이다. 물론 매우 복잡한 기술이다. 어쨌든 여기서 중요한 것은, 전자의 스핀은 서로 다른 두 가지 방식으로만 방향을 가질 수 있기 때문에 0과 1, 즉 컴퓨터 비트 체계로 변환될 수 있다는 점이다. 컴퓨터, 혹은 보다 일반적으로 전기 회로에 전자의 스핀을 이용하는 기술을 **스핀트로닉스**(spintronics)라고 부른다(전자의 이동을 이용하는 기술은 일렉트로닉스[electronics]이다).

카시미르 효과

카시미르 효과(Casimir effec)는 조금은 우스꽝스러운 명칭처럼 들리지만 우스꽝스러운 효과와는 상관이 없다. 이 효과를 발견한 네덜란드의 물리학자 헨드릭 카시미르의 이름을 따서 붙은 명칭일 뿐이기 때문이다. 카시미르 효과는 오히려 당황스러운 효과라고 할 수 있다. 뒤에서 다시 이야기하겠지만,[*] 대략 설명하면 다음과 같다. 진공에서 두 개의 금속판을 아주 가까이 평행하게 놓았을 때, 전자기장이 전혀 없는 상태에서는 아무 일도 발생하지 않는 것이 정상이다. 두 금속판 주위에는 금속판을 움직일 만한 것이 없고, 따라서 어떤 일도 일어나지 않아야 한다. 그러나 실험에서는 두 금속판이 서로를 끌어당기는 결과가 나온다(과거에는 실험적으로 진공을 구현하기가 어려웠다. 그래서 카시미르가 이 효과를 예측한 것은 1948년이었지만, 해당 효과를 명백하게 증명한 최초의 실험은 1997년에 이루어졌다). 카시미르 효과를 두고 "당황스럽다"고 이야기했지만, 실제로 보면 당황스러운 것 이상이다. 두 금속판 사이에도 그 주변에도 아무것도 없는데 금속판들이 움직인다는 것은 에너지가 다른 어딘가에

---

[*] 234쪽 참조.

서, 그것도 아무것도 없는 어딘가에서 생겨났다는 뜻이기 때문이다. 따라서 에너지 보존 법칙에 위배되는 것처럼 보이는 효과인 것이다. 그러나 뒤에 가서 살펴보겠지만 카시미르 효과는 과학적으로 설명이 가능한 현상이다. 그리고 이 설명을 이해하려면 양자장 이론(量子場理論, quantum field theory)을 먼저 살펴볼 필요가 있다.

123. 양자장 이론

지금 우리가 어디쯤 와 있는지 잠깐 정리를 해보자. 주요 과학 이론들 가운데는 공간과 시간과 물질을 이해하는 방식, 즉 우주 전체를 이해하는 방식을 완전히 새롭게 그려낸 이론이 두 가지가 있다. 아인슈타인의 상대성 이론(특수상대성 이론이든 일반상대성 이론이든 간에)과 양자역학이 그것이다. 물론 이 두 이론은 그보다 먼저 나온 이론들, 가령 뉴턴의 고전역학 같은 이론보다 이해하기가 훨씬 더 어렵다. 하지만 두 이론에 따른 예측들은 모두 정확한 것으로 밝혀졌으며, 두 이론을 검증하는 실험에서도 이론들을 뒷받침해주는 결과만 나왔다. 요컨대 두 이론이 아주 유능하다는 사실은 인정해야 한다. 그런데 100년이 넘는 역사를 가진 그 이론들은 처음 나온 이후로 계속 다듬어졌고, 때로는 보완되기도 했다. 한마디로 말해서 진화를 해온 셈이다. 그 진화 중에서 첫 번째는 제2차 양자혁명이라고 불리는 것으로, 1928년에 영국의 물리학자이자 수학자인 폴 디랙이 슈뢰딩거 방정식을 보완하여 상대론적 전자를 기술하면서 시작되었다. 수학적으로는 아주 복잡한 이야기인데, 어쨌든 디랙의 방정식은 이후 여러 실험들을 통해서 꾸준히 검증 과정을 거쳤다.

상호작용의 통합

세 가지 상호작용을 양자 이론으로 설명하려는 발상이 아무 근거 없이 나온 것은 물론 아니다. 물리학에서는 서로 다른 분야의 현상은 서로 다른 이론으로 기술하는 것이 보통이다. 그러나 두 분야가 그렇게까지 다르지 않을 때는 그 두 분야를 기술하는 이론들이 서로 양립되지는 않는지 확인하는 것이 좋다. 예를 들면, 맥스웰이 전기와 자기를 통합하면서 한 일이 바로 그런 작업이다. 전류는 자기장을 유도하고 자기장은 또 전류를 만들 수 있다는 것을 확인했기 때문에 두 현상을 통합한 것이다. 그렇다면 지금 우리의 주제, 즉 세 가지 상호작용을 양자역학적으로 통합하는 문제를 가지고 이야기해보자. 우선, 전자기적 상호작용을 살펴보자. 전자기장은 전기적 성질을 띠는 입자들과 원래 상호작용을 한다. 따라서 전자와도 상호작용을 한다는 뜻이다. 그러므로 문제의 통합이 이루어지려면 전자의 작용을 기술하는 이론이 전자기에 대한 이론과 양립하는지 확인할 필요가 있다. 그다음, 강한 상호작용은 양성자와 중성자들이 원자핵 안에 함께 자리할 수 있게 해주는 "힘(force)"이다. 양성자들은 모두 양의 전기를 띠기 때문에 서로를 밀어내는 것이 맞지만, 그 힘에 의해서 밀착해 있는 것이다. 전자기적 상호작용에 대해서와 마찬가지로, 통합적 접근이 가능하려면 강한 상호작용이 양자역학과 양립할 수 있는지 확인을 해야 한다. 끝으로, 방사능의 원인이 되는 "힘"에 해당하는 약한 상호작용 역시 양자역학과 양립이 되어야 한다. 그 같은 양립을 위한 시도는 실제로 존재하는데, 가령 양자역학과 전자기를 양립시키는 이론을 두고 **양자전기역학**(量子電氣力學, quantum electrodynamics, QED)이라고 부른다. 그리고 양자역학과 강한 상호작용을 양립시키는 이론은 **양자색역학**(量子色力學, quantum chromodynamics, QCD)이다. 이 이론들은 수학적으로 장에 대한 양자역학적 이해에 근거를 두고 있다.

디랙이 내놓은 발상 중의 하나는 다음과 같다. 원자에 대한 고전적인 해석에 따르면, 수소 원자는 양의 전기를 띠는 양성자 하나를 가진 원자핵과 음의 전기를 띠면서 원자핵 주위를 다소간 혼란스러운 방식으로 돌아다니는 전자 하나로 이루어져 있다. 이 전자의 이동은 전기장을 생성하고, 따라서 자기장도 생성한다. 전자기장이 만들어지는 것이다. 그런데 이처럼 원자의 차원에서 만들어지는 장은 양자역학적인 성질을 띠는 것으로 보아야 하고, 그렇게 해서 "양자장"의 개념이 등장한다. "양자장 이론"이라고 불리는 새로운 양자역학은 기본적인 양자역학적 물체들(광자, 전자, 쿼크 등)이 사실은 장(광자는 광자장, 전자는 전자장 등)의 국소적 진동으로서 우주 곳곳에(공간 곳곳에) 존재하고 있다는 생각에 근거한다. 따라서 전자는 전자장의 국소적 표현에 지나지 않는다는 것이다.

이 이론이 맞는다면, 우리 주위의 곳곳에 양자장이 끝없이 펼쳐져 있다는 의미이다. 원자를 이루고 있는 입자들은 그 장의 국소적 변형인 것이다. 물론 여러분 중에는 이와 같은 개념이 과학적인 문제들을 수학적으로 푸는 새로운 방법일 뿐, 실험적으로 관찰할 수 있는 해석과는 무관하지 않느냐고 생각할 사람도 있을 것이다. 하지만 그 생각은 틀렸다. 왜냐하면 양자장 이론은 우리 우주의 네 가지 기본 상호작용 가운데 세 가지, 즉 전자기적 상호작용과 약한 상호작용, 강한 상호작용을 통합하여 다루는 표준 모형의 주춧돌 가운데 하나이기 때문이다.

124. 과학사의 한 페이지 : 폴 디랙

폴 디랙이 어떤 일을 했는지는 바로 앞에서 이야기했으니까 다시 처음부터 말하지는 않겠다. 다만 이 인물에 대해서 그렇게 짧게 언급하고 넘어가는 것은 무례한 일일 것이다. 닐스 보어가 양자역학에서 중요한 인물이라고 계속 말하면서도(그것도 제1권에서부터) 보어에 대해서 아직 제대로 이야기하고 있지 않은 것 역시 무례한 일이겠지만.

사실 폴 디랙의 연구는 수학적인 성질이 아주 크다. 그러므로 여기서 나는 너무 자세히는 들어가지 않고, 디랙이 예측했거나 발견한 것을 간단하게 서술하는 정도에 그칠 생각이다. 따라서 이번 장의 내용은 디랙에게는 미안하지만, 그의 업적에 비해서 너무 짧다. 디랙이 어디에 있든지 간에 나를 용서해주기를 바란다.

디랙의 방정식은 반정수(半整數)의 스핀을 가진 입자들을 기술하기 위해서 만들어졌다. 예를 들면, 전자 그리고 보다 일반적으로 말하면 페르미온 계열에 속하는 입자들처럼 (1/2)의 스핀을 가진 입자들이 그에 해당한다. 그런데 디랙은 슈뢰딩거 방정식에서 출발했으면서도 로런츠 변환에 불변인 방정식에 이르고자 했다(210쪽의 삽입 글 참조). 슈뢰딩거 방정식은 로런츠 변환에 불변이 아닌데도 말이다.

슈뢰딩거 방정식이 로런츠 변환에 불변이 아니라는 것은 그 방정식으로는 상대론적 입자의 작용을 기술할 수 없다는 의미이다. 그러나 디랙 방정식으로는 적어도 페르미온 입자에 대해서는, 그리고 특히 전자에 대해서는 상대론적 작용을 기술할 수 있다.

디랙은 자신의 방정식을 이용해서 많은 예측을 내놓았다. 수학자답게 가만히 앉아 방정식만 이리저리 굴려서 얻은 결과였다.

반물질(反物質, antimatter)

디랙의 방정식에는 스핀의 최근 개념은 당연히 반영되어 있고, 다른 양자수들*도 반영되어 있다. 그리고 디랙은 전자가 정말로 그 방정식의 한 가지 풀이에 해당한다면 다른 풀이에 대응되는 입자, 즉 전자와 짝을 이

---

* 164쪽 참조.

로런츠 변환(Lorentz transformation)에 대해서 불변

로런츠 변환은 상대성 이론이 기술하는 시공간에서의 좌표 변환을 말한다. 여러분이 파리의 어느 카페에서 무엇인가를 한 잔……아니, 뭘 마시고 말고는 지금 중요하지 않으니까, 그냥 파리의 어느 카페에 앉아 있다고 하자. 아인슈타인 덕분에 우리는 공간과 시간에 어떤 특별한 지점 같은 것은 존재하지 않으며, 모든 것은 관찰자를 기준으로 상대적인 성질을 띤다는 사실을 알고 있다. 따라서 관찰자로서 여러분은 시공간 안에서의 여러분 위치를 간단하게 "여기 그리고 지금"이라고 나타낼 수 있을 것이다. 그런데 다른 관찰자의 기준에서 볼 때 여러분은 "여기"가 아니라 "저기"에 있는 것이고, 그 관찰자가 하루 뒤에 그 장소에 왔다면 여러분은 "지금"이 아니라 "어제" 그곳에 있었던 것이 된다. 그렇다면 여러분이 이동을 한다고 하자. 이때 여러분의 공간 좌표는 흐르는 시간과 함께 바뀌게 된다. 다른 관찰자의 기준에서도 변화가 생길 것이고 말이다. 그러나 어떤 관찰점을 기준으로 하든 여러분의 이동의 성질 자체에는 변함이 없다. 좌표계는 바뀔 수 있지만, 여러분이 어떤 방향으로 얼마 동안 얼마만큼 이동했는지는 변함이 없다는 뜻이다. 여기까지가 상황에 대한 고전적인 해석이다. 그런데 만약 여러분이 빛에 가까운 속도로 이동한다면 그때는 특수상대성 이론이 적용되고, 그래서 관찰자에 따라 다소간의 시간 지연(time dilation)과 길이 수축(length contraction), 동시성의 소멸(breaking of simultaneity)을 겪게 된다. 이 경우 계산하기가 아주 복잡하지만, 그래도 여러분의 이동의 성질 자체가 모든 관찰자에게 동일한 것은 이번에도 마찬가지이다. 기준점을 바꾸어도, 다시 말해서 좌표를 선적인 방식으로 변환해도(로런츠 변환) 여러분의 이동은 성질이 바뀌지 않는다는 뜻이다.

아주 간단히 말해, 상대론적 관점에서 특별한 관찰자가 존재하지 않는다는 말은 여러분의 이동에 대한 방정식이 로런츠 변환에 대해서 불변임을 의미한다.

루되 양자수는 전자와 반대되는 입자도 존재할 것이라고 보았다. 이 입자는 처음에는 순수하게 수학적인 성질이었는데, 1932년에 미국의 물리학자 칼 데이비드 앤더슨이 실제로 관찰했다. 높은 에너지의 광자(우주에서부

안개 상자(cloud chamber)

안개 상자는 이름은 낭만적이지만, 그 너머에는 놀라운 기술이 숨겨져 있다. 일단 장치는 비교적 간단하다. 안개 같은 수증기나 알코올 증기를 상자에 과포화 상태로 담아둔 것인데, 과포화 상태는 두 가지 방식으로 얻을 수 있다. 피스톤을 이용해서 상자 내부 부피를 팽창시키거나(팽창형 안개 상자나 윌슨 상자[Wilson's chamber]라고 부른다), 물 말고 알코올만 넣은 뒤 상자 바닥을 −30도까지 냉각하거나(확산형 안개 상자나 랭스도르프 상자[Langsdorf's chamber]라고 부른다). 어쨌든 어떤 입자가 상자 내부를 지나가면 그 입자가 지나간 길에는 물이나 알코올이 응결된다. 그렇게 해서 얻은 흔적의 길이와 궤적, 밀도를 분석하면 상자를 지나간 입자의 성질을 추론할 수 있다. 윌슨 상자는 수직적인 시각화가 가능하기 때문에 우주선(宇宙線)의 연구에 적합하고, 랭스도르프 상자는 수평적이면서도 지속적인 시각화가 가능하다. 윌슨 상자의 경우, 용기 내부의 압력을 조절하기 위해서 피스톤을 주기적으로 움직여줄 필요가 있다.

터 온)가 안개 상자와 상호작용을 하면 그런 입자가 생긴다는 사실이 확인된 것이다.

그러니까 정리하자면, 1932년에 칼 데이비드 앤더슨이 디랙 방정식에 의해서 예측된 전자의 짝을 발견했다는 뜻이다. 디랙은 반물질의 존재를 예측했고, 앤더슨은 반전자 혹은 양전자를 발견한 것이다. 반물질은 물질과 같은 것이되, 반대되는 특징을 가진 그 무엇이라고 할 수 있다. 그렇다면 왜 그냥 물질이라고 부르지 않을까? 가령 전자의 경우, 음의 전기를 띠는 전자와 양의 전기를 띠는 전자로 구분하면 되지 않을까? 그 이유는 입자와 그 반입자의 상호작용이 보통 두 입자가 만났을 때에 일어나는 상호작용과는 다르다는 사실에서 찾아볼 수 있다. 입자와 반입자는 상쇄되기 때문이다. 예를 들면, 여러분이 전자를 양전자와 충돌시키면 두 입자는 상쇄되어 소멸하고, 충돌에 따른 에너지만 광자의 형태로 남는다. 그리고 이때 에너지의 양은 그 유명한 $E = mc^2$ 공식에 따라서 계산된다(여기서 m 은 전자의 질량이며, 이 값은 양전자의 질량과 동일하다).

반물질과 관련해서 아주 흥미로운 사실이 있다. 우리가 아는 한, 우주에서 반물질이 가장 많이 존재하는 곳은 바로 지구, 그것도 반물질을 만드는 실험실이다. 우주에는 반물질이 존재하지 않는다는 말이 아니라, 우주 어딘가에서 생긴 반입자는 나타나자마자 그 대응되는 입자와 함께 빠르게 소멸하기 때문이다. 그리고 이 사실은 한 가지 (가볍지 않은) 문제를 제기한다. 빅뱅 이론은 우주 초기에 물질과 반물질의 양이 균형을 이루고 있었다고 말하기 때문이다. 따라서 왜 현재의 우주에는 물질은 많은데 반물질은 거의 없는지에 대한 설명이 필요해진다. 이 문제에 대해서는 더는 말하지 않을 것이다. 여러분은 아마 벌써 잊었겠지만, 시간의 화살에 대해서 이야기할 때 답의 실마리를 제시했기 때문이다.*

자기 홀극(magnetic monopole)

1931년, 폴 디랙은 어려운 연구를 시작했다. 사실 수학자로서 디랙은 방정식이 가진 우아함을 좋아했고, 특히 등가와 대칭을 높이 평가했다. 한마디로 말해서 수학을 아름답다고 생각할 수 있게 하는 요소를 좋아한 것이다. 그런데 맥스웰에 따른 전자기학에는 조금은 보기 흉한 요소가 숨겨져 있었다. 알다시피 맥스웰은 전기와 자기를 통합하면서 어느 하나는 다른 하나의 이면에 지나지 않음을 보여주었다. 그러나 이 통합에는 디랙이 좋아하지 않는 비대칭이 존재했다. 우선, 전기에는 양의 전하와 음의 전하가 존재한다. 이때 부호가 반대되는 전하끼리는 서로 끌어당기고, 부호가 같

---

* 125쪽 참조.

은 전하끼리는 서로 밀어낸다. 마찬가지로, 자기에는 N극과 S극이 존재하면서 전하들과 비슷한 방식으로 작용한다. 그런데 전기에서는 하나의 전하가 하나의 **발산하는** 장을 만들어낸다. 가령 양전하가 하나 있으면 그 주위로 전기장이 만들어지고, 그 전기력선은 발산하는 형태를 띤다는 뜻이다. 그러나 자기의 경우, N극이나 S극은 혼자서는 존재하지 않는다. 양극이 있는 자석을 둘로 부러뜨리면, 각각 또 N극과 S극을 가진 자석이 된다. 자기의 극이 하나만 있는 것, 즉 자기 홀극은 왜 존재하지 않을까? 디랙은 이 문제를 파고들었고, 양자물리학의 테두리 안에서는 자기 홀극이 이론적으로 존재해야 함을 증명했다. 현재까지는 아직 아무도 자기 홀극을 관찰하지 못했지만, 다들 열심히 찾는 중이다. 이 주제를 둘러싼 여러 이론들의 대립이 과학 이론들의 대통일*에 걸림돌로 작용하고 있기 때문이다.

양자전기역학

디랙은 전자기장과 전자를 동시에 다룰 수 있는 최초의 양자역학 이론도 내놓았다. 전자기장에 관한 이론은 이전에도 있었지만, 전자와의 상호작용에 주목한 접근은 아니었기 때문이다. 다음 장에서 알아볼 양자전기역학(quantum electrodynamics, QED)이 바로 디랙에게서부터 시작된 것이다.**

125. 양자전기역학

다음과 같은 상황을 생각해보자. 여러분이 전자 두 개를 충돌시키려고 할

---

* 339쪽 참조.
** 그렇다, 모든 것은 다 연결되어 있다!

가상 입자(假想粒子, virtual particle)

물질이 입자로 이루어졌다고 간주하면, 양자장 이론과 특히 양자전기역학에서 입자들의 상호작용은 입자들 사이에서 전달되는 무엇인가에 의해서 유발되는 것으로 설명된다. 그런데 앞에서 말했듯이, 양자장 이론에서 입자는 양자장의 국소적 진동, 요동에 해당한다. 따라서 입자들 사이에 교환되는 요동도 입자인 것처럼 간주할 수 있다. 그러나 이 입자는 보통의 입자와는 조금 다르다. 엄밀히 말하면 물질을 이루는 입자가 아니라, 보손*처럼 상호작용을 전달하는 입자이기 때문이다. 그래서 이러한 계열의 입자를 두고 가상 입자라고 부른다. 가령 두 전자 사이에 충돌을 일으키면 많은 가상 입자들이 발생할 수 있으며, 이 입자들의 전체 질량은 두 전자의 질량보다 크다.

가상 입자는 거시적 차원에서 수명이 매우 짧아서 그 작용을 직접적으로도 간접적으로도 측정할 수 없다. 따라서 가상 입자의 존재는 다소간 떨어져 있는 입자들 사이의 다량의 정보 교환을 필요로 하는 (전자기적 상호작용 같은) 원격 상호작용에서부터 이론적으로 추론되었다.

때, 그 전자들은 둘 다 전기적으로 음성이기 때문에 둘 사이에서는 척력(斥力, repulsive force)이 발생한다. 서로를 향해 가는 것을 멈추고 서로 밀어내기에 이르는 것이다. 그렇다면 이런 일은 어째서 벌어지는 것일까?

양자전기역학이 (다양한 방정식을 통해서) 알려주는 바에 따르면, 서로 가까이 접근하는 두 전자는 광자를 교환한다. 광자를 하나만 교환할 수도 있고, 둘을 교환할 수도 있으며, 무더기로 교환할 수도 있다. 그리고 이때 어떤 순간에는 광자의 방출이 발생하고, 또 어떤 순간에는 광자의 흡수가 발생한다. 그런데 바로 이 대목에서 골치 아픈 일이 시작된다.

왜 골치 아픈 일이 시작되느냐고? 왜냐하면 지금 우리가 말하고 있는 광자는 보통 말하는 빛의 광자처럼 질량이 없는 광자가 아니기 때문이다.

* 75쪽.

여기서 문제되는 광자는 질량을 가질 수 있다(아주 큰 질량을 가질 수도 있으며, 그 이유는 하이젠베르크의 불확정성 원리에서 찾아볼 수 있다). 그리고 그 광자가 전등에서 방출되는 보통의 광자와 무엇보다 다른 점은 전자기적 상호작용을 전달하는 광자라는 것이다(삽입 글 참조).

양자전기역학에 관한 연구에서 경의를 표해야 할 인물은 세 사람이 있는데, 두 명은 간단하게 그리고 나머지 한 명은 최대한 자세히 알아볼 생각이다. 그런데 그들의 연구에 대한 이야기를 하려면 **섭동 이론**(攝動理論, perturbation theory, 微動 이론이라고도 한다)을 먼저 살펴볼 필요가 있다.

126. 섭동 이론과 재규격화

수학에서 섭동 이론은 풀이하기에 너무 복잡한 방정식이 있고 그 특별한 해(解) 한 가지가 이미 알려져 있을 때, 이 알려진 해를 이용해서 방정식의 정확한 풀이에 접근하는 방법을 말한다. 예를 들면, 슈뢰딩거 방정식은 입자 하나가 이상적인 조건에 있는 경우에 한해서는 풀이가 잘 되지만, 조금 더 복잡한 양자역학적 계(系, system)에 적용하려면 믿을 수 없을 만큼 복잡해진다. 그래서 이 경우 섭동은 슈뢰딩거 방정식의 알려진 해에서 출발하여 미세한 변화를 주는 식으로 이루어진다. 조금 더 자세히 말하면, 슈뢰딩거 방정식에서 시간의 흐름에 따른 양자역학적 계의 변화를 기술하는 **해밀턴 연산자**(Hamilton operator)라는 것을 이용해서 계의 알려진 균형을 점차적으로 "교란하는" 것이다(해밀턴 연산자는 수학자들도 단어만 들어도 누동이 오는 것이라니까 상세히 들어가지는 않는 것이 좋겠다). 이 교란이 충분히 미세하게 이루어질 경우, 해밀턴 연산자에 포함된 물리량(에

전자의 자기 모멘트(magnetic moment)

수학적으로 전자는 전기를 띠면서 아주 빠르게 자전하는 어떤 것으로 나타낼 수 있다(스핀이라는 개념 자체가 이와 같은 수학적 설명에서부터 나왔다). 그런데 전기를 띠는 전자를 그런 식으로 간주할 경우, 전자는 아주 작은 자석처럼 작용해야 한다. 전기장의 회전은 자기장을 유도하기 때문이다. 전자의 자기 모멘트는 바로 그 자석의 "자기력"을 나타내는 물리량을 말한다.

너지 준위 같은 것)을 가지고 계의 작용을 연구할 수 있다.

자세히 들어갈 필요는 없지만, 양자역학적 계의 변화를 정확히 계산하는 일이 쉽지 않다는 것은 여러분도 감이 올 것이다. 그러나 수학자들은 수학적으로 문제에 접근할 수 있음을 보여주었고, 두 물리학자가 각기 그 방법을 통해서 양자전기역학이 제기하는 중요한 문제를 해결했다.

두 물리학자는 일본의 도모나가 신이치로와 미국의 줄리언 슈윙거이다. 둘 다 양자전기역학 분야에서 연구하고 있었고, 둘 다 연구 중에 어떤 문제에 부딪치게 되었다.

우선 슈윙거는 전자의 자기 모멘트를 계산하던 중에 문제에 부딪쳤다. 전자의 자기 모멘트를 계산하는 공식에서 무한대의 결과가 나온 것이다. 무한대라는 값은 이론적으로 잘못되었을 뿐만 아니라, 실험적으로 얻을 수 있는 값과도 양립되지 않는 결과였다. 도모나가 신이치로가 부딪친 문제도 비슷했다. 다른 종류의 계산에서 무한대의 결과가 나왔기 때문이다. 두 학자는 문제를 해결하기 위해서 비슷한 해결책을 생각해냈는데, 그것을 **재규격화**(再規格化, renormalization)라고 부른다.

재규격화는 양자전기역학 현상에서 일부 변수를 (특히 현상의 거리와 관련해서) 제한하여 무한대로 가는 발산을 막아주는 일련의 수학적 기술이다. 수학적인 성질이 큰 주제라서 자세히 들어가지는 않겠지만, 이 방법은 매우 한정된 조건 아래에서 통한다는 것만 알아두기로 하자.

사실 지금 나는 섭동 이론과 재규격화에 관해서 제대로 설명한 것이 없다. 하지만 그런 것이 있다는 정도는 알아야 앞에서 자세히 알아보겠다고 한 인물에 대한 이야기로 넘어갈 수 있기 때문에 짧게라도 언급한 것이다. 과학의 대중화에 누구보다 큰 공을 세운 인물, 취미가 금고 따기이고 봉고를 두드리면서 스트립 쇼 댄서들의 환심을 샀던 물리학자, 바로 리처드 필립스 파인먼 말이다.

127. 과학사의 한 페이지 : 리처드 파인먼

미리 일러두자면, 이번 장을 다 읽은 후에 여러분은 뭔가 아쉽다는 기분이 들 것이다. 리처드 파인먼은 단지 몇 페이지로 소개할 수 있는 인물이 아니기 때문이다. 그런데 다행스럽게도 여러분은 스마트폰을 포함한 수많은 기기들을 이용해서 파인먼에 관한 자료를 끝도 없이 얻을 수 있는 시대에 살고 있다. 그러므로 여기서 나는 파인먼의 인생에서 중요한 몇몇 시기를 간단히 언급하되, 양자전기역학 분야의 연구를 집중적으로 살펴볼 것이다. 그 분야에서 파인먼이 과학 대중화의 "제다이(Jedi)"로 통한다는 것은 누구나 인정하는 부분이니까.

새삼스러울 것도 없는 사실이겠지만, 파인먼은 어릴 때부터 똑똑한 아이였다. 공부를 잘했고, 지적으로 매우 조숙했다. 그래서 파인먼은 수학 시간에 종종 소란을 피웠다. 수업 내용이 시시했던 것이다. 선생님은 파인먼이 지루해서 그러는 것임을 눈치채고 미분 책을 주었고, 그렇게 해서 파

존 휠러에 대한 간단한 소개

존 휠러(1911–2008)는 블랙홀과 불가분의 관계에 있는 물리학자이다. 따라서 뒤에서 블랙홀을 다룰 때에 다시 나오겠지만,* 어떤 인물인지만 짧게 알아보고 넘어가자. 우선, 휠러는 파인먼의 스승이었을 뿐만 아니라 킵 손의 스승이기도 했다(킵 손 역시 블랙홀의 역사에서 중요한 역할을 한 물리학자이다). 게다가 블랙홀의 마지막 단계가 일반상대성 이론과 양자역학 사이에 다리를 만들어줄 수 있을 것이라는 예측을 스티븐 호킹보다 훨씬 앞서 내놓았다. 또한 오랫동안 아인슈타인과 함께 모든 상호작용이 중력과 마찬가지로 시공간의 속성의 형태로 표현될 수 있음을 보여주기 위한 연구에 몰두했다(연구는 실패로 돌아갔지만). 그리고 다 나열하지는 않겠지만 그밖의 다른 많은 업적도 세웠다.

인먼은 열다섯 살에 미분을 배우게 되었다. 게다가 파인먼은 중요한 여러 수학식을 혼자서 설명할 수 있었으며, 자신만의 기호 체계를 만들기도 했다. 요컨대, 파인먼의 어린 시절은 영화에 나오는 전형적인 어떤 장면 같았다. 필요는 하지만 새로울 것은 없는 장면 말이다. 그러므로 시간을 건너뛰어서 파인먼이 대학에서 했던 연구에 관한 이야기로 바로 넘어가자. 이번 장이 양자역학 부분에 들어가게 된 이유가 그 연구에 있기 때문이다.

뉴저지 프린스턴 고등연구소

파인먼은 매사추세츠 공과대학교(MIT)를 졸업한 뒤, 아인슈타인이 이끌고 있던 프린스턴 고등연구소(IAS)에 들어갔다. 그곳에서 파인먼은 존 휠러의 지도를 받으며 연구 활동을 시작했는데, 이때가 1940년이다.

휠러의 지도하에 파인먼은 최소작용의 원리를 양자역학에 일반화하는 연구를 했고, 경로 적분의 형태로 그 일반화를 완성했다(삽입 글 참조).

---

* 277쪽부터 참조.

최소작용의 원리(principle of least action)와 경로 적분(經路積分, path integral)

최소작용의 원리는 이해하기가 비교적 쉬운 것으로, 역사적으로는 다음과 같은 표현으로 공식화되었다.

> 작용은 질량과 속도와 거리의 곱에 비례한다. 이와 관련해서 아주 현명하면서도 지고의 존재에 걸맞은 원리는 이러하다. 자연에서 어떤 변화가 일어날 때, 그 변화를 위한 작용의 양은 언제나 가능한 한 적게 들어간다.[*]

여기서 "지고(至高)의 존재"라든지 "지고의 존재에 걸맞은" 같은 표현들은 아주 과감해 보인다. 내가 잘 몰라서 그런 것인지는 모르겠지만[**] 뭔가 신성모독적인 느낌이 있기 때문이다. 어쨌든 최소작용의 원리가 말하는 내용은, 모든 변화와 모든 이동은 거기에 들어가는 힘을 언제나 최대한 절약하는 방향으로 일어난다는 것이다.

이 원리를 양자역학에 일반화하는 것은 물론 복잡한 일이다. 양자역학에서 변화와 이동은 가능성을 가진 변화와 이동에 지나지 않으며, 가능한 변화와 이동마다 각기 다른 확률과 불확정성이 작용하기 때문이다. 게다가 하이젠베르크의 원리는 어떤 변화나 이동에 대해서 단 하나의 경로만 생각하는 것을 공식적으로 금한다. 아무튼 그래서 수학적으로 최소작용의 원리를 양자역학에 일반화하면 수학을 잘 알지 못하는 사람에게는 엄청나게 복잡해 보이는 어떤 것이 나오는데, 그 어떤 것이 바로 경로 적분이다.

　파인먼은 간단한 것을 좋아하는 사람이었고, 그래서 그 복잡한 문제를 연구할 당시 양자전기역학의 방정식들을 단순화할 수 있는 방법을 모색했다. 더 직관적인 어떤 것, 방정식들이 말하고 있는 것을 더 잘 이해할 수

---

[*] *Principe de la moindre quantité d'action pour la mécanique*, Maupertuis, 1744
[**] 그렇다, 사실 나는 모르는 것이 많다······.

있게 해줄 어떤 것을 찾은 것이다. 그렇게 해서 파인먼은 아주 놀라운 도구의 기초를 세웠고, 제2차 세계대전이 끝난 뒤에 그것을 완성했다. 파인먼 다이어그램(Feynman diagram)이라고 부르는 일련의 그림이 그것이다.

파인먼 다이어그램

기본 개념은 다음과 같다. 두 전자가 서로 충분히 가까워졌을 때, 전자들은 광자를 교환하면서 서로를 밀어낸다. 그런데 이 상황에 대해서 우리는 여러 시나리오들을 생각해볼 수 있다. 한 전자가 광자를 방출하고 다른 전자가 그 광자를 흡수하는 경우, 한 전자가 광자를 방출했는데 다른 전자가 그 광자를 흡수한 뒤 자기도 광자를 내놓아서 처음 전자가 그 광자를 흡수하는 경우, 한 전자가 광자를 방출하고 이 광자가 전자-양전자 쌍으로 변해서 소멸한 뒤에 이 소멸로 발생한 광자를 다른 전자가 흡수하는 경우 등등.

가장 간단한 경우, 즉 광자 하나가 방출되었다가 흡수되는 경우에 대한 공식은 다음과 같이 나타낼 수 있다.

$$(O_1 ie\gamma^\mu/_1) \; (-ig_{\mu\nu}/p^2) \; (O_2 ie\gamma^\nu/_2)$$

파인먼은 이런 종류의 수학을 겁내는 사람이 아니었지만, 더 직관적인 어떤 것을 원했다. 두 전자 사이의 가장 단순한 상호작용을 이야기하는 문제인 만큼 더 간단하게 나타내고 싶었던 것이다. 하지만 그 상호작용을 정확하게 측정하려면 모든 가능한 경우를 포함시켜야 했다. 그래서 파인먼은 천재적인 생각을 내놓았다. 가능한 각각의 상호작용을 기술하는 공식들을 아주 간단한 그림으로 나타내기로 한 것이다. 입자는 직선으로, 입자의 이동 방향은 선상의 화살표로, 광자는 물결선으로 나타내고, 시간

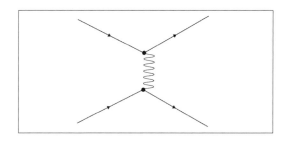

은 왼쪽에서 오른쪽으로 흘러가는 것으로 해석하게 하는 식으로 말이다.

위의 그림을 왼쪽에서 오른쪽으로 읽으면, 두 전자가 서로 가까워졌다가 광자 하나를 방출한 뒤에 다시 멀어진 것을 알 수 있다. 믿기 힘들겠지만, 여러분이 이 그림에서 보고 있는 것이 앞에서 본 복잡한 공식이 나타내고 있는 바로 그것이다. 그러나 이미 말했듯이, 광자의 교환이 다른 방식으로 이루어질 가능성도 존재한다. 예를 들면, 다음과 같은 경우들이 있을 수 있다.

(i) 두 광자가 교환되는 경우.

(ii) 광자 하나가 방출되어 전자–양전자 쌍으로 변했다가 다시 광자로 바뀌어 흡수되는 경우.

(iii) 광자 하나가 한 전자에서 방출된 뒤에 다른 전자에 흡수되고, 다시 광자 하나가 방출되었다가 다시 그 전자에 흡수되는 경우.

(iv) 광자가 전자에서 방출되었다가 다시 그 전자에 흡수되는 일이 광자 교환 이전에 일어나는 경우.

(v) 이상 말한 여러 상황이 혼합되는 경우.

가능한 경우는 많이 존재하며, 양자역학은 모든 경우가 0이 아닌 발생

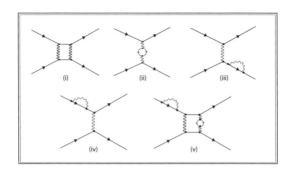

확률을 가지고 있다고 말한다. 따라서 어떤 일이 일어날지 계산하려면 몹시 복잡한데, 바로 이 대목에서 섭동 이론과 재규격화가 개입한다. 실제로 파인먼 다이어그램에서 그림을 이루는 요소들 각각은 어떤 수학적 요소에 대응된다. 예를 들면, 그림에서 매듭, 즉 굵은 점으로 표시되는 교차점은 수학적으로는 다음과 같이 나타낼 수 있다.

$$ie\gamma\mu$$

그런데 수학적으로 보면, 매듭 하나가 추가로 나타날 때마다 다이어그램이 발생하는 것을 볼 확률은 100으로 나누어진다. 예를 들면, 매듭이 2개인 첫 번째 다이어그램이 발생할 확률이 1퍼센트라면, 매듭이 4개인 다이어그램 (i)이 발생할 확률은 0.00001퍼센트밖에 안 된다. 요약하자면, 광자 하나를 가장 간단하게 교환하는 방식이 대다수를 차지한다는 말이다. 따라서 광자 하나가 간단하게 교환되는 경우에 대해서만 방정식을 계산해도, 혹은 정확성의 필요에 따라서 연구 대상이 되는 경우의 수를 제한해도 원하는 결과에 아주 가깝게 다가갈 수 있다.

그후 1965년에 파인먼은 줄리언 슈윙거, 도모나가 신이치로와 함께 양자전기역학에 대한 연구로 노벨 물리학상을 수상했다. 그러나 지금 우리가 하고 있는 이야기는 1940년대 초의 일로, 당시 유럽은 제2차 세계대전에 휘말려 있었다.

맨해튼 프로젝트

그 무렵 베르너 하이젠베르크는 독일에서 우라늄 프로젝트라는 비밀 군사계획에 참여하고 있었다. 독일 나치가 최첨단 무기를 보유하기 위해서 추진한 프로젝트였다. 이 비밀 프로젝트가 원자폭탄을 제조하기 위한 것임은 쉽게 짐작할 수 있다. 아니면 왜 우라늄 프로젝트라고 불렀겠는가? 그러나 하이젠베르크는 이러한 사실을 부인했고, 그 프로젝트의 이름은 대량 살상 무기보다는 핵으로 에너지를 생산하려는 계획과 관계가 있다고 주장했다. 하이젠베르크는 덴마크에서 닐스 보어와 이야기를 나눌 기회가 생겼을 때, 보어에게도 어둠의 편(그러니까 나치 쪽)에 합류하라고 권고했다. 보어는 그 상황이 놀랍기도 했고, 하이젠베르크가 히틀러에게 원자폭탄을 제공하게 될까봐 두렵기도 했다. 하이젠베르크의 실력으로 볼 때 원자폭탄이 완성되는 것은 시간 문제였으니까 말이다. 그래서 보어는 "튜브 앨로이스"라는 영국의 비밀 프로젝트에 참여하기로 결정했다. 이 프로젝트 역시 비슷한 목표를 가졌으며, 이후 1943년에 미국의 맨해튼 프로젝트에 흡수되었다.

1939년 8월, 물리학자 레오 실라르드와 유진 위그너는 미국 대통령 프랭클린 루즈벨트 앞으로 보내는 편지를 작성했다. 핵에 대한 과학적 연구로 볼 때, 우라늄의 연쇄반응을 이용하면 "새로운 형태의 극도로 강력한 폭탄"을 제조할 수 있음을 알리는 내용이었다. 두 학자는 독일 역시 같은 결론에 이르렀으며, 경쟁은 이미 시작된 것으로 보인다는 사실도 알렸

---

* "튜브 앨로이스(Tube Alloys)는 "급 긴"이라는 뜻이다 매해튼, MK울트라, 스타피시 프라임 같은 미국 프로젝트들의 명칭에 비하면 아주 시시한 암호명이다.

다. 그리고 엔리코 페르미가 진행한 핵 연쇄반응(核連鎖反應, nuclear chain reaction)에 관한 연구를 계속 진행시킬 것과 우라늄을 어서 확보할 것을 제안했다. 아인슈타인은 사안의 심각성을 생각해서 편지에 서명을 했고, 그래서 이 편지는 오늘날 "아인슈타인-실라르드 편지"라는 명칭으로 알려지게 되었다.[*]

지난 넉 달 동안 프랑스의 졸리오 퀴리와 미국의 페르미, 실라르드가 진행한 연구는 다량의 우라늄으로 핵 연쇄반응을 일으킬 수 있음을 확인시켜주었습니다. 우라늄의 핵 연쇄반응을 이용하면 엄청난 에너지와 라듐과 유사한 새로운 원소를 대량 만드는 일도 가능해질 것입니다. 이 일이 아주 가까운 시일 내에 실현될 수 있음은 거의 확실해 보입니다.

이 새로운 현상은 폭탄 제조로 이어질 수 있으며, 따라서 새로운 형태의 극도로 강력한 폭탄이 만들어질 수 있다는 것은 아직 확실하지는 않다고 하더라도 충분히 생각해볼 수 있는 문제입니다. 이런 종류의 폭탄은 단 한 개만 배에 실어 항구에 보내더라도 그 항구 전체와 주변 지역 일부를 쉽게 파괴할 수 있습니다. 대신 공중으로 운송하기에는 너무 무거울 것으로 예상됩니다.

[……] 현재 독일은 자신들이 점령한 체코슬로바키아 광산에 대해서 우라늄 판매를 중지시켰습니다. 독일이 그처럼 빨리 움직인 이유는 독일 국무차관의 아들인 폰 바이츠제커가 베를린 카이저 빌헬름 연구소에 소속되어 있다는 사실을 염두에 두면 이해가 될 것입니다. 그 연구소는 우라늄에 관한 미국의 연구 일부를 뒤쫓아서 시험하고 있는 곳입니다.[**]

---

[*] 정작 편지를 쓴 위그너의 이름은 빠지고 없다.
[**] *Lettre Einstein-Szilard*, Albert Einstein, Aug. 1939.

1941년 6월 28일, 루즈벨트는 행정명령 제8807호에 서명했다. 이에 따라 과학연구개발국*이 만들어졌고, 개발국 내부에서 발족된 S-1 위원회가 이후 맨해튼 프로젝트가 되었다.

맨해튼 프로젝트는 계속 군의 지휘하에서 규모를 점차 키워갔다. 미국 전역에 걸쳐 많은 장소에 연구소가 들어섰는데, 그중에서 오펜하이머와 텔러, 보어 같은 "스타" 과학자들이 주로 일한 곳은 테네시 주의 오크 리지와 뉴멕시코 주의 로스앨러모스였다. 아직은 박사 논문을 준비 중이던 리처드 파인먼도 프로젝트의 일원이었다.

파인먼은 처음에는 로스앨러모스 연구소에서 중성자의 흐름을 연구했고, 나중에는 오크 리지 연구소로 옮겨가서 핵분열성 물질의 저장방법을 개발하는 작업에 참여했다.

여러분도 짐작이 되겠지만 해당 연구소들은 모두 철저한 통제를 받았으며, 어느 누구도 마음대로 출입할 수 없었다. 그래서 파인먼은 연구소 생활이 지루해진 나머지 금고에, 아니 정확히는 금고 따기에 재미를 붙이게 되었다. 실제로 당시 파인먼이 가장 좋아한 놀이 중 하나는 동료의 사무실에 있는 금고를 따서(나중에는 군인들의 금고까지) 내용물을 치우고 메모를 남겨두는 것이었다. "내가 누구게?⋯⋯", "메롱⋯⋯" 같은 장난스러운 메시지를 써둔 메모를 말이다. 이런 장난이 뭐가 문제냐고? 자, 상황 파악이 잘 되지 않은 사람들을 위해서 정리를 해보자. 당시 파인먼은 아무도 입 밖으로 꺼내면 안 되는 초특급 비밀 군사시설에 있었다. 세계대전이 한창 진행 중이었고, 교전국들 사이에서는 최초의 원자폭탄을 둘러싼 치열한 경쟁이 벌어지고 있었으며, 러시아(당시에는 소련)와 미국은 같은 편이었음에도 서로에게 조금은 경계의 눈초리를 보내고 있었다(미국은 소

---

* Office of Scientific Research and Development, OSRD.

련으로 정보를 빼돌리는 스파이가 내부에 있다고 의심하고 있었고, 이 의심은 이후 사실로 밝혀졌다). 그런데 그 와중에 파인먼은 과학자와 군인들의 금고를 터는 장난을 친 것이다. 다른 사람이었다면 군사법원으로 보내지고도 남을 일이었다. 그러나 사건의 주인공은 리처드 파인먼이었고, 그래서 사람들은 파인먼에게 바보 같은 짓은 그만하고 연구나 계속하라고 친절하게 부탁했다. 파인먼은 지루함을 달래려고 봉고 연주도 배웠는데, 이 취미에 대해서는 군인들도 뭐라고 하지 않았다. 아니, 사실 그 역시 썩 마음에 들지는 않았을 것이다. 하지만 별것 아닌 일로 과학자를 군사법원으로 보낼 수는 없으니까 말이다.

파인먼은 맨해튼 프로젝트에 대해서는 닐스 보어와 의견이 잘 통했다. 보어는 젊은 파인먼이 자신과 이론적 문제를 놓고 토론하는 것을 전혀 어려워하지 않는 점을 높게 평가했다. 보어는 1920년대 이후로 아무도 건드릴 수 없는 최고 권위자로 인정받아왔고, 그래서 다른 과학자들은 보어를 어려워했기 때문이다. 파인먼은 그 일에 대해서 자신도 다른 과학자들 못지않게 보어를 존경하지만, 물리학에 대해서 논하기 시작하면 다른 것은 다 잊어버리는 경향이 있다고 말했다.

최초의 원자폭탄 가제트*는 TNT** 1만9,000톤의 위력이 있는 약 2미터 지름의 금속구 형태의 폭탄으로, 1945년 7월 16일 오전 5시 30분에 로스앨러모스에서 "트리니티 실험"을 통해서 폭파되었다. 그런데 이 최초의 원자폭탄 실험은 지상에서 이루어졌고, 따라서 완전히 비밀로 진행하기는 어려웠다. 폭발음이 진원지로부터 약 600킬로미터 떨어진 텍사스 주 앨파소

---

* 전쟁용으로 만들어진 것이 아니었기 때문에 그런 식으로 이름을 붙였다.
** 원자폭탄의 위력을 TNT 환산으로 측정하는 것은 우주 로켓의 동력을 마력 단위로 측정하는 것만큼이나 바보 같은 일이지만, 어쨌든 대강의 위력을 머릿속으로 그려보는 데에 도움은 된다.

에서까지 들렸기 때문이다. 게다가 폭발에 따른 빛도 반경 300킬로미터가 넘는 곳에서까지 보였다. 맨해튼 프로젝트를 지휘한 레슬리 그로브스 장군은 나름 기지를 발휘해서 문제의 소리가 앨라모고도 사격장에서 탄약 창고가 폭발했기 때문이라고 설명했다. 그럼 버섯 모양의 구름은? 아, 그것은, 그러니까, 구름이 참 신기하게 생긴……흠, 흠……. 지금 여러분은 내가 그로브스를 놀리고 있다고 생각할 것이다. 맞다, 지금 나는 그를 놀리고 있다. 그런데 나만 그런 것이 아니다. 제2차 세계대전이 끝난 뒤에 물리학자 이지도어 아이작 라비는 오펜하이머가 맨해튼 프로젝트의 총책임자로 임명된 것에 대해서 다음과 같이 평했다.

> 대체로 천재로는 보이지 않는 그로브스 장군이 한 일 치고는 정말 천재적인 일이었다.[*]

솔직히 말하자면 내가 생각하기에 맨해튼 프로젝트에 관여한 비과학자들 중에서 똑똑한 사람이라고 볼 만한 인물은 거의 없다. 아, 파인먼은 트

---

[*] "[it] was a real stroke of genius on the part of General Groves, who was not generally considered to be a genius."

리니티 실험 동안에 무엇을 했냐고? 참인지 거짓인지 알 수는 없지만(사실 참이든 거짓이든 파인먼이라는 인물을 이해하는 데는 별로 달라질 것이 없다), 파인먼의 주장에 따르면 그는 당시 유일하게 보호 안경을 쓰지 않고 폭발을 지켜보았다고 한다. 보호막은 그가 타고 있던 자동차의 앞 유리창이면 충분하다고 하면서!

이후 내용은 알려진 대로이다. 1945년 8월 6일, 에놀라 게이(Enola Gay)[*]라는 애칭을 가진 B-29 폭격기가 처음으로 사람을 대상으로 투하된 원자폭탄 리틀 보이(Little Boy)를 히로시마에 떨어뜨렸고, 리틀 보이는 히로시마 상공 약 530미터에서 폭발하면서 7만 명이 넘는 사망자와 또 그만큼의 부상자를 발생시켰다. 그리고 전쟁은 막을 내렸다.

과학 전도사

전쟁이 끝난 뒤에 파인먼은 뉴욕 주에 있는 코넬 대학교의 교수가 되었다. 그러나 영감도 경쟁심도 생기지 않는 교수 생활은 지루했다. 그래서 파인먼은 캘리포니아 주 패서디나에 있는 "칼텍", 즉 캘리포니아 공과대학교로 자리를 옮겼다. 그곳에서 그는 학생들을 가르치는 한편, 양자전기역학의 다이어그램에 관한 연구를 완성하는 작업에 몰두했다. 입자들 사이의 상호작용을 복잡한 방정식 용어를 늘어놓지 않고도 나타낼 수 있게 해주는 그림 말이다. 파인먼의 다이어그램 체계는 이후에 양자색역학^{**} 같은 다른 비슷한 분야에도 적용되었다. 그리고 앞에서 말했듯이 1965년에 파인먼은 그 연구로 줄리언 슈윙거, 도모나가 신이치로와 함께 노벨 물리학상을 받았다. 또한 파인먼은 초유체의 물리학 및 방사능의 원인이 되는

---

* 1980년대에 같은 제목의 노래가 나온 적이 있다.
** 327쪽 참조.

초유체(超流體, superfluid)

매우 흥미로운 실험을 하나 소개하겠다. 액체 헬륨은 충분히 냉각될 경우(절대영도에서 3도 사이가 되게, 그러니까 정말 차갑게) 점성을 완전히 잃게 되며, 따라서 유리 용기에 담아두면 유리의 미시적 구조 사이를 빠져나가는 현상을 일으킨다. 유리를 깨뜨리지 않으면서 유리를 통과하는 것이다. "초유체"는 바로 그러한 상태의 유체를 이르는 말이다. 이처럼 과학의 세계에는 이 책에서 미처 다루지 못한 흥미로운 주제들이 무궁무진하다.

약한 핵력에 개입하는 상호작용에 관해서도 연구했다.

1961년부터 1963년까지, 파인먼은 캘리포니아 공과대학교에서 학부생을 대상으로 물리학 강의를 진행했다. 그리고 정말 감사하게도 로버트 레이턴이 그 강의 내용을 모으고 편집해서 『파인먼의 물리학 강의』라는 책으로 엮어냈다. 모두 3권으로 구성되어 있는데, 제1권의 내용은 역학, 제2권은 전자기학, 제3권은 양자역학이다. 강의는 물론 학부생을 위한 것이었지만, 여러 현상들을 설명해내는 파인먼의 탁월한 능력 덕분에 박사 과정 학생과 연구원, 심지어 다른 교수들까지 파인먼의 강의를 꾸준히 들었다.

1964년, 파인먼은 코넬 대학교에서 「물리법칙의 특성」이라는 제목으로 총 일곱 번의 강연을 진행했다. 각 강연의 주제는 "중력의 법칙", "수학과 물리법칙의 관계", "보존의 법칙들", "물리법칙의 대칭성", "과거와 미래의 구분", "확률과 불확정성 : 자연에 대한 양자역학적 이해", "새로운 법칙들을 찾아서"였다. BBC 방송사는 강연을 촬영해서 방영했고, 1965년부터는 책으로도 출간되었다.

1965년, 파인먼은 영국 왕립학회의 외국인 회원이 되었다. 이로써 그는 빌 게이츠는 젊은 시절에 파인먼의 강연 동영상을 보고 모든 사람이 그 동영상을 무료로 볼 수 있어야 한다고 생각했다. 그래서 BBC로부터 강연 동영상의 저작권을 구입했고, 마이크로소프트 리서치와 함께 웹 사이트를 만들어서 해당 동영상을 누구나 볼 수 있게 공개하는 프로젝트를 실행했다. 사이트에는 여러 나라의 언어로 된 자막, 대화형 메모장, 일러스트레이션, 애니메이션 등, 강연을 최대한 재미있게 들을 수 있게 해주는 장치들도 곁들여졌다. 지금 우리가 당시 파인먼의 강연을 들을 수 있다는 것은 하나의 행운이다. 여러분도 꼭 그 동영상을 보았으면 좋겠다.*

아이작 뉴턴, 켈빈 경 윌리엄 톰슨, 알베르트 아인슈타인 같은 대단한 인물들이 자리한 목록에 이름을 올리게 되었다.

그밖의 잡다한 것

이번 소제목이 별로 근사하지 않다는 것은 나도 안다. 그러나 파인먼이 워낙 다채로운 삶을 살았기 때문에 "잡다한 것"으로 분류되는 항목을 따로 만들 수밖에 없었다. 일단 파인먼은 양자중력 이론(量子重力理論, quantum gravity theory) 같은 다른 많은 연구에도 관심을 가졌다. 뒤에서 보겠지만, 일반상대성 이론이 기술하는 중력과 양자역학이 말하는 중력 사이에는 공식적으로 비양립성(incompatibility)이 존재한다. 그래서 그 비양립성을 해결할 새로운 이론을 만들기 위해서 여러 방법들이 동원되었는데, 그중 하나가 양자중력 이론이다. 다른 유명한 방법으로는 끈 이론(string theory)과 M이론(M-theory)이 있다(두 이론 모두 파인먼 다이어그램의 일반화의 도움을 많이 받았다).

---

* https://research.microsoft.com/apps/tools/tuva/

파인먼에 대해서는 그 같은 연구 활동 외에도 이야기할 거리가 많다. 가령 파인먼은 일이 끝나면 저녁에 스트립 쇼 클럽에 가서 봉고를 치는 것을 좋아했다. 그리고 만화 「스쿠비 두」에 나오는 자동차만큼이나 눈에 띄는 자동차를 끌고 다녔다. 그의 자동차에는 파인먼 다이어그램이 잔뜩 그려져 있었기 때문이다. 한때 파인먼은 브라질로 가서 1년간 강의를 하기도 했는데, 굳이 브라질을 선택한 것은 그 참에 스페인 말을 좀 배워보고 싶다는 이유 때문이었다. 브라질에서는 스페인어가 아닌 포르투갈어를 쓴다는 것이 함정이었지만 말이다.

한번은 친구인 화가 지라이르 조르시안과 실랑이를 벌인 적이 있었다. 조르시안이 물리학자는 사물의 아름다움을 제대로 볼 줄 모른다고 했기 때문이다. 가령 물리학자는 꽃을 보면 모양이나 색, 향기를 감상하지 않고 줄기가 영양분을 전달하는 방식과 꽃잎의 작용, 수술의 기능 같은 것만 따진다는 것이었다. 그러나 파인먼이 생각하기에는 그런 것도 사물의 아름다움을 감상하는 방법이었다. 어떤 것이든 더 많이 아는 것이 어째서 제대로 볼 줄 모른다는 소리를 들을 일이란 말인가? 물론 꽃잎의 색이 아름답다는 사실도 논할 수 있지만, 그 색이 수분(受粉) 매개 곤충들을 유인하기 위한 기발한 진화적 장점이라는 사실을 아는 것도 하나의 기쁨이지 않은가? 결국 조르시안과 파인먼은 물리학과 미술을 서로 가르쳐주기로 합의했고, 그렇게 해서 파인먼은 그림을 배우게 되었다.

챌린저 호

1986년 1월 28일, NASA의 우주왕복선 챌린저 호가 발사 73초 만에 폭발하면서 STS-51-L 미션의 승무원 7명이 목숨을 잃는 사고가 발생했다. 승무원 중에는 "선생님을 우주로(Teacher in space)" 프로젝트의 일환으로 미션에 참여한 초등학교 여교사 크리스타 매콜리프가 있었고, 그래서 사건은 미디어의 더 많은 주목을 받았다. 우주 정복/탐사* 역사에서 전례가 없는 참사였다. 따라서 사고의 원인을 밝히기 위한 조사위원회가 바로 꾸려졌다. 차후에 또 그런 일이 벌어지지 않도록 막기 위한 자리이기도 했다. 조사위원회는 13명의 위원으로 구성되었고, 국무장관을 지낸 윌리엄 로저스가 위원장을 맡으면서 로저스 위원회로 명명되었다. 위원들로는 인류 최초로 달을 밟은 닐 암스트롱,** 미국 최초의 여성 우주비행사 샐리 라이드, 테스트 파일럿으로서 인류 최초로 음속의 벽을 뛰어넘은 척 예거,*** 그리고 우리의 리처드 파인먼이 포함되었다.

조사 결과, 사고의 원인이 된 문제는 피할 수 있었던 것으로 밝혀졌다. 더구나 그 문제는 NASA가 1977년부터 인지하고 있던 것이었다. 그래서 이륙하기 전에 많은 기술자들이 경고했지만, 의사결정 방법과 관련된 NASA의 경영 문화 때문에 대참사를 막지 못했던 것이다.

어떤 문제가 있었냐고? 미국의 로켓에는 모턴 티오콜 사에서 제작한 부스터라는 작은 로켓이 양쪽에 달려 있었는데, 그 부스터의 부품 중에는 O링이라는 것이 있었다. 보통 배관에서 볼 수 있는 고무 패킹과 비슷한 것이라고 보면 된다. 물론 O링은 내구력이 훨씬 더 크며, 특히 부스터에 들어가는 O링은 초고온에도 탄성력을 잃지 않고 기밀성(氣密性)을 유지하는 것이 중요하다. 그러나 1977년에 밝혀진 바에 따르면, O링은 낮은 온도에서 탄성력이 크게 떨어지는 것으로 드러났다. 그런데 챌린저 호가 발사되기 전날 밤은 날씨가 아주 추웠다. 그 바람에 O링이 딱딱해져서 기밀성

---

* "정복"과 "탐사" 중에 여러분 마음에 드는 단어로 고르시길. 나는 어느 단어가 더 적절한지 모르겠다.
** 여러분이 인터넷에서 어떤 이야기를 보았든 간에, 인류가 달에 간 것은 정말 있었던 일이다.
*** 영화 「필사의 도전」 참조. 필립 카우프만 감독, 1983년.

을 잃었고, 연료가 새어나오면서 발사 몇 초 뒤에 불이 붙은 것이다. 조사에서 핵심을 짚은 사람은 역시 파인먼이었다. 엄밀히 말하면 파인먼이 문제의 원인을 찾아낸 것은 아니었다. 그 원인은 스파이 영화에나 나올 법한 방법으로 위원회 위원들의 귀에 들어왔기 때문이다. 그러나 파인먼은 NASA 관계자들 앞에서 문제의 원인을 지적하되, 조사위원회에 정보를 제공한 사람들에게는 피해가 가지 않게 하는 방법을 찾아냈고, 늘 그랬듯이 대중도 이해할 수 있는 정확하고도 명쾌한 설명을 했다.

마지막 이야기

파인먼은 암으로 세상을 떠났는데, 죽음 앞에서도 언제나처럼 자유로운 인간이었다. 그래서 어느 순간 스스로 추가적인 치료를 중단하고 기품 있게 세상을 떠나기로 결정했다. 1988년 2월 15일에 일흔 살의 나이로 사망했는데, 숨이 끊어지기를 기다리면서 마지막으로 이런 말을 남겼다고 한다.

죽는 것은 두 번은 못할 짓이군. 너무 지루해.[*]

128. 양자 거품

양자전기역학에 따른 주요 예측 중의 하나는 1955년에 존 휠러가 내놓았다. 아주 작은 크기의 차원에서는(그러니까 고전역학에 속하는 모든 차원보다 훨씬 더 작은 플랑크 길이 정도의 차원에서는) 불확정성 원리에 따라 **가상 입자**에 해당하는 입자-반입자의 쌍이 진공에서 나타났다가 거의 순식간에

---

[*] "I would hate to die twice. It's so boring."

플랑크 길이(Planck length)

플랑크 길이는 특수상대성 이론과 일반상대성 이론, 양자역학의 기본 상수들에 의해서만 정의된다. 따라서 세 이론을 통합하는 이론이 나온다면, 플랑크 길이가 그 기본 길이 단위가 될 것으로 보인다. 국제단위계에 따른 1플랑크 길이의 값은 1.616252×10^{-35}미터이다. 따라서 플랑크 길이는 보통 원자 하나 크기보다 10억 배의 10억 배의 1,000만 배 정도 작다.

플랑크 길이의 중요한 특징은 이 값보다 작은 크기에서는 중력을 더 이상 고전적인 방식으로 표현하는 것이 아니라 양자중력(파인먼이 연구했다고 한 바로 그것)으로 대체해야 한다는 것이다. 플랑크 길이 이하에서는 고전적인 중력 효과가 양자역학적인 성질을 띠게 되면서 시공간의 극심한 요동을 유발하는데, 이 요동이 공간과 길이의 개념 자체를 온갖 방식으로 흔들어놓는 차원에서의 중력은 일반상대성 이론으로는 설명할 수 없다.

소멸될 수 있다는 것이다. 이때 에너지 보존 법칙에 위배되는 일은 일어나지 않으며, 입자들의 에너지가 클수록 그 수명은 더 짧다.

따라서 그와 같은 차원에서 진공은 진공으로만 머물지 않는다. 그리고 바로 그래서 당황스러운 현상이 나타난다. 앞에서 내가 카시미르 효과에 대해서 설명할 때, "당황스러운 효과"라고 했던 것을 기억하는가? 진공이 진공으로 머물지 않기 때문에 당황스럽다고 한 것이다. 실제로 카시미르 효과의 경우, 진공에서 두 금속판은 그것을 움직이게 할 것이 전혀 없는데도 서로 가까워진다. 그렇다면 왜 그런 현상이 나타나는지 설명할 수 있을까? 이제는 설명할 수 있다.

카시미르 효과에 대한 설명

진공에서 입자-반입자 쌍이 나타날 때에 이 입자들은 당연히 양자역학

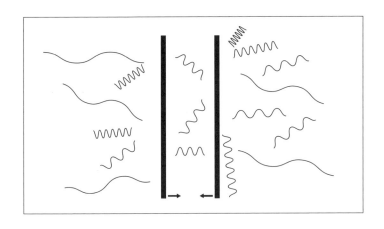

적인 성질을 띠며, 따라서 파동함수를 가진다. (적어도 부분적으로는) 파동처럼 작용한다는 말이다. 그리고 이 파동들은 다양한 파장을 가질 수 있다. 그런데 두 개의 금속판이 아주 가까이 놓여 있을 경우, 두 금속판 사이에서 나타나는 입자들은 금속판 사이의 거리보다 큰 파장을 가질 수는 없다. 두 금속판 바깥쪽에 나타나는 입자들은 그 거리보다 큰 파장을 가질 수 있고 말이다. 그래서 진공에서 입자들이 나타날 때, 금속판 사이의 거리에 따른 제약 때문에 금속판 사이에서는 입자들이 적게 만들어진다. 그 결과 두 금속판 사이에 입자들이 바깥쪽에 비해서 적게 자리하게 되면, 전체적으로는 마치 금속판 사이의 압력이 바깥쪽의 압력보다 낮은 것 같은 작용이 일어난다. 따라서 금속판들이 서로 끌어당기는 것처럼 보이는 것이다.

카시미르 효과는 그와 같은 **진공 에너지**를 통해서 완벽하게 설명이 된다. 이러한 차원에서 볼 때 진공은 소란스러운 공간이다. 입자와 반입자들이 계속해서 생성되고 소멸되면서 매우 혼란스러운 요동을 연출하기 때문이다. 휠러는 바로 그러한 상태를 두고 **양자 거품**(quantum foam)이라고 불렀다. 비누 거품이나 맥주 거품에서 기포가 셔석 혼란스럽게 나타나고 터지고를 반복하는 것에 착안하여 붙인 명칭이다.

카시미르 효과는 양자 거품이 존재한다는 사실을 입증하는 확실한 증거처럼 보인다. 게다가 그 증거는 하나가 더 있다. 이번에는 전자의 자기 모멘트와 관련이 있다.

전자의 자기 모멘트 계산

전자는 전하를 띠며, "자전하는 것처럼" 작용한다.[*] 그런데 고전역학의 차원에서와 마찬가지로 회전하는 전하는 자기장을 유도한다. 따라서 전자의 전하와 그 "회전"을 알면 전자의 "자기력"을 계산할 수 있는데, 그것을 두고 **전자의 자기 모멘트**라고 부른다(216쪽의 삽입 글 참조). 그렇다면 전자의 자기 모멘트가 이론적으로 정확히 1이 되는 조건을 인위적으로 만들었다고 해보자. 그 조건에 따라서 실험을 하면 1에 아주 가까운 값이 나와야 한다는 말이다. 그러나 실제 실험에서 나오는 값은 1에 가깝기는 해도 그렇게까지 많이 가깝지는 않다. 실험적으로 측정된 결과가 기대한 결과와 0.1퍼센트 차이가 나기 때문이다. 별 차이 아닌 것처럼 보일 수도 있겠으나, 사실은 몹시 큰 차이에 해당한다. 독일 출신의 미국 물리학자 폴리카프 쿠시가 그 차이를 측정한 공으로 1955년에 노벨상을 받았을 만큼 말이다.[**]

그런데 양자전기역학에서 전자의 자기 모멘트를 계산할 때, 진공의 가상 입자들을 고려하면 계산 결과와 측정 결과가 거의 일치하게 나온다.

계산 결과 : 1.001159652182

---

[*] "스핀" 기억하는가? 171쪽 참조.
[**] 사실은 노벨상을 절반만 받았다고 할 수 있다. 1955년 노벨 물리학상은 각기 다른 주제를 연구한 2명에게 주어졌기 때문이다.

측정 결과 : 1.001159652181

예측에 따른 값과 실험에 따른 값이 소수 열한 번째 자리까지 동일한 것은 과학 역사상 전례가 없는 정확성이다. 따라서 현재 과학계에서는 이 결과 하나만으로도 양자 거품의 존재를 뒷받침하기에 충분하다고 보고 있다.

129. 그렇다면 중력은?

양자역학은 오늘날 인류가 만든 가장 이상하면서도 가장 복잡한 이론이지만, 그 예측이 실험과 믿을 수 없을 만큼 일치하는 이론이기도 하다. 그리고 우주의 모든 기본 상호작용을 설명하기 위한 표준 모형에 매우 안정적인 토대를 제공하고 있다. 아니, 사실 방금 문장에서의 "모든"은 "거의 모든"으로 바꾸어야 한다. 중력의 문제가 여전히 남아 있기 때문이다. 표준 모형으로는 중력을, 특히 중력의 세기가 아주 약한 이유를 설명하기 어렵다. 그렇다면 중력의 세기에 대해서 잠깐만 이야기해보자. 언뜻 생각하기에 중력은 그렇게 약한 것처럼 보이지 않는다. 우리를 지구에 고정시켜주는 것이 중력이고, 지구를 한 덩어리로 유지시켜주는 것도 중력이며, 지구가 1억5,000만 킬로미터 넘게 떨어진 태양 주위를 돌게 만드는 것도 중력이니까. 중력은 은하들의 구조에 기초가 되는 힘이다.

그러나 사실 중력은 몹시 약한 힘이다. 중력을 드러나게 만드는 것은 물질의 양인데, 중력에 관여하는 물질의 양에 비하면 중력의 힘은 정말 약하기 때문이다. 실제로 지구는 여러분이나 나보다 말도 못하게 무겁고, 태양은 지구보다 또 말도 못하게 무겁다. 그렇다면 바닥에 열쇠 하나가 놓여 있다고 해보자. 그 열쇠 하나가 바닥에 계속 고정되어 있는 것은 지구의 모든 질량이 작용한 결과이다. 하지만 열쇠를 바닥에 고정시키는 그 힘은 여러분이 손가락 두 개와 팔 근육만 쓰면 이길 수 있다. 심지어 평범한 자석 하나만 있어도 열쇠를 들어올릴 수 있다. 그런 중력에 비하면 우주의 다른 상호작용들(전자기적 상호작용, 강한 상호작용, 약한 상호작용)은 작용 범위가 제한적인 경우도 있지만 아주 강하다.

그럼, 말이 나온 김에 여러 상호작용의 "힘"을 비교해보자. 우선 가장 강한 것은 양성자들을 원자핵 안에서 서로 밀착하게 만드는 힘, 즉 강한 상호작용이다. 그리고 그 작용 범위는 10^{-15}미터, 다시 말해서 원자핵 크기 정도이다. 그다음으로 강한 것은 전자기적 상호작용으로, 강한 상호작용보다 100배 약하지만, 작용 범위가 무한대이다(물론 거리가 멀어질수록 영향력이 크게 떨어진다). 전자기적 상호작용 다음으로 강한 것은 방사능의 원인이 되는 약한 상호작용이다. 약한 상호작용은 강한 상호작용보다 10만 배 약하며, 작용 범위는 10^{-15}미터보다 더 좁다. 10^{-15}미터는 1미터의 10억 분의 1의 100만 분의 1로서, 원자핵의 평균 크기에 해당한다(앞에서 말했듯이 원자핵은 원자보다 10만 배 작다).

알다시피 중력은 작용 범위가 무한대이다. 거대한 은하들의 존재를 가능하게 해주는 것이 바로 중력이다. 그러나 중력의 세기는 정말 약하다. 강한 상호작용에 비하면, 10억 배의 10억 배의 10억 배의 10억 배의 1,000배 약한 수준이다.

바로 이러한 엄청난 차이 때문에 양자역학에서는 양자중력 이론 없이도 정확한 계산을 할 수 있다. 중력의 효과는 무시해도 될 만큼 미미하다. 적어도 현상에 개입하는 질량이 충분히 작다면, 양자역학에서는 대개는 중력의 효과를 무시해도 좋다. 그러나 대개 그렇다는 것이지 언제나 그렇다는 것은 아니다.

따라서 표준 모형은 한계가 있다. 중력이 약한 이유를 설명하지 못하고, 양자역학적 차원에서의 중력을 설명할 수 없으며, 빅뱅의 처음 순간들을 설명할 준비도 되어 있지 않다. 이 문제는 뒤에서 다시 이야기할 텐데, 그 때는 중력의 원인으로 작용하는 질량이 어디에서 기인하는지에 대해서도 살펴볼 것이다. 하지만 일단 가장 어려운 부분을 마쳤으니까 잠시 기분 전환을 하면서 쉬어가는 시간을 보내기로 하자. 우리에게 더 익숙한 거시적인 차원의 현상들에 대해서, 그리고 진화가 우리 인간의 삶에 영향을 준 방식에 대해서 이야기하면서 말이다.

진화

지금도 여전히 계속되고 있는 것

이번 내용은 진화론(evolution theory)이라는 대단하고 훌륭한 이론을 설명하려는 것이 아니다. 진화론에 관해서는 나보다 훨씬 더 유능하고 정통한 사람들이 쓴 책들이 대중적인 서적을 포함하여 아주 많다. 그리고 솔직히 말하면 진화론은 내가 잘 모르는 주제이기도 하다. 다만 나는 진화가 우리의 삶에 영향을 준 방식에 아주 오래 전부터 관심이 있었다(사실 나는 진화가 "우리의 삶의 형태를 만들었다"고 말하고 싶었다. 그러나 그 표현은 어색해서 "영향을 주었다"는 표현을 썼다). 생물학적 손재로서의 우리

뿐만 아니라 우리를 둘러싸고 있는 자연 환경, 그리고 우리가 스스로 만들어 그 안에서 살아가고 있는 사회 환경에 직간접적으로 영향을 미친 방식 말이다. 그런데 진화는 우리와는 무관하게 자연적으로 이루어지기도 하지만, 다소간 명시적인 일련의 선택에 따른 결과로서 전적으로 인위적인 성질을 띠는 경우도 있다. 따라서 진화에 관한 이야기를 시작하기에 앞서, 진화론 자체와 관계된 몇 가지 편견을 뿌리 뽑고 가는 것이 좋겠다. 그다음 내용에서 여러분이 내 말을 제대로 이해하려면 꼭 필요한 과정이다.

130. 진화에 관한 진부한 생각과 편견, 용어의 오용

진화는 자연이 원하는 것이다?

생물학자들이 가장 싫어하는 말은 아마도 "자연은 진공을 좋아하지 않는다", "자연은 적응하지 못한 종을 솎아낸다", "자연은 이러이러한 특징을 저러저러한 특징보다 선호한다"는 식의 표현일 것이다. 자연은 그렇지 않다. 자연은 아무것도 원하지 않고, 아무것도 좋아하지 않으며, 아무것도 선호하지 않는다. 자연은 자연일 뿐이다. 자연에 어떤 의도와 의식, 선택의 개념을 부여하는 것은 언어의 오용이며, 이러한 오용은 과학적인 것과는 전혀 무관한 이야기를 할 때나 용인된다. 그러나 돌팔이 과학자들과 그들이 말하는 사이비 과학을 보면, 언어의 오용이 그럴듯한 감언이설의 기본임을 알 수 있다. 몇 년 전부터 양자역학을 근거라고 들먹이면서 허튼소리를 늘어놓고 있는 "과학 같은 것들"이 그 예에 해당한다. 물론 돌팔이 과학자들 중에는 스스로 돌팔이임을 아는 사람도 있을 것이고, 아니면 자신이 말하는 내용을 정말로 믿고 있는 사람도 있을 것이다. 그러나 여기서 중요한 것은 그들이 어느 쪽인지가 아니다. 우리가 기억해야 할 점은, 과학적인 용어는 일상적인 용어와는 달리 아주 제한적이고 정확한 의미를 가진다는 사실이다. 예를 들면, 양자역학에서 입자들이 얽힘 상태에 있을 때에 관찰할 수 있는 원격 작용은 염력(念力, psychokinesis)이나 텔레파시 같은 것과는 아무 상관이 없다. 염력과 텔레파시가 원격 작용이나 원격 정보 교환의 형태로 정의될 수 있다고 하더라도 말이다. 염력과 텔레파시는 여러분이 이 현상들의 존재를 믿든 믿지 않든 아직은 과학적으로 증명되어야 할 문제가 남아 있다. 그리고 이 주제에 관한 진지한 실험은 모두가 비참한 실패로 돌아갔다.

"자연은 환경에 적응하지 못한 종을 솎아낸다"고들 말하지만, 사실 자연은 아무것도 하지 않는다. 자연이 맡아서 하는 일 같은 것은 없다. 어떤 종이 환경에 적응하지 못하면 그 종은 그저 **자연적으로** 사라질 운명에 놓일 뿐이다. 풀만 먹고 사는 작은 동물이 있다고 하자. 그런데 풀이 동물의 키보다 훨씬 더 높은 곳에서만 자란다면 당연히 그 동물은 풀을 먹지 못하게 되고, 그래서 풀이 낮은 곳에서도 자라는 다른 장소로 가지 못하면 결국 죽는다. 진화의 차원에서는 이 같은 유형의 과정이 더 긴 시간에 걸쳐 이루어진다고 생각하면 된다. 그런 동물이 번식을 하지 못하면 그 종은 사라지는 것이다.

생물학자들의 항의가 들어오기 전에 미리 말하자면, 방금 이야기한 사례가 빈틈이 많다는 것은 나도 잘 알고 있다. 그 동물이 어떻게 **자연적으로** 그런 환경에 놓이게 되었는지는 설명할 수 없으니까. 그렇다면 다른 예를 들어보자. 이번 예의 주인공은 북극곰이다(생물학자들은 내가 문제를 단순화해서 말하는 것에 대해서 양해해주기를 바란다).

원래 북극에는 털이 새하얀 곰들이 살기 전에 갈색 털의 곰늘이 민지 살

단순화에 대한 주의

흰색 곰이 갈색 곰보다 번식을 더 많이 했을 것이라고 설명한 문장에서 내가 "아마"라는 표현을 쓴 데는 이유가 있다. 갈색 곰 집단에서 "흰색으로 태어난" 개체 중의 일부는 번식을 하지 못하고, 또 일부는 새끼 때에 다치거나 죽었을 가능성도 얼마든지 있기 때문이다. 흰색 곰 개체 단 한 마리가 혼자서 북극곰의 기원이 되었다는 생각은 버려야 한다. 어쩌면 그럴 수도 있지만, 그렇지 않을 가능성이 더 크다. 진화론은 무엇보다도 통계학적인 이론이며, 따라서 특별한 어느 한 개체에 대해서만 말하는 것은 언어의 오용이다. 지금 내가 하는 설명도 충분히 많은 수의 개체에 대한 대표 격으로 말하는 단순화로서 이해해야 한다.

고 있었다(새하얀 곰은 인형처럼 귀엽기는 하지만 그래도 곰은 곰이다). 그런데 그 갈색 곰 집단에서 어느 날 (단순한 유전적 결함 때문에) 털이 흰색인 곰이 태어나면서 무엇인가 새로운 일이 벌어지기 시작했다. 흰색 곰은 갈색 곰들에 비해서 얼음 위에서 눈에 잘 띄지 않아서 먹잇감을 불시에 공격하기에 유리했기 때문이다. 덕분에 흰색 곰은 사냥을 더 잘했고, 더 많이 먹었다. 환경에 더 잘 **적응했다**(apapted)고 말할 수 있을 것이다. 따라서 흰색 곰은 덩치가 더 커졌고, 힘도 더 강해졌다. 또래 갈색 곰보다 번식도 아마 더 많이 했을 것이다.

우리의 흰색 곰은 2-3년마다 새끼를 1-3마리씩 낳았다. 그리고 이 새로운 개체들 중에 몇몇은 유전적으로 아빠 곰의 흰색 털을 물려받았고(혹은 이 이야기의 주인공이 암컷이라면 엄마 곰의 흰색 털일 수도 있고), 따라서 역시 사냥과 먹이, 번식 활동에서 유리한 위치를 점했다. 그렇게 몇 세대가 지나면서 갈색 곰 집단의 일부는 생존력이 떨어져서 죽었고, 또 일부는 기후가 더 온화한 지역으로 옮겨갔다. 그 결과 충분한 시간이 흐른 뒤에 북극의 곰 집단은 흰색 털을 가진 곰으로만 구성되었다. 처음에는 유전적 결함이었던 흰색 털이 북극곰 집단의 특징이 된 것이다.

이 예를 보면 자연은 자체적으로는 아무것도 책임지지 않는다는 것을 알 수 있다(자연에 대해서 "자체적으로는"이라는 표현을 쓰는 것도 이미 언어의 오용이지만). 자연이 어떤 목적에 따라 움직인다고 보는 철학 사조를 **목적론**(目的論, teleology)이라고 부르는데, 그 지지자들 중에는 아리스토텔레스가 포함되어 있다. 그렇다면 목적론에 대해서 더 말할 필요가 있을까? 나는 필요 없다고 본다.

진화는 복잡해지는 것이다?

물론 지구상에 단세포 생물이 출현한 이후로 생물은 크게 복잡해져왔다. 그렇다고 진화가 일정한 방향으로만 이루어진다고 생각하면 안 된다. 자연이 어떤 의도가 있는 것이 아닌 것처럼, 진화도 어떤 의도와 방향을 가지지 않는다는 뜻이다. 진화는 전적으로 임의적인 과정이며, 이 과정에서 여러 가지가 나타나면서 어떤 것은 사라지고 또 어떤 것은 사라지지 않는다. 복잡성이 커질수록 생존 능력도 커지는 것은 어느 정도 사실이지만, 진화가 어떤 목적을 향하는 것으로 볼 수는 없다. 진화는 그 자체로 존재하는 실체가 아니라, 관찰에 근거한 일련의 가설과 결론이다.

형태는 기능을 위해서 나타난다?

이 문장에서 문제가 되는 것은 "위해서"라는 표현이다. 진화가 어떤 목적을 가지는 것처럼 보이도록 만들기 때문이다. 물론 사람의 눈[目]은 분명히 기능을 가지고 있고, 그 기능을 위해서 존재한다. 그러나 다시 한번 말하지만, 진화는 목적론적인 철학이 아니라 통계학적인 과학 이론으로 이해해야 한다. 눈의 출현 과정을 살펴보면 무슨 말인지 알 수 있을 것이다(이번에도 역시 생물학자들은 내가 문제를 너무 단순화해서 말하는 것에 대해서 양해해주기를 바란다*).

약 35억 년 전 지구상에 생명체가 처음 나타났을 때, 그 생명체는 물속에서 사는 일종의 박테리아 같은 모습을 하고 있었다(사실은 고세균[古細菌, Archaea]이라고 하는 것이 맞지만, 간단하게 박테리아라고 하자). 이 박테리아들은 새로운 세대들을 만들었고, 그 과정에서 미세한 유전적 변이가 임의적인 방식으로 나타났다. 그 변이 중에는 특별한 영향을 미치지 않는 것도 있었지만, 박테리아를 생존할 수 없게 만드는 것도 있었다. 그런데 어느 순간, 어떤 변이로 인해서 그전까지는 존재하지 않았던 단백질이 만들어진다. 이 단백질은 빛을 흡수하는 성질이 있었고, 그 결과 박테리아에서 검은 점으로 나타나게 되었다. 그 단백질이 빛을 흡수함으로써 박테리아는 온도가 올라갔다. 그래서 일부 개체는 죽고 일부 개체는 살아남는 가운데, 또 일부 개체는 물속 깊이 더 차가운 곳으로 내려가서 자신의 온도를 조절했다.

단세포 생물이 번식할 때, 그 DNA는 세포 분열 단계에서 두 갈래로 갈라지기 때문에 불안정해진다. 그리고 DNA 가닥들은 자외선, 특히 태양이 내놓는 자외선에 아주 민감하다. 그런데 우리의 박테리아, 즉 단백질을 가지고 물속 깊은 곳에서 살고 있던 박테리아는 자외선을 적게 받았다(자외선이 물에 흡수되니까). 따라서 그 박테리아는 수면 가까이 사는 박테리아들에 비해서 자신의 DNA를 더 잘 지켰고, 덕분에 증식의 기회를 **자연적으로** 더 많이 가지게 되었다. 그렇게 해서 그 검은 점, 즉 "원시적인 눈"을

---

* 이렇게 매번 양해를 구하는 것이 번거롭게 보일 것은 나도 잘 안다. 그러나 생물학은 모든 것이 복잡하게 얽혀 있는 분야이기 때문에 어느 한 가지 현상을 쉽게 설명하기 위해서 단순화할 경우 다른 현상에 대한 잘못된 이해를 불러올 수도 있다. 그래서 단순화를 할 때에 나는 신중을 기하면서 미리 양해를 구하는 것이다.

가진 집단은 다른 집단보다 더 많이 확산되기에 이른다. 그러니까 요약을 하자면, 눈은 처음부터 보는 기능을 위해서 생긴 것이 아니라는 말이다.

진화는 직선적 과정이다?

진화를 직선적 과정으로 보는 시각은 근시안적인 관찰에 따른 편견이다. 이 편견을 깨트리는 최상의 예는 바로 여러분이라고 할 수 있을 것이다. 실제로 여러분이 존재하기까지는 생명체의 출현에서부터 끊임없이 이어져온 생명의 연쇄가 필요했다. 그리고 여러분의 가장 먼 조상에서부터 여러분에게 이르는 과정에는 분명하게 확인할 수 있는 개체들의 연쇄가 존재한다. 그런데 이 연쇄는 완벽하게 직선인 것처럼 보이지만 사실은 그렇지 않다. 여러분 바로 이전 세대로만 거슬러올라가도 알 수 있다. 여러분이 태어나는 데는 여러분의 부모님, 즉 두 개체가 필요했으니까 말이다. 그리고 여러분의 부모님이 태어나는 데도 역시 각기 두 개체가 필요했다. 한 세대를 거슬러오를 때마다 수가 두 배로 늘어나는 것이다. 이러한 과정을 그림으로 나타내면 나무의 가지가 갈라지듯이 진행되며, 그래서 우리는 그 그림을 계통선이 아니라 **계통수**(系統樹, phylogenetic tree)라고 부른다. 그렇다면 한 세대를 25년으로 잡을 경우, 여러분이 태어나기 500년 전의 개체 수는 4,294,967,296명으로 나온다(500년 동안 32세대가 바뀌니까 2의 32제곱). 500년 전에 존재한 모든 개체 수가 아니라 여러분이 태어나는 데에 필요한 개체 수만 따졌을 때에 그만큼이라는 뜻이다. 직선적 연쇄와는 거리가 먼 것이다. 게다가 방금 제시한 설명 역시 근시안적인 이해에 지나지 않는다. 왜냐하면 그 모든 개체들 가운데 어떤 개체는 자녀를 여러 명 두었을 것이고, 또 그 자녀들 역시 여러 명의 자녀를 두었을 가능성이 있기 때문이다. 그러므로 그 연쇄는 어떤 방향으로도 직선적으로 나타나지 않으며, 나무가 가지를 복잡하게 치면서 커지는 것과 같은 형태를 띤다. 그리고 이때 일부 가지들은 중간에 끊어질 수도 있다.

진화의 경우도 마찬가지이다. 많은 개체들이 나타나서 전체적으로 다소 다양한 형태의 가지를 쳐왔으며, 그 가지 중에는 현재까지 이어진 것도 있고 중간에 끊어진 것도 있다. 그리고 현재까지 이어진 가지라고 해도 영원히 계속된다는 보장도 없다. 오늘날 우리가 어떤 개체에까지 이른 연쇄를 두고 유일하게 확실히 말할 수 있는 사실은, 그 연쇄가 계속 가지를 쳐오면서 끊임없이 이어져왔다는 것뿐이다.

편견 목록은 이상 살펴본 것 외에도 물론 더 있다. 진화에 관한 허위 사실, 어림짐작, 사회적 통념, 진부한 생각들이 많이 존재하기 때문이다. 그 가운데는 정말 몰라서 나온 것도 있지만, 진화론을 반대하는 사람들에게서 나온 것도 있다(그렇다, 창조론자들을 두고 하는 말이다). 어쨌든 그런 사실을 염두에 둔다면, 본격적으로 진화를 논할 준비는 충분히 되었다고 본다. 진화는 아주 자연적인 것도 있고 덜 자연적인 것도 있는데, 일단 내가 가장 좋아하는 이야기부터 시작해보자.

131. 빨간불은 왜 빨간색일까?

사실 정확한 질문은 이것이다. 삼색 신호등에는 왜 녹색과 황색(혹은 주황색), 적색이 사용되는 것일까? 그러나 빨간불이 왜 빨간색이냐고 묻는 질문이 더 즉각적으로 호기심을 유발하기 때문에 저렇게 질문을 던진 것이다. 뭐, 어쨌든 일단 황색의 문제부터 해결해보자. 황색은 삼색 신호등에서 중간에 놓이는 색으로서, 빛의 스펙트럼에서도 녹색과 적색 사이에 위치한다. 따라서 중간에 있는 색이라서 중간에 놓는 색으로 선택된 것이다. 아주 단순한 이유이다. 게다가 황색이 그렇게 큰 의미가 없다는 것은 옛날 신호등을 보면 알 수 있다. 원래 신호등은 녹색과 적색으로만 이루어진 이색 신호등이었기 때문이다.

신호등에 녹색과 적색이 선택된 이유를 이해하려면 우리가 색을 지각하는 방식부터 먼저 알아야 한다. 제1권에서 이야기했듯이[*] 사람의 망막에는 색을 감지할 수 있는 원추세포(圓錐細胞, cone cell)가 세 종류 존재한다. 적색을 감지하는 **적추체**(赤錐體), 녹색을 감지하는 **녹추체**(綠錐體), 청색을 감지하는 **청추체**(靑錐體)가 그것이다. 우리 눈은 적색, 녹색, 청색을 감지하는 장치를 가지고 있다는 뜻이다. 그렇다면 가시광선의 스펙트럼에서 볼 수 있는 모든 색을 보기에는 불충분한 것이 아닐까 생각하는 사람도 있을 것이다. 하지만 여러분이 쓰는 스마트폰이나 태블릿 컴퓨터, 텔레비전의 LED 스크린을 이루고 있는 픽셀도 각기 적색 LED, 녹색 LED, 청색 LED로 이루어져 있다. 그 세 가지 색 각각의 강도를 충분히 세밀하게 조절해서 정확히 혼합하면 가시 스펙트럼의 모든(혹은 거의 모든) 색이 만들어진다.

자, 그럼 정리를 해보자. 우리의 눈은 적색, 녹색, 청색을 감지하도록 되어 있고, 청색은 하늘의 색이기 때문에 신호등에는 녹색과 적색이 선택되었다. 그럼 이번 이야기는 여기서 끝? 어느 정도는 끝났지만, 완전히 끝난 것은 아니다. 왜 적색은 경고나 위험을 표시하는 색이 되었고, 또 왜 녹색은 안전하다는 표시로 사용되는지에 대한 질문이 남아 있기 때문이다. 게다가 여러분은 어떤지 모르겠지만, 나는 왜 우리 눈이 보라색, 황색, 녹색이 아닌 적색, 녹색, 청색을 감지하도록 되어 있는지도 궁금하다. 그런데

---

* 『대단하고 유쾌한 과학 이야기』 제1권, 제11장 참조.

물은 왜 투명할까?

물은 투명하다. 물이 투명한 이유는 간단하다. 빛을 흡수하지 않고 통과하도록 내버려두기 때문에 투명하게 보이는 것이다. 그러나 사실 여기에는 조금 더 복잡한 현상이 숨어 있다. 물은 빛을 흡수하기는 하되, 단지 "눈에 보이는" 가시광선을 흡수하지 않을 뿐이다. 지금 이 대목에서 여러분은 이런 생각이 들 수도 있을 것이다. "와, 대단한 우연의 일치군. 가시광선, 그러니까 우리가 볼 수 있는 빛이 마침 물에 흡수되지 않는 빛이라니!" 천만의 말씀. 이 현상에서 우연의 일치 같은 것은 없다.

물은 일단 눈에 보이지 않는 거의 모든 빛을 흡수한다. 적외선, 자외선, 마이크로파 등등(물이 마이크로파를 흡수하는 것은 정말 다행스러운 일이다. 안 그랬으면 전자 레인지는 탄생하지 못했을 테니까). 그런데 물이 깊어지면(정확히 말해서 빛이 통과하는 물의 두께가 두꺼워지면), 더 많은 빛이 물에 흡수된다. 적색부터 시작하여 주황색, 황색, 녹색, 청색 순으로 차차 흡수되다가, 나중에는 아무 빛도 통과하지 못하면서 심해의 어둠에 이르는 것이다. 바다 속에서 플래시를 터뜨리지 않고 찍은 사진은 청색과 녹색을 많이 띠는 이유가 바로 거기에 있다. 즉, 적색은 물에 빨리 흡수되기 때문이다.

결론적으로 말해서, 물은 약간 깊이가 있는 곳에서는 투명하지 않으며 옅은 청록색을 띤다. 그래서 흰색 타일을 붙여놓은 수영장의 물이 푸르스름하게 보이는 것이다.

이 질문에 답하려면 지구상에 생명체가 처음 나타난 순간으로 거슬러올라가야 한다. 바로 앞 장에서 이야기했던 내용 말이다.

다시 이야기해보면, 지구상에서 생명체는 약 35억 년 전에 물속에서 고세균이라는 단세포 생물의 형태로 처음 나타났다. 그리고 세대가 바뀌면서 미세한 유전적 변이가 일어나던 가운데, 그전까지는 존재하지 않았던 단백질을 만드는 개체들이 어느 순간 생긴다. 그 단백질은 빛을 흡수하는 성질이 있었는데, 그것이 바로 눈의 조상이다.

우리의 주인공 생물은 원시적인 눈과 함께 점차 복잡해졌고, 그 결과 눈은 원추체를 가지게 되면서 이런저런 색을 감지하기 시작했다. 이때 적색을 감지하는 원추체는 별로 도움이 되지 않았을 것이다. 물속에서 붉은빛은 이미 흡수되고 없었을 것이기 때문이다(삽입 글 참조). 대신 청색과 녹색을 감지하는 원추체는 물론 도움이 되었을 것이다. 이후 생물은 수억 년 동안 계속 복잡해지면서 여러 다양한 분기점을 만났다. 그리고 분기점에서 갈라져나온 가지들 가운데 어떤 것은 아무것에도 이르지 못했고, 또 어떤 것은 동물계라는 완전한 가지에 이른다. 그런데 당시 바다에 사는 동물은 네 가지 색에 반응하는 4색각(色覺, color sense)을 가진 반면, 육지에 사는 동물은 일반적으로 두 종류의 원추세포에 따른 2색각(청색과 적색을 보는 시각)을 가지고 있었다. 아니, 더 정확히는 이렇게 말해야 할 것이다. 먼 조상 동물은 4색각을 가지고 있었지만, 보다 최근에 나타난 육상 동물(즉 바다 동물과 파충류, 조류를 제외한 동물)은 청색과 적색을 감지하는 2색각을 가지고 있었다. 마침 가시 스펙트럼의 범위에 있는 색을 보면서 살아갈 수 있었던 것이다.

물론 가시 스펙트럼 범위의 색을 볼 수 있는 것 자체는 마침 잘된 것처럼 말할 일이 아니라 당연한 일이다. 가시(可視) 스펙트럼이란 눈으로 볼 수 있는 스펙트럼을 말하며, 따라서 가시 스펙트럼의 색을 볼 수 있다는 사실을 굳이 이야기하는 것은 부모님과 내가 가족이라는 사실을 굳이 설명하는 것만큼이나 이상한 일이니까. 예를 들어 육상 동물이 자외선과 황색에 대한 두 종류의 원추세포를 가지고 있다면, 자외선과 황색이 가시 스펙트럼이 되는 것이다. 맞는 소리이다. 그러나 내가 육상 동물이 청색과 적색에 반응하는 2색각을 가진 것을 두고 살짝 일처럼 말한 데에는 그

럴 만한 이유가 있다. 앞의 삽입 글에서 보았듯이, 청색-적색이라는 범위
는 얕은 물에는 흡수되지 않는 빛의 스펙트럼이다. 따라서 육상 동물은
마침 자신이 활동하는 환경에 적합한 가시 스펙트럼을 가지고 있었다는
말이다.

이후 동물계는 계속 분화되었고, 그러는 가운데 일부 동물이 녹색을 감
지하는 세 번째 원추세포를 가지게 되었다. 여기서 녹색을 감지한다는 것
은 식물을 감지한다는 뜻이다. 식물이 녹색으로 보이는 이유는 엽록소(葉
綠素, chlorophyll)라고 불리는 분자 때문이다. 엽록소가 빛의 청색과 적색
을 흡수하고, 따라서 녹색으로 보이는 것이다. 참고로 말하면, 엽록소가
빛의 청색과 적색을 흡수하는 작용은 식물이 에너지를 아데노신 삼인산
(adenosine triphosphate, ATP) 분자의 형태로 저장할 수 있게 해주는 역할을
한다. 그리고 광합성(光合成, photosynthesis)을 통해서 이산화탄소를 산소로
바꿈으로써 육지와 공중에서 사는 모든 생물이 호흡할 수 있게도 해준다.

아무튼 녹색을 본다는 것은 많은 먹이 사슬의 기본이 되는 식물을 구분
할 수 있다는 점에서 진화적 장점에 해당한다. 녹색을 보게 된 눈, 즉 3색
각을 가진 눈은 적색과 녹색과 청색, 그리고 이 색들로 조합 가능한 모든
색을 볼 수 있다. 그런데 청추체로도 일부 녹색을 볼 수 있고, 녹추체로도
일부 청색을 볼 수 있다. 따라서 일부 중간색들은 우리 뇌에서 가끔 뒤섞
이며, 그 결과 청록색은 보는 사람에 따라 청색으로 보이기도 하고 녹색
으로 보이기도 한다. 그러나 적추체의 경우에는 적색에만 특화되어 있는
편이다.

따라서 우리의 눈은 적색을 녹색이나 청색, 그리고 가시 스펙트럼에 속
하는 다른 모든 색보다 더 정확히 구분한다. 다른 어떤 색보다 적색으로
된 사물을 더 잘 감지할 수 있다는 뜻이다. 게다가 어둠 속에서 사물은

흑백으로 보이는 경향이 있지만, 적색은 그렇지 않다. 집에서 실험해보면 적색은 어두울 때도 여전히 붉게 보이는 것을 확인할 수 있을 것이다.

그러므로 적색이 경계와 위험을 표시하는 색으로, 즉 주의를 끄는 색으로 선택된 것은 아주 당연한 일이다. 그리고 신호등에서 "멈춤"을 말하는 적색과 구분해야 할 "전진"을 위한 색으로 녹색이 선택된 것은 녹색이 가장 널리 알려진 색이기 때문이다(청색이 선택될 수도 있었지만, 하늘의 색과 구분되어야 했기 때문에 녹색이 선택되었다). 그렇게 적색과 녹색에서 시작한 뒤, 나중에 그 사이에 황색이 추가된 것이다.

따라서 빨간불이 빨간색인 이유는 적색이 다른 색들보다 더 잘 눈에 띈다는 사실, 생명체가 물속에서 처음 나타났다는 사실, 물이 적색을 빨리 흡수한다는 사실 등으로 설명할 수 있다. 물론 적색의 상징적인 의미는 문화에 따라서 바뀌기도 한다(예를 들면, 중국에서 적색은 결혼을 상징하는 색이다). 그러나 어쨌든 적색은 오랜 자연적, 환경적 진화의 결과로 우리 눈을 특히 끄는 색이 되었고, 그래서 국제적으로 경고를 뜻하는 색으로 쓰이고 있다.

132. 왜 영국에서는 차들이 좌측통행을 할까?

알다시피 영국에서는 차들이 좌측통행을 한다. 세계 다른 나라들의 도로에서는 우측통행을 하는데 말이다. 아니, 다른 모든 나라들에서 우측통행을 하는 것은 아니다. 차들이 좌측통행을 하는 나라는 영국 말고도 몇 곳 더 있으며("10억이 넘는" 인구를 가진 인도도 그중 한 곳이다. 물론 10억 인구가 모두 차를 모는 것은 아니지만), 인구로 따지면 인류의 3분의 1

이 좌측통행을 하는 것으로 추산된다. 그런데 왜 영국인들이 좌측통행을 하느냐고 묻는 질문은 사실 잘못되었다. 이번 주제에서 문제가 되는 것은 좌측통행을 하는 영국인이 아니라 우측통행을 시작한 다른 나라 사람들이다. 그렇다면 왜 그러한 변화가 나타났는지 한번 알아보기로 하자.

고대에 사람들은 좁은 길로 걷거나 말을 타고 이동했으며, 이동 중에는 무기를 소지한 경우가 많았다(예를 들면, 로마 병사들은 검을 차고 다녔다). 그리고 그들 중 약 90퍼센트는 오른손잡이였고,* 따라서 검을 넣는 칼집은 왼쪽에 차고 있었다. 당시 사람들은 길을 다닐 때 대개는 길 한가운데로 다녔는데, 그 이유는 단지 가운데로 다니기가 가장 좋기 때문이었다. 그러다가 두 사람이 길에서 마주쳤을 경우, 두 사람은 검이 서로 부딪치지 않게 지나가야 했다(검이 부딪치면 결투 신청으로 간주될 수 있기 때문이다). 그래서 충분한 공간을 확보하기 위해서 길 왼쪽으로 비켜나서, 서로 오른쪽이 스치도록 지나갔다. 정리를 하자면, 당시에 사람들은 길 한가운데로 다니거나 아니면 좌측통행을 했다는 말이다. 그러나 길에서 어떤 식으로 다니라고 말하는 규칙 같은 것은 전혀 없었다. 당시 사람들은 밭을 가로질러 가든 나무를 타면서 가든, 자기가 다니고 싶은 대로 다니면 그만이었다.

그러니까 고대에는 맞은편에서 오는 사람이 지나갈 자리를 내주어야 할 때에는 관례적으로 왼쪽으로 비키되, 전체적으로는 자기가 다니고 싶은 대로 다녔다는 말이다. 그러나 13세기에 교황 보니파키우스 8세가 순례자들은 길 왼쪽으로 다니라는 교황령을 내린다. 별로 중요하지 않은 결정처럼 보이겠지만(그리고 교황이 그런 것까지 신경 쓸 만큼 할 일이 없었을까 싶은 생각도 들겠지만), 그 교황령이 내려진 이후 유럽 전체가 좌측통행

---

* 『대단하고 유쾌한 과학 이야기』 제1권, 제59장 참조.

채석장 가는 길

1998년, 영국의 스윈던 부근에서는 고대 로마 시대의 채석장과 채석장으로 가는 길이 아주 잘 보존된 상태로 발견되었다. 길에는 채석장에서 바깥으로 이어지는 홈이 파여 있었는데, 그 홈은 왼쪽이 오른쪽보다 더 깊었다. 왼쪽으로 다닌 마차가 오른쪽으로 다닌 마차보다 짐을 더 많이 싣고 있었다는 뜻이다. 그런데 당시 마차들은 광석을 실어서 바깥으로 옮기는 일밖에는 하지 않았다. 그러므로 홈이 많이 파인 쪽, 즉 왼쪽으로 다닌 마차가 채석장에서 나오는 마차였음을 알 수 있다. 따라서 고대 로마 시대에 마차는 좌측통행을 한 것이다.

을 시작했고, 이는 4세기 동안 계속되었다.

그런데 18세기에 미국 펜실베이니아 주에 위치한 코네스토가 지방에서 새로운 형태의 마차가 등장했다. 코네스토가 왜건이라고 이름 붙여진 그 마차는 바퀴가 4개 달린 커다란 짐수레 같은 모양이었고, 짚이나 사람, 식량, 가구 등, 뭐든지 싣고 다닐 수 있었다.* 코네스토가 왜건의 특징 중 하나는 마부를 위한 좌석이 없다는 것인데, 그래서 마부는 마차를 끄는 말이나 노새 중의 한 마리 위에 앉아야 했다(여섯 마리나 여덟 마리가 두 줄로 끌었다). 그렇다면 마부는 어느 말에 앉았을까? 물론 맨 뒷줄에 있는 두 마리 중 한 마리에 앉았다. 그래야만 앞에 있는 말들을 모두 통제할 수 있기 때문이다. 그리고 마부가 오른손잡이일 경우(다시 말해서 90퍼센트의 경우) 채찍은 오른손에 들고, 고삐는 왼손으로 잡았다. 따라서 채찍으로 모든 말을 정확하게 때리려면 맨 뒷줄에서도 왼쪽에 있는 말에 앉아야 하는 것이다. 그렇다면 길에서 반대 방향으로 오는 다른 마차를 만나서 엇갈리게 지나가야 할 때는 어떻게 했을까? 이 경우 마부는 마차들이 서로 지나갈 공간이 충분한지 잘 보기 위해서 반대편 마차가 자신의 왼

---

*「초원의 집」 같은 드라마에 나오는 마차.

쪽으로 지나가게 가게 했다. 다시 말해서 길 오른쪽으로 비켜났다는 말이다. 코네스토가 왜건은 우측통행을 한 것이다. 게다가 우측통행은 코네스토가 왜건만의 문제는 아니었다. 유럽에 혁명이 일어나자 혁명주의자들은 좌측통행이 교황령에 따른 것임을 떠올렸고, 교회가 자신들의 생활에 영향을 미치는 것을 거부하기 위해서 우측통행을 실시하기로 결정했기 때문이다. 그리고 거기에 세 번째 이유가 더해지면서 우측통행은 유럽 전역의 도로에서 자리를 잡게 되었다. 그 이유의 주인공은 바로 나폴레옹 보나파르트이다.

뛰어난 전략가였던 나폴레옹은 병법에서는 전투를 시작할 때에 기병대가 적군의 왼쪽 측면을 공격한다는 것을 잘 알고 있었다. 그래서 그는 프랑스 군에게 적군의 오른쪽 측면을 공격하는 법을 익히도록 지시했다. 군대가 움직이는 방향을 완전히 바꾸면서 기습 작전 능력을 키운 것이다. 그 결과 군대는 우측통행으로 이동하게 되었고, 그 영향으로 유럽 전역에서 우측통행이 실시되었다. 유럽 전역이라고? 아니, 전역은 아니다. 나폴레옹은 영국을 정복하지는 못했고, 그래서 영국은 계속 좌측통행을 고수하게 되었다.

따라서 왜 유럽에서는 우측통행을 하고 영국에서는 좌측통행을 하는지에 대한 답은 이론적으로는 나왔다고 할 수 있을 것이다. 하지만 아직 알아볼 내용이 더 남아 있으니, 조금 더 이야기해보자.

18세기 말부터 19세기 초까지 영국과 미국은 냉전을 벌이고 있었다. 미국이 1776년에 독립을 선언하면서 영국인들을 신대륙에서 말 그대로 내쫓았기 때문이다. 게다가 영국인들은 우측통행을 강요하는 미국의 코네스토가 왜건을 원래 좋아하지 않았다. 영국인이 선호한 것은 말 두 마리가 끄는 더 가볍고 작고 조종하기 쉬운 마차였는데, 이 마차에는 마부를 위한 좌석이 따로 있었다. 그래서 마차를 모는 방법이 코네스토가 왜건과는 조금 달랐다. 좌석에 앉은 마부는 채찍은 여전히 오른손으로 들었지만, 뒤에서 오는 행인을 보려고 좌석 오른쪽으로 치우쳐 앉았기 때문이다(보지 않고 채찍을 휘두르면 행인이 맞을 수도 있으니까). 따라서 길에서 다른 마차와 엇갈릴 때는 코네스토가 왜건의 경우와 비슷한 이유로(즉 서로 지나갈 공간이 충분한지 확인하기 위해서) 반대편 마차를 자신의 오른쪽으로 지나가게 하면서 자기는 길 왼쪽으로 비켜났다. 좌측통행을 한 것이다. 그렇게 해서 영국인들은 좌측통행을 계속 고수했고, 그러던 중에 자동차가 발명되었다.

최초의 자동차들은 핸드브레이크가 밖에 달려 있었다. 그리고 핸드브레이크를 움직이려면 힘이 많이 들었는데, 대부분의 사람들이 오른손잡이이기 때문에 그 핸드브레이크는 자동차의 오른쪽에 위치해 있었다. 따라서 최초의 자동차들은 핸들이 모두 오른쪽에 있었다. 그래서 유럽에서는 우측 핸들 자동차로 우측통행을 하고, 영국에서는 우측 핸들 자동차로 좌측통행을 한 것이다. 그러니까 영국인들이 중간에 방식을 바꾼 것이 아니라는 말이다.

그런데 이후 기술적으로 핸드브레이크를 차량 내부로 옮길 수 있게 되었고, 덕분에 자동차는 운전석 전체가 비를 피할 수 있는 형태에 이르렀다. 그리고 바로 이 지점에서 파가 나뉜다. 유럽에서는 핸드브레이크 작동을 오른손으로 계속하기 위해서 핸들을 왼쪽으로 옮긴 반면, 영국에서는 핸드브레이크를 왼손으로 작동하는 법만 배우는 것이 운전석을 다른 쪽으로 옮겨 운전하는 법을 배우는 것보다 간단하다고 생각했기 때문이다. 따라서 영국인들은 처음부터 지금의 방식으로 운전한 것이다.

이 문제를 통해서 우리는 인간이 생활환경의 변화에 미치는 영향의 범위를 알 수 있다. 교통수단 및 운전방식의 변화는 앞에서 살펴본 신호등의 예와는 달리 주로 인위적인 성질을 띠기 때문이다. 그렇다면 이 두 경우의 중간, 즉 신호등의 사례와 운전방식의 사례의 중간에 놓이는 경우에 관해서도 한번 알아보자. 자연적인 생물학적 진화에서 비롯된 인위적인 기술적 변화를 두고 하는 말이다. 실제로 우리가 알고 있든 모르고 있든 많은 기술적 선택들이 생물학적 진화에 종속된다. 심지어 토스트가 항상 버터가 발린 면으로 떨어지는 이유도 그 같은 맥락에서 설명할 수 있다. 그래서 그 이유가 무엇이냐고?

133. 인지 편향

방금 던진 질문에 답하기에 앞서, 그리고 자연적인 생물학적 진화에서 비롯된 인위적인 기술적 변화의 사례를 이야기하기에 앞서, 인지 편향(認知偏向, cognitive bias)이라는 것에 관해서 먼저 알아보는 것이 좋겠다. 인지 편향은 우리의 삶 속에 계속 존재하면서 매일매일의 삶에 영향을 미치는 것이자, (과학에 대해서든 아니든) 합리적으로 사고하는 것을 방해하는 요인이기 때문이다. 그리고 뒤에서 보겠지만, 버터가 발린 토스트의 문제를 논할 때도 인지 편향이 개입한다. 여러분은 마트 계산대에서 줄을 서거나 고속도로에서 차가 밀릴 때, 여러분이 속한 줄이나 차선만 늦게 빠지는 경험을 해본 적이 아마 있을 것이다. 그래서 여러분이 줄이나 차선을 옮기면 또 그 줄이나 차선만 늦게 빠지고 말이다. 정말 그런 것일까? 아니, 그렇지 않다. 우리의 뇌는 우리가 생각하는 데에 들어가는 에너지를 최대한 아끼고 싶어하며, 이를 위해서 우리의 경험에 따라 재구성되면서 자동장치와 대단히 비슷한(물론 훨씬 복잡하고 아직 잘 알려지지 않은 메커니즘에 따른) 사고 회로를 만든다. 그래서 잘못된 판단이나 한쪽으로 치우친 판단을 초래하는 사고 메커니즘, 즉 인지 편향이 발생하는 것이다. 인지 편향의 가장 대표적인 사례는 편견이다. 편견 중에는 잘 알려진 것들(인종차별주의, 반유대주의, 성차별주의 등)도 있지만, 알아차리기 힘든 것들도 많다.

인지 편향은 아주 다양한 형태를 띠며, 어떤 것들은 매우 교묘하다. 몇 가지 예를 소개하면 다음과 같다(물론 총망라된 목록은 아니다).

판단 편향

자기 위주 편향은 성공은 스스로에게 공을 돌리면서 실패는 자신에게 원인이 있다는 사실을 절대 인정하지 않는 것을 말한다. 자신이 처한 상황의 책임을 어떤 사람(자기 자신일 수도 있는)에게 돌리는 **귀인 편향**의 한 가지 형태이다. 자신의 잘못을 못 보는 **잘못에 대한 면책 편향**과도 관계가 있으며, 스스로를 실제보다 훨씬 좋게 평가하는 **자기중심적 편향**에서부터 거의 자동적으로 생긴다.

우리는 어떤 사건에 대한 통계적 경험에만 의존해서 그 사건의 확률을 잘못 판단하는 편향에 빠질 때가 많다. 예를 들면, 동전 던지기에서 뒷면이 연거푸 세 번 나올 경우, 다음번에는 앞면이 나올 확률이 높다고 생각하는 식이다. 앞면이나 뒷면이 나올 확률은 언제나 같은데도 말이다.

기억 편향

최신 효과(마지막 효과)는 맨 나중에 접한 정보를 더 쉽게 기억하는 것을 말하고, **초두 효과**(첫머리 효과)는 가장 먼저 제시된 요소를 너 질 기억하는 것을 말한다. 초두 효과는 **기준점 편향**, 즉 첫인상이 우리에게 영향을 미치도록 만드는 판단 편향과도 관계가 있다. 사람을 처음 만날 때든 다른 어떤 새로운 것을 접할 때든, 기준점 편향은 우리의 행동에 자연적으로 영향력을 행사한다. 예를 하나 들어보자. 여러분은 벼룩시장에서 마음에 드는 골동품을 발견했고, 10유로에서 12유로 정도면 살 수 있을 것이라고 생각하고 있다. 그런데 여러분이 말을 꺼내기 전에 판매자가 먼저 말을 걸어온다. "그것 마음에 드세요? 50유로에 드릴게요." 이때 여러분이 할 수 있는 선택은 몇 가지가 있다. 그냥 자리를 떠나든지, 10유로에 팔라고 하든지, 웃음으로 반응하든지 등등. 그러나 실험을 해보면 그런 경우 대다수의 사람들은 자신이 속으로 매긴 것보다 훨씬 높은 값을 부른다. 판매자가 정한 값이 기준으로 작용하게 되고, 그래서 그 값보다 너무 차이가 나게 부르는 것은 스스로 몰지각하다고 느끼기 때문이다.

추론 편향

추론 편향은 모든 음모론의 토대가 되는 것으로, 음모론자들은 추론 편향에 근거해서 이런저런 "설(說)"을 문제없이 증명한다. 피라미드는 외계인이 건설했고, 인류는 달에 간 적이 없으며, 조지 부시는 파충류 외계인이고* 등등. 추론 편향 중에서도 **가설 확증 편향**은 과학자들이 특히 경계하는 것이다. 이 편향에 빠지면 가설을 무효화하는 요소는 배제하고, 가설을 정당화하는 것처럼 보이는 요소만 남겨두는 식의 사고를 하기 때문이다. 그래서 과학자들은 통계를 낼 때 **맹검법** 같은 객관적인 증명방법을 사용한다.

그런데 여기서 분명히 할 점이 있다. 통계는 객관적이고 과학적인 분야

---

* 조지 부시가 파충류 외계인이라는 설은 정말 존재한다.

맹검법(盲檢法, blinded experiment)

의학 실험이 안고 있는 문제는 되풀이할 수가 없다는 것이다. 예를 들면, 어떤 분자의 효과를 검사하기 위해서 두 사람을 대상으로 실험할 경우, 개인차에 따른 여러 원인들이 효과의 차이를 불러올 수 있기 때문에 분자 자체의 효과에 대한 결론을 내리기가 어렵다. 하지만 그렇다고 같은 분자를 한 사람을 대상으로 두 번 실험하면 시작 조건이 다르다는 문제가 생긴다. 그 분자를 이미 한 차례 실험한 사람에게 또 실험하는 것이니까 말이다.

그래서 의학 연구자들은 통계적 실험에 눈을 돌리게 되었다. 물리학자 피에르 샤를 알렉상드르 루이가 피를 뽑는 방법으로 폐렴을 치료하는 행위는 효과가 없을 뿐만 아니라 해롭다는 것을 증명하는 데에 이용한 것이 바로 그 방법이다. 또한 19세기 말에 가짜 약[僞藥] 플라세보(plasebo)의 사용은 자기요법(磁氣療法)이 효과가 없음을 증명할 수 있게 해주었다. 환자가 자신이 진짜 치료를 받는지 아니면 플라세보에 따른 치료를 받는지 모르게 한 뒤, 나중에 진짜 치료가 플라세보 치료보다 더 효과적인지 아닌지 확인하는 것이다. 이러한 방법을 두고 단순 맹검법이라고 한다.

학자들은 개개인의 다양성을 고려하기 위해서 이중 맹검법이라는 방법도 만들었다. 두 표본 집단을 구성해서 한 집단에는 진짜 약 치료를 하고 다른 집단에는 플라세보 치료를 하되, 치료 형태는 동일하게 하는 것이다. 이때 진짜 약 치료를 받게 되는 집단의 결정은 무작위로 이루어지며, 어느 집단이 어떤 치료를 받는지는 환자도 의사도 모른다. 그래서 이중 맹검법이다. 실험이 끝나면 어느 집단이 어떤 치료를 받았는지 공개되며, 두 집단 사이의 결과 차이가 뚜렷할 경우(일반적으로 5퍼센트 이상) 그 치료는 효과가 있다고 간주된다.

처럼 보이지만, 사실 추론 편향이 크게 작용하는 분야이기도 하다. 통계는 직관에 반대될 때가 많고, 또 직관적으로 잘못된 판단을 부르는 경우도 많기 때문이다. 이를 입증하는 흥미로운 사례들도는 너러 가지기 있다.

몬티 홀 문제(Monty Hall problem)

여러분은 텔레비전 퀴즈 프로그램에 참여했다. 경쟁자들을 모두 물리쳤고, 이제 상품만 고르면 되는 순간이 왔다. 상품을 고르는 규칙은 간단하다. 여러분 앞에 A, B, C라는 3개의 문이 있는데, 그중 하나의 문 뒤에는 5만 유로의 상금이 있고, 나머지 2개의 문 뒤에는 염소가 있다.* 선택한 문 뒤에 있는 것을 상품으로 받게 되는 것이다. 여러분은 잠시 망설이다가 과감하게 "A문"이라고 말했다. 그런데 상금이 어디에 있는지 알고 있는 짓궂은 진행자가 B문으로 다가가더니 문을 열어서 염소를 보여주었다. 그리고 여러분에게 이렇게 제안한다. "B문은 제가 제거해드렸습니다. A문을 고르셨는데, 선택을 바꿀 수 있는 기회를 드리지요. 원하시면 C문으로 바꾸셔도 좋습니다." 자, 여러분은 어떻게 하겠는가?

직관적으로 생각할 때는 상금이 A문에 있을 확률도 2분의 1, C문에 있을 확률도 2분의 1처럼 보인다. 남아 있는 문이 2개니까. 따라서 어떤 문을 고르는지는 별로 중요하지 않으며, 선택을 바꾼다고 해서 득이 될 것은 전혀 없다. 원하면 선택을 바꿀 수도 있지만, 그렇다고 상금을 받을 확률이 높아지는 것은 아니기 때문이다. 그런데 사실은 그렇지 않다. C문으로 바꾸면 상금을 받을 확률이 높아진다. 인지 편향이 여러분을 방해해서 이해가 잘 가지 않는다면, 설명을 좀더 들어보라.

다른 예를 가지고 이야기해보자. 트럼프 카드 한 벌에서 조커를 뺀 52장의 카드를 모두 뒷면이 보이게 탁자 위에 늘어놓았다. 여러분은 그중에서 스페이드 에이스 카드를 찾아야 한다. 내가 카드를 늘어놓았고, 그래서 나는 스페이드 에이스의 위치를 알고 있다. 문이 3개인 경우에 비해서 카드 수가 더 많기 때문에 상황이 더 복잡해 보이지만 추론 방식은 전적으

---

* 물론 여러분이 염소보다 상금을 원할 것이라는 원칙에서 출발한다.

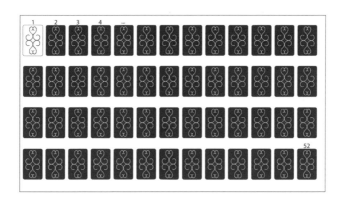

로 동일하다. 그럼 편의상 여러분이 첫 번째 카드를 골랐다고 해보자.

여러분이 스페이드 에이스 카드를 맞혔을 확률은 52분의 1이다. 그리고 틀렸을 확률은 52분의 51, 즉 98퍼센트가 조금 넘는다. 여러분이 카드를 고른 뒤, 나는 남은 카드 51장 가운데 스페이드 에이스가 아닌 카드 50장을 뒤집어서 보여준다. 그리고 여러분에게 이렇게 물어본다. "처음 고른 카드로 그대로 가겠습니까, 아니면 아직 뒤집지 않은 마지막 한 장의 카드로 선택을 바꾸겠습니까?"

여러분은 카드가 두 장밖에 없으니까 카드를 맞혔을 확률이 2분의 1이라는 생각이 들 것이다. 그러나 처음부터 틀렸을 가능성도 있다고 느낄

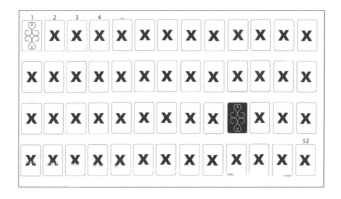

것이다. 앞에서 말했듯이 처음부터 맞는 카드를 찾아낼 확률은 2퍼센트도 안 되니까 말이다. 그렇다면 카드를 두 그룹으로 나누어 생각해보자. 첫 번째 그룹에는 여러분이 처음 선택한 카드를 넣고, 두 번째 그룹에는 나머지 다른 카드를 모두 넣는다. 50장의 카드를 뒤집기 전, 두 번째 그룹에 스페이드 에이스가 있을 확률은 98퍼센트였다. 그리고 중간에 카드를 다시 섞거나 위치를 바꾸지 않았기 때문에 50장의 카드를 뒤집은 후에도 두 번째 그룹에 스페이드 에이스가 있을 확률은 여전히 98퍼센트이다. 그런데 뒤집힌 50장의 카드 중에는 스페이드 에이스가 없다는 사실을 이제 알기 때문에, 그 98퍼센트라는 확률은 아직 뒤집지 않은 마지막 카드 1장에 모두 집중된다. 따라서 만약 여러분이 선택을 바꾸면 카드를 맞혔을 확률이 2퍼센트에서 98퍼센트로 바뀌는 것이다. 물론 여러분이 처음부터 맞혔을 가능성도 있다. 이것은 어디까지나 확률의 문제이고, 여러분이 단번에 맞혔을 확률도 약 2퍼센트는 되기 때문이다(정확히는 52분의 1의 확률).

그럼 다시 앞의 이야기로 돌아가서, 3개의 문을 두 그룹으로 나누어 생각해보자. 첫 번째 그룹에는 여러분이 처음 선택한 A문을 넣고, 두 번째 그룹에는 B문과 C문을 넣는다. 그러면 상금이 첫 번째 그룹에 있을 확률은 3분의 1, 두 번째 그룹에 있을 확률은 3분의 2가 된다. 이때 B문을 열어 확인했다고 하더라도 상금이 두 번째 그룹에 있을 확률은 여전히 3분의 2이지만, 대신 그 확률은 C문에 모두 집중된다. 그러므로 여러분이 선택을 A문에서 C문으로 바꾸면 상금을 받을 확률이 3분의 1(약 33퍼센트)에서 3분의 2(약 67퍼센트)로 높아지는 것이다. 물론 이번에도 역시, 여러분이 처음부터 상금이 있는 문을 골랐을 수도 있다. 더구나 3분의 1이라는 확률은 적은 확률도 아니다. 그러나 여러분이 이런 게임을 수천 번 되풀이할 경우, 선택을 바꾸면 상금을 받는 일이 두 배는 많아진다. 몬티

홀 문제는 바로 이 같은 선택과 확률의 문제를 두고 이르는 말이다("몬티 홀"이라는 인물이 진행하는 미국의 텔레비전 게임 쇼에서 나온 문제라서 그런 명칭이 붙었다).

몬티 홀 문제를 이해했다면, 그 변형에 해당하는 예도 한번 이야기해보자. 이 예는 받아들이기가 어려울 수도 있겠지만, 알고 보면 정확히 같은 문제이다. 사형 선고를 받은 3명의 죄수가 있다. 그중 한 사람은 여러분이고(이런 예를 들어서 미안하다), 다른 두 사람은 각각 A와 B이다. 그런데 어느 날, 셋 중의 1명이 사형에서 감형되었다는 소식이 들려왔다. 그러나 교도관들은 누가 감형되었는지 말해줄 수 없다고 했다. 그래서 여러분은 친하게 지내던 교도관에게 알려달라고 간청했고, 그러자 교도관은 감형된 사람이 A는 아니라는 것만 일러주었다. 따라서 B가 감형되었을 확률은 이제 3분의 2가 된 것이다. 여러분이 감형되었을 확률은 여전히 3분의 1이지만 말이다(이것도 미안하다).

심프슨 문제

심프슨 문제는 심프슨 패러독스(Simpson's paradox)(패러독스는 아니기 때문에 잘못된 명칭이다) 또는 율-심프슨 효과(Yule–Simpson effect)로도 알려진 것으로서(영국의 통계학자 에드워드 심프슨이 1951년에 이 주제에 관한 논문을 발표했지만, 이 효과를 1903년에 처음 언급한 것은 역시 영국의 통계학자인 우드니 율이다), 자료가 충분하지 않을 때는 직관적으로 잘못된 판단을 내릴 수 있음을 보여주는 문제이다. 여론조사를 비롯하여 대중을 대상으로 한 통계적 연구에서 자주 나타난다. 예를 들면, 두 명의 서적 상인이 지금 여러분이 읽고 있는 이 책을 판다고 해보자. 우리는 두 사람의 2주일간 판매 실적을 비교해보려고 한다. 그렇다면 두 판매자가 잠재 고객들에게 책을 소개해서 판매에 성공한 경우를 따져보아야 할 것이다.* 상상력을 발휘하는 의미에서 두 판매자를 각각 정치인 장 뤽 멜랑숑과 영화감독 에밀 쿠스트리차라고 가정하고 이야기해보자.

우선 첫째 주에 멜랑숑 씨는 잠재 고객의 60퍼센트에게 책을 사게 만들었다. 그리고 쿠스트리차 감독은 자신이 만난 사람의 80퍼센트에게 책을 팔았다. 그런데 둘째 주에 멜랑숑 씨는 다른 신경쓸 문제가 많아서 판매에 집중하지 못했고, 그래서 판매율은 10퍼센트밖에 되지 않았다. 그러나 쿠스트리차 감독은 40퍼센트라는 꽤 괜찮은 판매율을 기록했다.

판매율로 보면 쿠스트리차 감독이 멜랑숑 씨보다 더 유능한 판매자인 것은 의심의 여지가 없다. 과연 정말 그럴까? 일단 지금 우리는 책이 몇 권 팔렸는지, 그리고 두 판매자가 몇 명의 고객을 만났는지 알지 못한다. 그렇다면 마침 두 사람이 정확히 똑같은 숫자의 고객을 만나서 판매를 시도했다고 해보자. 그럼 상황은 더 분명해진다. 두 사람이 만난 고객의 숫자가 동일하다면 판매율이 높은 쿠스트리차 감독이 당연히 판매왕인 것이다. 그러나……사실 판매왕은 쿠스트리차 감독이 아니다. 자세히 들어가보자.

첫째 주에 멜랑숑 씨는 500명의 잠재 고객을 만났고, 그중 300명에게 책을 팔았다. 따라서 판매율은 60퍼센트이다.

같은 주에 쿠스트리차 감독은 40명밖에 만나지 않았고, 그중에 32명에게 책을 파는 데에 성공했다. 따라서 판매율은 80퍼센트이다.

둘째 주에 멜랑숑 씨는 100명을 만나서 10명에게 책을 팔았고, 쿠스트리차 감독은 560명을 만나서 224명에게 책을 팔았다. 따라서 둘째 주의 판매율은 각기 10퍼센트와 40퍼센트이다.

2주간 모두 600명에게 판매를 시도한 것은 두 사람이 동일하다. 그러나

* 그러니까 잠재 고객이 구매 고객이 된 경우.

멜랑숑 씨는 310권을 판매한 반면, 쿠스트리차 감독은 256권밖에 팔지 못했다. 멜랑숑 씨는 두 번 중 한 번은 판매에 성공함으로써 51.6퍼센트가 조금 넘는 판매율을 올렸고, 쿠스트리차 감독은 43퍼센트가 조금 안 되는 판매율을 올린 것이다.

앞에서 내가 이 문제를 두고 왜 패러독스가 아니라고 했는지 이제 알겠는가? 직관적으로 생각할 수 있는 것과는 반대될 뿐, 답을 구할 수 없는 상황은 아니기 때문이다. 판매율만 알고 판매 부수는 몰라서 잘못된 평가에 이른 것이다. 선거 결과를 보고 선거에 대해서 잘못된 판단을 내리는 경우도 마찬가지이다. 어떤 후보가 12퍼센트의 표를 받았다고 할 때, 우리는 유권자의 12퍼센트가 그 후보에게 투표했다고 생각할 수 있다. 그러나 실제로 몇 명이 그 후보에게 투표했는지 제대로 알려면 무효표와 기권자의 수도 고려해야 한다. 광고(특히 의료와 건강, 위생, 식품과 관계된 광고)에서도 퍼센트만 언급함으로써 제품의 검토 결과가 좋게 나온 것처럼 보이게 하는 일이 많다. 가령 제품을 검토한 사람의 90퍼센트가 해당 제품을 추천한다는 광고 문구가 있다고 해보자. 그러나 검토에 참여한 사람이 10명뿐이라면 겨우 9명이 추천하는 제품인 것이다. "네, 제가 추천합니다"라는 문구와 "여러분이 추천하시겠다고요? 네, 얼마든지요"라는 문구를 구분해야 하는 것과 같은 맥락이다.

생일 문제

이번 문제는 통계가 직관과는 크게 다를 수 있음을 잘 보여주는 사례이다. 다음과 같은 상황을 상상해보자. 여러분은 모르는 사이인 사람들과 함께 어느 칵테일 파티에 참석했다. 다른 사람들도 서로 모르는 사이라서 분위기는 서먹서먹한 상태이다. 여러분은 어색한 분위기를 깨고 싶었고, 그래서 누군가의 생일을 축하할 수 있으면 좋겠다는 생각을 한다. 사람들을 어울리게 하는 데는 그만한 것이 없으니까. 게다가 마침 파티 장에는 여러분이 혹시 해서 사다가 숨겨둔 케이크도 하나 있다. 그런데 오늘이 생일인 사람이 있는지 물어보려고 마이크를 잡는 순간, 한 가지 생각이 여러분의 머리를 스치고 지나갔다. "오늘이 생일인 사람이 여러 명일 수도 있을까?" 여러분은 확률 문제라면 정신을 못 차리는 사람이었고, 그래서 생일 케이크 생각도 분위기를 띄워야겠다는 생각도 까맣게 잊어버린 채 문제 풀기에 몰두했다. 한 방에 있는 사람들 가운데 생일이 같은 사람이 두 명 있을 확률이 적어도 90퍼센트가 되려면, 그 방에는 몇 명이 있어야 할까? 정확히 하자면, 여기서 생일이 같다는 것은 태어난 해는 상관없이 태어난 달과 날이 같다는 것을 말한다. 따라서 질문을 다시 정리하면 다음과 같다. 사람이 몇 명 모여야 그 가운데 생일이 같은 날짜인 사람이 두 명 있을 확률이 90퍼센트가 될까? 사람들이 1년 중 어느 날에 태어날 확률은 날짜마다 모두 같다는 원칙에서부터 출발하되, 2월 29일은 빼고 생각해보자.

이 문제를 접했을 때 우리는 보통 이런 식으로 바로 생각한다. 1년은 365일이고, 따라서 어떤 사람이 1월 1일에 태어났다고 할 때, 365명 중 90퍼센트가 그 사람과 생일이 같으려면 329명이 필요하다고 말이다. 맞는 계산이다. 1월 1일에 태어날 확률이 다른 아무 날에 태어날 확률과 같다고 가정하면, 329명이 1월 1일에 태어나야 90퍼센트의 확률이 모인다. 그런데 맞는 계산이기는 하나, 지금 우리가 던진 질문은 그런 것이 아니다. 우리의 질문에서는 문제의 생일이 며칠인지 정해져 있지 않기 때문이다. 329명이 필요하다고 나오는 계산은 우리가 찾는 생일의 날짜가 어느 하루로 정해진 경우에 해당한다. 가령 우리가 확인한 첫 번째 사람의 생일이 1월 1일이라면, 그 다음에 확인한 두 사람의 생일이 4월 23일*이더라도 이 둘은 계산에 포함되지 않는 것이다. 그러나 우리의 질문에서는 그렇게 따지면 안 된다. 첫 번째 사람의 생일이 1월 1일이라면 일단 329명이 필요하지만, 두 번째 사람의 생일이 4월 23일이라면 우리가 찾아야 할 대상이 바뀐다. 1월 1일에 태어난 사람만 찾아야 하는 것이 아니라 4월 23일에 태어난 사람도 찾아야 하기 때문이다. 따라서 우리가 찾을 사람이 많아지는 동시에 문제의 조건을 충족시키는 데에 필요한 사람의 수는 줄어들며, 이 경우 165명만 있으면 90퍼센트의 확률이 보장된다. 그리고 세 번째 사람의 생일이 9월 23일**이라면 필요한 사람의 수는 또 더 줄어든다. 계산에 포함되는 사람이 추가될 때마다 문제를 푸는 데에 필요한 사람의 수는 줄어드는 것이다.

그래서 사람이 몇 명 모여야 그 가운데 생일이 같은 사람이 두 명 있을 확률이 90퍼센트가 되느냐고?

41명이면 충분하다.

파티 장에 모인 사람이 여러분을 포함하여 41명이면 생일이 같은 두 사람이 있을 확률은 90퍼센트이며, 57명이 모여 있다면 그 확률은 99퍼센트로 올라간다. 우리가 직관적으로 생각할 수 있는 것과는 전혀 다른 결과이다. 그러나 이를 잘못 해석하면 안 된다. 날짜는 며칠이든 간에 생일이 같은 사람이 확실하게 두 명 있어야 한다면, 이때는 366명이 필요하다(2월 29일까지 따지면 367명). 365명의 생일이 다 다르더라도 나머지 한 명은 그 365명 중 어느 한 사람과 겹칠 수밖에 없기 때문이다. 어쨌든 이처럼 임

---

* 4월 23일은 나처럼 유튜브 채널을 운영하는 앙투안 다니엘의 생일이다. 다니엘을 아는 분들은 기억해두었다가 꼭 챙겨주길 바란다. 다니엘이 말은 안 했겠지만, 작년에 사람들이 자기 생일을 까먹어서 미꾸 섭섭해했다.

** 역시 유튜브 채널을 운영하는 마티외 소메의 생일이 9월 23일이다.

의로 모인 사람들 중에서 생일이 같은 사람이 있을 확률을 묻는 문제를 두고 "생일 패러독스"라고 부른다(패러독스는 아니기 때문에 잘못된 명칭이지만).

거짓 양성 패러독스

말이 나온 김에 확률 문제를 하나만 더 알아보자. 이 역시 패러독스는 아니지만 패러독스라고 불리는 현상으로, 의사들이 범할 수 있는 판단 오류의 고전적인 사례에 해당한다. 다음과 같은 상황을 생각해보자. 치명적인 바이러스가 지구에 나타났다. 이 바이러스에 대한 치료법은 현재로서는 알려진 것이 없는데, 벌써 1만 명당 1명꼴로 감염이 된 것으로 확인되었다. 그러나 다행스럽게도 바이러스를 진단하는 테스트는 개발되어 있고, 그 신뢰도는 99퍼센트이다. 진단 테스트를 99퍼센트 신뢰할 수 있다는 말은, 1퍼센트의 경우에는 감염된 사람에 대해서 음성 판정이 나오거나 건강한 사람에게 양성 판정이 나올 수 있다는 뜻이다(의학적으로는 거짓 양성이라고 부른다).

여러분은 목이 간질간질하고 콧물이 흐르는 증상 때문에 걱정이 되기 시작했다. 그저 감기일 수도 있지만, 혹시 또 모르는 일이지 않은가? 그래서 진단 테스트를 받으러 갔고, 양성 판정을 받게 되었다. 여러분은 하늘을 원망하며 불운에 울부짖었다. 감염 확률이 1만 분의 1밖에 안 되는 바이러스 때문에 죽게 되었지 않은가? 미국에서 살인에 희생될 위험이 2년 기준으로 그 정도라는데 말이다. 그렇다면 여러분은 정말 감염된 것인가?

사실 진단 테스트를 받은 것은 여러분 혼자가 아니다. 100만 명이 여러분처럼 테스트를 받기 때문이다. 바이러스의 감염이 1만 명당 1명꼴로 나타난다고 했으므로, 100만 명 중에서는 100명이 감염자라는 뜻이다. 그런데 테스트의 신뢰도가 99퍼센트이기 때문에 건강한 사람 999,900명 중에서 1퍼센트, 즉 9,999명은 감염이 되지 않았는데도 양성 판정을 받게 된다. 마찬가지로, 테스트의 신뢰도가 99퍼센트이기 때문에 정말로 감염된 100명 중에서 99명만 양성 판정을 받는다. 100명 중 1명은 음성 판정을 받고 안심을 했지만 죽게 되는 것이다. 그럼 여러분의 경우를 보자. 여러분은 양성 판정을 받았고, 따라서 다음 두 그룹 중 하나에 속한다. 정말로 감염이 되어 양성 판정을 받은 99명에 속하든지, 아니면 감염이 되지 않았는데도 양성 판정을 받은 9,999명에 속하든지. 그러니까 여러분이 정말 감염되었을 확률은 1퍼센트도 안 되는 0.98퍼센트이다. 그래서 의료 테스트로 심각한 질환을 진단할 때는 이차적인 검사가 꼭 필요한 것이다.

자, 그럼 이제 여러분이 다음 내용을 이해할 준비가 충분히 되었다고 보고 원래의 주제로 돌아가자. 버터가 발린 토스트 이야기 말이다.

134. 토스트는 항상 버터가 발린 면으로 떨어진다

여러분 중에서 많은 사람들이 이런 경험을 해보았을 것이다. 토스트에 버터나 땅콩버터를 듬뿍 바르고 있는데(독자 중에 땅콩버터 공포증*을 가진 사람이 있다면, 이런 예를 든 것을 용서해주기를 바란다), 토스트가 손에서 빠져나가 식탁도 아닌 부엌 바닥에, 그것도 버터가 발린 면으로 떨어진 경험 말이다. 왜 토스트는 항상 버터가 발린 면으로 떨어지는 것일까? 일단 이 문제와 관련된 인지 편향에 대한 이야기부터 시작해보자. 사실 여러분이 토스트는 항상 버터가 발린 면으로 떨어진다는 생각을 품은 이상,

---

* 땅콩버터가 입천장에 달라붙는 것을 두려워하는 증상이라고 한다.

여러분은 토스트가 그런 식으로 떨어지는 경우만 눈여겨보고 반대의 경우에 대해서는 신경을 잘 쓰지 않는다. 바로 이런 것이 앞에서 말한 가설 확증 편향이다(줄을 설 때 늘 내가 서 있는 줄만 늦게 줄어든다는 생각이 들게 하는 것도 가설 확증 편향이다). 물론 토스트가 버터가 발린 면으로 잘 떨어진다는 것은 우리가 상식적으로 알고 있는 것이기도 하다. 그렇다면 그 "상식적 지식"은 어떻게 나왔을까? 실험을 했을 때(정말로 실험한 사람이 있다), 토스트가 실제로 거의 매번(항상은 아니고) 버터가 발린 면으로 떨어졌기 때문이다. 그러나 이 현상은 조건이 갖추어졌기 때문에 일어날 뿐이지, 재수가 없어서 일어나는 것은 아니다. 이른바 머피의 법칙과는 상관이 없다는 말씀.

연구에서 밝혀진 바에 따르면, 토스트가 어느 면으로 떨어지는지는 낙하 높이와 직접적인 관계가 있다. 자세히 설명하면, 토스트가 버터를 바르는 중에 여러분 손에서 빠져나갈 때 그것은 어느 한쪽으로 기울어지게 된다. 회전을 하면서 떨어진다는 말이다. 게다가 대부분의 경우 여러분은 식탁에 앉아서 토스트에 버터를 바른다. 그리고 보통의 식탁, 즉 너무 높지도 낮지도 않은 일반적인 식탁은 토스트가 바닥에 닿기 전에 대략 반 바퀴를 돌 수 있을 정도의 높이를 가졌다. 그 결과 버터가 발린 면이 아래로 향하게 되는 것이다. 이것이 토스트가 버터가 발린 면으로 잘 떨어지는 이유에 대한 기본적인 설명이다. 그런데 일반적인 식탁의 높이 자체는 성인 넓적다리뼈의 평균 길이, 더 정확히는 발과 무릎 사이의 평균 길이와 직접 관계가 있다. 그리고 이 길이가 정해지는 데에는 여러 변수들이 영향을 미쳤다. 중력의 세기는 물론이고, 인류가 사족보행을 했던 조상과는 달리 직립보행을 한다는 사실도 그 변수에 속한다. 따라서 토스트가 버터가 발린 면으로 잘 떨어지는 이유는 결국 인류의 진화와 관계가 있는 셈이다.

머피의 법칙(Murphy's law)

머피의 법칙은 미국의 항공우주공학자 에드워드 머피가 "잘못될 가능성이 있는 것은 잘못되기 마련이다"*라는 말로 표현한 것으로, 사실은 무엇보다도 기술적 작업과 관련된 발언이었다. 비행기나 로켓이든 샤워기나 문손잡이든 간에 다소 복잡하고 다소 기술적인 어떤 물건을 만들 때, 물건의 기능뿐만 아니라 사용자의 안전을 최대한 보장하려면 최악의 경우를 포함한 모든 상황에 대비해야 한다는 의미였다. 통계학적 관점에서 보면, 어떤 물건이 사고를 부를 확률이 0이 아닌 경우 그 물건을 사용하다 보면 언젠가는 사고가 일어난다는 말로 이해할 수 있다. 따라서 제작자들은 머피의 법칙을 사실로 간주하지는 않더라도, 기술적 범위 안에서는 그 법칙이 말하는 내용을 염두에 두고 작업한다.**

그런데 이후 머피의 법칙은 원래 의미에서 벗어나 잘못될 수 있는 일은 다 잘못되는 재수 없는 날을 가리키는 말이 되었다(소드의 법칙[Sod's Law]이나 피네글의 법칙[Finagle's Law]도 같은 맥락의 용어들이다). 그래서 토스트가 버터가 발린 면으로 떨어지거나 샤워를 하러 들어가면 초인종이 울리는 등의 일에 머피의 법칙을 가져다 붙이게 된 것이다.

이런 식으로 시간의 흐름을 거슬러오르다가 보면 빅뱅 이후의 순간에까지 이를 수도 있는 것이다(빅뱅 이전은 아니고). 이 말이 무슨 뜻인지 다른 예를 하나 더 보기로 하자.

135. 미국의 로켓 부스터

여러분은 미국 플로리다 주의 케네디 우주 센터에서 로켓이 발사되는 장

---

* "Anything that can go wrong will go wrong."
** 그렇게 만든 물건인지 아닌지는 표가 나게 되어 있다.

면을 본 적이 있는가? 미국의 로켓은 커다란 메인 로켓(일반적으로 빨간색)과 그 양쪽으로 달린 부스터(booster)라는 작은 로켓으로 이루어져 있다. 그런데 부스터가 처음 제작될 당시 문제가 하나 있었다. 부스터를 제작할 장소는 앨라배마 주에 있는데, 사용될 장소는 플로리다 주에 있었기 때문이다. 앨라배마에서 플로리다까지 부스터를 어떻게 운반한단 말인가? 기술자들은 가능한 모든 방법을 생각해본 끝에, 두 지역 사이에 이미 깔려 있던 철도를 이용하는 것이 최선이라는 결론을 내렸다. 그러나 문제는 그 철도가 산 밑 터널을 지난다는 것이었다. 그리고 이 터널은 당연히 기차가 지나가게 할 목적에서 판 것이지, 로켓을 지나가게 하려고 판 것은 아니었다. 그래서 기술자들은 그 터널을 통과할 수 있는 부스터를 제작해야 했고, 그 결과 NASA는 기차로 쉽게 운반할 수 있는 크기(길이는 7미터가 안 되고 지름은 3미터가 조금 넘는)의 부품 4개로 이루어진 25미터 길이의 부스터를 가지게 되었다. 이후에 앨라배마보다 더 멀리 떨어진 유타 주에서 부스터를 제작, 수리하게 된 것도 운반 문제가 해결되었기 때문에 가능한 일이었다.

따라서 미국의 로켓 부스터는 철도의 폭에 따라 설계된 것이다. 그런데 미국의 철도에서 레일과 레일 사이의 간격은 4피트 8.5인치, 즉 1.435미터로 하는 것이 표준이다. 그럼 이 간격은 어떻게 정해졌을까? 이를 알아보려면 시간을 좀더 거슬러서, 미국에 철도가 처음 깔리던 시기로 가야 한다. 미국에서 최초의 철도는 영국에 철도를 놓았던 영국 기술자들에 의해서 건설되었다. 따라서 레일 간격을 포함해서 영국에서 사용되던 기술 및 방식이 미국에 그대로 들어온 것이다. 그렇다면 영국에서는 왜 그 레일 간격을 사용했을까? 기차가 등장하기 이전에 영국에는 전차가 있었다. 전차는 물론 기술적으로 기차와 다른 교통수단이지만 레일 위를 달렸고, 이 레일은 위에서 말한 그 간격이었다. 그리고 전차가 등장하기 이전에 영국에서는 유럽의 다른 지역에서와 마찬가지로 광산 개발이 활발하게 이루어졌는데, 광석을 수레에 실어 멀리 운반할 때는 레일이 이용되었다. 역시 이 레일은 위에서 말한 그 간격이었고 말이다. 그러면 왜 광산의 레일은 그 간격으로 제작되었을까? 왜냐하면 그 간격이 당시 거의 곳곳에 이미 만들어져 있던 도로의 폭에 꼭 맞았기 때문이다. 레일 간격을 더 넓게 잡으면 도로 전체에 대한 공사가 필요하고, 더 좁게 잡으면 작은(따라서 효율성이 떨어지는) 수레를 써야 하니까 그냥 기존 도로의 폭에 맞춘 것이다.

그런데 그 도로 자체는 약 2,000년 전에 고대 로마 사람들이 건설한 것이었다. 그리고 당시 그들은 도로를 아무렇게나 만든 것이 아니었다. 말 두 마리가 마차를 끌 때 서로 부딪치지 않고 나란히 달릴 수 있는지를 생각해서 만들었기 때문이다. 따라서 그 도로를 처음 건설한 사람들은 말을 기준으로 삼아서 도로의 최소 폭을 정한 것이다.

요약하자면, 미국의 로켓 부스터는 고대 로마의 말 엉덩이 폭에 맞추어 크기가 정해졌다는 말이다. 이 예를 염두에 둔다면 여러분도 진화가 무엇인지를 보다 일반적인 관점에서 접근하고 이해하는 시각을 가질 수 있으리라고 본다. 자, 그럼 잠시 쉬었으니까 다시 어려운 주제로 돌아가보자. 다음 내용을 보면 앞에서 내가 시간의 흐름을 거슬러올라가도 빅뱅 이전이 아닌 빅뱅 이후의 순간에까지만 이를 수 있다고 한 이유를 알게 될 것이다. 그리고 이 문제를 알아보려면 중력에 대한 이야기도 좀더 필요하다.

블랙홀
그냥 지나갈 수 없다!

앞에서 여러 번 언급했듯이, 일반상대성 이론과 양자역학 사이에는 공식적으로 비양립성이 존재한다. 물론 두 이론 각각은 아주 훌륭하게 작동한다. 우주가 돌아가는 방식을 천문학적인 차원에서든 무한히 작은 차원에서든 때로는 놀라울 정도로 정확하게 기술하고 있기 때문이다. 그러나 두 이론끼리는 서로 일치하지 않는다. 그래서 학자들은 두 이론의 대립을 최대한 조정하는 방법을 모색해왔고, 실제로 조정이 가능한 경우도 많다. 가령 거시적인 현상의 차원을 논할 때에는 양자역학적 현상을 무시해도 좋으며, 물질의 양에 따른 중력의 작용은 일반상대성 이론이 기술하는 대로 이해하면 된다. 반대로 원자나 입자 몇 개가 관계된 미시적인 현상의 차원에서는 중력이 아주 미미하게 작용하며, 그래서 이때는 중력을 빼고 방정식을 계산해도 계산의 정확성이 떨어지지 않는다. 간단히 말해서 현상이 아주 크고 무거울 때에는 일반상대성 이론으로 정확히 설명되고, 현상이 아주 작고 가벼울 때에는 양자역학으로 정확히 설명된다는 말이다. 그렇다면 여기서 두 가지 질문이 제기된다. 현상이 크기는 아주 큰데, 질량은 아주 가벼우면 어떤 일이 일어날까? 그리고 반대로, 현상이 크기는 아주 작은데, 질량은 아주 무거우면 또 어떤 일이 일어날까?

일단 첫 번째 질문에 대해서는 유감스럽게도 해줄 대답이 없다. 아니, 그런 현상이 존재하는지조차 확실하지 않다. 크기는 은하 규모인데 질량은 원자 몇 개밖에 안 되는 현상이라는 뜻이기 때문이다. 그러나 두 번째 질문은 과학자들이 오래 전부터, 그러니까 일반상대성 이론이 나온 이후부터 관심을 가져온 주제이다. 실제로 일반상대성 이론에서는 질량이 아주 큰 물체가 시공간을 크게 변형시키면 이상한 일들이 일어날 수 있다고 말하고 있다. 바로 그런 물체를 두고 우리는 블랙홀(black hole)이라고 부른다.

136. 블랙홀의 개념

블랙홀에 대해서 본격적으로 이야기하기에 앞서 짚고 넘어갈 것이 하나 있다. 사실 블랙홀의 개념은 일반상대성 이론에서 처음 나온 것이 아니라,

18세기 말에 뉴턴의 중력에 대한 이해에서부터 비롯되었다. 물론 뉴턴의 중력 이론은 시공간의 변형이나 블랙홀 같은 것을 말하지 않는다. 그러나 과학자들은 순수한 수학적 호기심 때문이기는 했어도 그런 종류의 물체에 대한 의문을 이미 가지고 있었다. 어떤 물체가 질량이 아주 커서 그 물체에 대한 탈출 속도, 즉 그 물체의 중력에서 벗어나는 데에 필요한 속도가 빛의 속도보다 큰 경우는 없을까 하고 말이다. 알다시피 당시에는 빛의 성질을 두고 뉴턴처럼 입자로 보는 학파와 하위헌스처럼 파동으로 보는 학파 사이에서 논쟁이 존재했다. 그런데 빛이 입자로서 질량을 가진다면(관성질량[慣性質量, inertial mass]에 지나지 않더라도), 탈출 속도가 빛의 속도보다 빠를 정도로 질량이 큰 물체에서는 빛이 방출될 수 없다. 그래서 1784년에 성직자이자 아마추어 천문학자인 영국의 존 미첼은 영국 왕립학회에 보낸 기나긴 제목의 논문에서 그 같은 물체에 대한 생각을 내놓았다.

[……] 빛이 그 관성질량에 비례하는 힘으로 다른 천체에 끌어당겨진다고 가정하면, 그처럼 질량이 큰 천체에서 방출되는 모든 빛은 천체의 중력 때문에 다시 그 천체로 돌아갈 수밖에 없을 것이다.[*]

그리고 다음과 같은 내용도 덧붙였다. 사실 1784년에 이런 생각을 내놓았다는 것은 정말 대단한 일이다.

---

[*] *On the means of discovering the distance, magnitude, etc. of the fixed stars, in consequence of the diminution of the velocity of their light, in case such a diminution should be found to take place in any of them, and such other data should be procured from observations, as would be farther necessary for that purpose*, John Michell, 1784, §16, (내가 "기나긴 제목"이라고 했지 않은가?)

[……] 눈에 보이는 천체들이 그 주위로 궤도를 돌고 있다면, 그 천체들의 운동에서 출발해서 궤도의 중심에 위치한 천체의 존재를 어느 정도 확실하게 추론할 수 있을 것이다.[*]

별것 아닌 것처럼 보일지도 모르겠다. 그러나 재차 말하지만 1784년에 그런 생각을 거의 여담처럼 말했다는 것(존 미첼은 해당 단락의 끝에다 "자명한 사실이므로 더 설명할 필요가 없다"고까지 하고 있다)은 갈릴레이가 $E=mc^2$을 써놓고 "뻔한 사실"로 취급한 것과 비슷한 일이다. 그렇지만 이 논문은 중심 주제가 매우 추상적인 데다가 아마추어 천문학자에게서 나온 것이라서 그다지 반향을 일으키지는 못했다. 이 주제가 다시 화제에 오른 것은 1796년이었고, 이번에는 조금은 더 인정을 받을 만한 인물의 입에서 거론되었다. 피에르 시몽 드 라플라스[**]가 그 주인공인데, 라플라스는 자신의 천문 모형을 설명하면서 존 미첼이 생각한 것과 거의 같은 내용을 말했다.

빛을 내는 한 천체가 지구와 같은 밀도를 가지되 지름은 태양보다 250배 크다면, 그 천체에서 나오는 빛은 그 천체의 인력으로 인해서 우리에게까지 도달하지 못할 것이다. 따라서 우주에서 아주 큰 천체들은 그러한 이유로 우리의 눈에는 보이지 않을 수도 있다.[***]

라플라스의 논문은 프랑스 과학 아카데미에서 발표되었는데, 그 자리

---

[*] *On the means of discovering……*, John Michell, 1784, §29.
[**] 어디서 본 이름이라고? 36쪽에서 나왔다.
[***] *Exposition du Système du Monde*, Pierre-Simon de Laplace, 1796.

라플라스의 도깨비

지금의 주제에서 벗어나는 이야기이기는 하지만, 라플라스가 나온 김에 말하고 지나가자. 1814년, 라플라스는 『확률에 관한 철학적 시론(*Essai philosophique sur les probabilités*)』이라는 책에서 자신의 결정론적 세계관을 정당화하기 위해서 사고 실험 하나를 제시했다.

"어느 한 순간에 대해서 자연을 움직이는 모든 힘과 자연을 이루는 존재들의 각각의 상황을 다 알고 있는 지성이 존재한다고 해보자. 그리고 이 지성이 그 모든 정보를 분석할 수 있을 만큼 충분히 뛰어나다고 해보자. 그렇다면 이 지성은 우주의 거대한 천체들의 운동과 가장 작은 원자들의 운동을 같은 공식으로 파악할 수 있을 것이다. 이 지성에게는 불확실한 것은 아무것도 없을 것이며, 미래도 과거처럼 눈앞에서 펼쳐질 것이다."

달리 말해서, 만약 어떤 "도깨비"가 우주의 모든 입자들을 관찰해서 그 상태를 알수 있다면, 이 도깨비는 그 입자들이 잠시 뒤에 놓일 상태도 알 수 있을 것이다. 그리고 각각의 상태는 이전 상태에 직접 종속되므로 그 이후에 놓일 상태와 또 그이후에 놓일 상태에 대해서도 계속 같은 식으로 알 수 있을 것이고 말이다. 과거에는 많은 사람들이 이런 생각을 가지고 있었으며, 하이젠베르크의 불확정성 원리가 결정론을 종식시키기 전까지는 꽤 타당한 것으로 인식되었다.

에 참석한 과학계 권위자들은 그 내용의 수학적 타당성은 인정하면서도 그러한 천체가 실제로 존재할 것인지에 대해서는 의혹을 표했다. 그런데 19세기에 토머스 영의 이중 슬릿 실험이 나오면서 사람들은 빛이 입자라는 생각을 버리게 되었고(1905년에 아인슈타인이 광전효과[光電效果, photoelectric effect]에 대한 설명을 내놓기 전까지는[*]), 그래서 라플라스도 해당 논문이 실린 책의 세 번째 판을 낼 때는 문제의 문장을 삭제했다.

따라서 "몹시 무거워서 눈에 보이지 않는 천체"의 개념은 수학적 호기심

---

[*] 『대단하고 유쾌한 과학 이야기』 제1권, 제10장 참조.

이 일단 사라지자 자취를 감추었다. 그런데 아인슈타인과 일반상대성 이론이 나오면서 상황이 달라졌다.

일반상대성 이론에 관해서는 충분히 길게 이야기한 적이 있으므로,[*] 여기서 다시 전부 설명하지는 않을 것이다. 대신 간단하게 요약만 해보면 다음처럼 말할 수 있다. 일반상대성 이론에서 시공간은 유연성과 역동성을 띠는 조직과도 같다. 그래서 물질-에너지가 존재할 때, 그것은 볼링 공이 트램펄린의 매트를 변형시키는 것과 비슷한 방식으로 시공간을 변형시킨다. 그리고 역으로, 우주에 존재하는 물질-에너지는 시공간의 변형을 따라서 이동한다. 예를 들면, 태양은 그 주위의 시공간을 변형시키며, 따라서 지구는 직선으로 나아가더라도 그처럼 변형된 공간에서 나아가는 것이기 때문에 결과적으로는 태양 주위를 돌게 되는 것이다. 아인슈타인이 1915년에 일반상대성 이론의 방정식을 완성했을 당시, 그것은 과학 역사에서도 보기 드문 대단한 혁명이었다. 중력이 무엇인지를 완전히 새로운 방식으로 설명했고, 이로써 누구도 의심하지 않았던 뉴턴의 이론을 낡은 것으로 만들었기 때문이다.

새로운 방정식이 등장하면 늘 그렇듯이, 일반상대성 이론의 방정식이 나오자 많은 물리학자와 수학자들은 그 식으로부터 끌어낼 수 있는 것은 모두 끌어내기 위해서 방정식을 이리저리 굴려보기 시작했다. 물론 쉬운 작업은 아니었고, 아인슈타인 자신도 사람들이 그 방정식의 정확한 해를 구할 수 있을지 의문을 품었다. 그러나 아인슈타인의 논문이 발표되고 몇 달이 지났을 때, 카를 슈바르츠실트[**]라는 이름의 독일 물리학자가 한 가지 해(解)를 찾아냈다. 슈바르츠실트가 구한 해는 구형의 대칭성을 띠

---

[*] 『대단하고 유쾌한 과학 이야기』 제1권, 제79장부터 참조.
[**] 독일어 Schwarzschild는 "검은 방패"라는 뜻이다. 말하자면 운명적인 이름인 셈이다.

슈바르츠실트 반지름(Schwarzschild radius)

슈바르츠실트의 해(解)에서 기술하고 있는 문제의 구역은 한 점을 중심으로 하는 구의 형태를 가진다. 이때 구의 반지름은 물체의 질량 및 빛의 속도 같은 상수들에 의해서 정해지는데, 이 반지름을 두고 **슈바르츠실트 반지름**이라고 부른다. 아주 쉽게 말하면, 어떤 질량을 가진 물체가 블랙홀이 되기 위한 반지름이라고 할 수 있다. 예를 들면, 태양의 질량을 가진 물체의 경우 그 값은 3킬로미터가 조금 안 되는 2,954미터이다.

는 질량을 가진 물체, 다시 말해서 내부에 질량이 균일한 방식으로 분포된 구형의 물체 외부에 형성되는 중력장(重力場, gravitational field)을 기술하는 것이었다. 그런데 여기에는 문제가 하나 있었다. 슈바르츠실트의 해에 따른 중력장은 물체가 실제로 존재하지 않는 경우에도 형성되었기 때문이다. 따라서 한 점을 중심으로 구형의 중력장이 형성되는 것이다. 이 중력장의 세기는 그 점에서 멀어질수록 감소하되 그 점에서는 무한대에 이르렀으며, 점 주위로는 중력장을 측정하게 해주는 일부 물리량이 정확히 정의되지 않는 구역이 존재했다.

슈바르츠실트는 아인슈타인과 마찬가지로 그 해를 순수하게 수학적인 것으로 간주했고, 물리학적인 것으로는 전혀 생각하지 않았다. 그런데 1921년, 프랑스의 물리학자 폴 팽르베와 스웨덴의 물리학자 알바르 굴스트란드가 문제의 구역에 대해서 물리학적 해석을 내놓았다. 무엇이든 한 번 들어가면 다시는 빠져나올 수 없는 성질의 구역이라는 것이다. 그렇다, 우리가 알고 있는 블랙홀의 정의이다. 그러나 블랙홀에 대한 이야기로 넘어가기에는 아직 이르다. 찬드라세카르라는 인물과 항성의 생애를 먼저 살펴보아야 하기 때문이다.

137. 과학사의 한 페이지 : 찬드라세카르

일명 "찬드라"라고 불리는 수브라마니안 찬드라세카르는 인도 출신의 미국 천체물리학자이자 수학자이다. 1910년에 영국령 인도에서 태어났고, 트리니티 칼리지를 나왔으며, 이후에 영국 왕립학회의 회원으로도 이름을 올렸다. 대표적인 업적은 항성의 진화에 관한 연구이다.

항성의 생애에 대해서는 이미 길게 설명한 적이 있으니까,* 여기서는 지금 우리의 주제에서 중요한 마지막 단계에 대해서만 이야기해보자. 항성의 진화에서 마지막 단계는 열핵융합(thermonuclear fusion) 반응을 위한 연료가 떨어지면서 시작된다. 이때 항성은 자체 중력에 따른 압력이 더 이상 저항을 받지 않게 되고, 그래서 최대한으로 수축하게 된다. 그리고 이때부터 항성의 질량이 어느 정도인지에 따라서 여러 가지 현상이 나타날 수 있다.

적색거성(赤色巨星, red giant star)

항성의 질량이 태양의 몇 배 정도에 불과하고 융합 반응을 일으킬 수소가 항성 질량의 10퍼센트밖에 남지 않았을 때, 수소가 융합됨에 따라 항성의 전체 헬륨 농도가 높아진다. 그리고 항성은 자체 중력에 의한 압력으로 수축을 일으키고, 그 결과 온도가 올라간다. 그러면 항성 중심의 바깥층에 남아 있던 수소가 융합 반응에 들어가며, 이 반응에 따른 에너지는 항성의 중심 방향을 포함해서 사방으로 퍼진다. 그래서 항성의 중심은 수축하는 가운데 온도가 또 올라가는데, 온도가 1억 켈빈에 이르면 항성은 이전보다 더 밝게 빛나면서 새로운 융합 반응을 통해서 탄소를 만들

---

* 『대단하고 유쾌한 과학 이야기』 제1권, 제24장 참조.

태양의 죽음

현재 태양의 나이는 약 45억 년 정도로, 그 수명의 절반쯤에 와 있다. 10억 년 뒤에 태양은 중심의 헬륨 온도가 상승함에 따라 지금보다 더 밝게(약 10퍼센트 더 밝게) 빛나게 된다. 따라서 이 단계에 이르면 햇빛이 지구 대기에 있는 수증기를 모두 증발시킨다. 그리고 다시 20억 년 뒤에는 햇빛이 더 강렬해지면서 지구에서 바다가 사라지고, 또 20억 년 뒤에는 (그러니까 지금으로부터 50억 년 뒤에는) 태양의 중심에서 열핵융합이 중단된다. 그러면 태양은 적색거성이 되어 지금 크기보다 200배까지 커져서 지구를 포함한 가까운 행성들을 말 그대로 집어삼키게 된다. 태양과 지구 사이의 거리가 현재 거리의 10퍼센트에 해당하는 약 1,500만 킬로미터에 불과하거나 아예 없어질 것이기 때문이다.

어낸다. 그리고 이와 동시에, 표면에서의 융합 반응은 식어가는 항성의 바깥층을 팽창시킨다. 결국 항성은 크게 부푼 형태로 새로운 균형에 이르며, 낮은 온도로 인해서 적색을 띤다(색온도[色溫度]는 적색을 낮은 온도, 청색을 높은 온도로 이해해야 한다). 그래서 "적색거성"이라고 부른다.

그렇다면 적색거성이 그 중심핵은 활동이 멈춰지고 바깥층은 아주 넓게 팽창되면 어떻게 될까?

행성상 성운(行星狀星雲, planetary nebula)

수명이 다한 항성의 바깥층은 차갑게 식어가는 가운데 서서히 밖으로 방출되면서 기체와 먼지로 이루어진 거대한 구름을 이루게 되는데, 이것을 두고 행성상 성운이라고 부른다. 이때 항성풍(恒星風, stellar wind)은 초속 약 10킬로미터의 속도로(빠른 속도로 보이지만 천문학적인 차원에서는 그렇게 빠른 것이 아니다) 불면서 항성을 이루고 있던 물질을 우주로 날려보내고, 그 결과 항성의 중심이 노출된다.

백색왜성(白色矮星, white dwarf)

우주로 방출되지 않고 남은 항성의 중심부는 작고 조밀한 백색왜성을 형성한다. 백색왜성을 이루는 물질은 강하게 이온화되어 있다. 다시 말해서 전자들이 원자에서부터 분리되어 왜성 내부에서 자유롭게 돌아다니고 있다는 뜻이다. 처음 크기가 태양과 비슷한 항성의 경우, 백색왜성이 된 중심핵의 크기는 지구 정도 된다. 백색왜성은 밀도가 매우 높으며, 아주 오랫동안 고온 상태를 유지한다. 백색왜성이라는 이름도 크기는 작고 온도가 높다고 해서 붙은 것이다. 물론 백색왜성은 융합 반응을 일으키지 않기 때문에 만화에 나오는 창가에 둔 파이처럼* "자연적으로" 식어간다. 그리고 그렇게 천천히 식어가는 동안 흑체복사(黑體輻射, black body radiation)**의 법칙에 따라서 복사를 내놓으면서 절대영도에 가까운 주변과의 열 균형에 이르게 된다. 그러나 예외인 경우도 있는데, 이 예외에 대한 연구를 내놓은 인물이 바로 찬드라이다.

백색왜성에 대한 논쟁

찬드라는 항성의 내부 구조, 특히 백색왜성의 내부 구조를 깊이 연구했다. 그 결과 아주 유명한 논쟁***을 불러오면서 학자들이 블랙홀에 한 발 더 다가갈 수 있는 계기를 마련했다. 영국에서 박사 논문을 준비하던 1930년 당시, 찬드라는 특수상대성 이론의 법칙들을 천체물리학에 적용하려고 시도했다. 앞에서 말했듯이 그는 트리니티 칼리지에 다니고 있었고, 그래

---

* "만화에 나오는"이라는 단서를 붙인 이유는 만화에만 나오는 장면 같아서이다. 실제로도 파이를 창가에 두는 사람이 있나?

** 『대단하고 유쾌한 과학 이야기』 제1권, 제9장 참조.

*** 과학사에서 유명한 사건이라는 말이다. 브래드 피트와 안젤리나 졸리의 결혼 같은 일이 아니고.

서 폴 디랙이나 에드워드 밀른, 아서 에딩턴 같은 과학자들과 자신의 연구에 관한 이야기를 나누기도 했다. 찬드라가 내놓은 생각은 백색왜성이 어떤 한계, 즉 **찬드라세카르 한계**(Chandrasekhar limit) 또는 **찬드라세카르 질량**(Chandrasekhar mass)이라고 부르는 질량을 넘으면 불안정해져서 자체적으로 붕괴한다는 것이었다. 찬드라는 이 생각을 1935년 1월 11일에 영국 천문학회에서 발표했고, 이로써 유명한 논쟁이 시작되었다. 천문학회 회장이 당대 최고의 천체물리학자인 아서 에딩턴*에게 찬드라의 연구를 어떻게 생각하는지 즉석에서 몇 마디로 말해보라고 하자, 에딩턴이 이렇게 이야기했기 때문이다.

별이 그렇게 터무니없는 방식으로 행동하는 것을 막아주는 자연의 법칙이 반드시 존재한다고 생각합니다.**

에딩턴은 찬드라의 연구가 우수하다는 점은 인정하면서, 한계 질량을 넘긴 항성이 찬드라가 말하는 대로 되었을 때에 벌어지는 일을 설명했다. 말하자면 블랙홀의 작용을 아주 잘 설명한 것이다. 그러나 에딩턴은 그 가설이 어떤 물리적 실재를 가지기에는 너무 터무니없다고 보았다. 그리고 어떤 면에서는 에딩턴이 옳았다. 질량이 너무 큰 백색왜성은 정확히 찬드라가 말한 대로 되지는 않기 때문이다. 질량이 너무 큰 백색왜성이 무엇이 되는지에 대한 이론은 사실 몇 달 전에 이미 나와 있었다.

---

* 『대단하고 유쾌한 과학 이야기』 제1권, 제88장 참조.
** "I think there should be a law of nature to prevent a star from behaving in this absurd way."

축퇴 압력(縮退壓力, degeneracy pressure)

평상시에 기체의 압력은 그 부피 및 온도와 상관관계에 놓인다. 가령 압력이 높아지면 부피는 작아지고 온도는 올라가는 식이다. 물질은 일정 밀도가 넘어가면 구조가 붕괴되고 해체되어 기체처럼 작용하는데, 밀도가 아주 높은 상태에서 압력이 계속 커지면 원자의 궤도들은 가까운 궤도들과 겹쳐지게 된다(이처럼 고압축된 상태를 축퇴 상태라고 하며, 고압축된 물질은 축퇴 물질이라고 부른다). 하지만 앞에서 말했듯이, 파울리의 배타 원리는 두 전자가 같은 원자 궤도에서 같은 스핀을 가지는 것을 금한다. 그래서 궤도상의 전자들은 축퇴 압력을 받게 되고, 이 압력에 따른 힘이 원자들이 서로 가까워지는 것을 방해한다.

찬드라의 연구에서 말하는 결론이 바로 이 현상과 관계가 있다. 백색왜성의 질량이 어떤 한계를 넘기면 원자들이 축퇴 압력으로 중력적 압력에 맞서는 일이 불가능해지고, 그래서 붕괴에 이른다는 것이다.

중성자 별(neutron star)

1932년에 제임스 채드윅이 중성자를 발견했을 때,[*] 러시아의 물리학자 레프 란다우(조지 가모프와 친구 사이로, 가모프는 그를 "다우"라고 불렀다)는 특별한 항성의 존재 가능성을 생각했다. 거의 중성자로만 이루어져 있고, 그 구조가 백색왜성과 비슷하게 **축퇴 압력**이라고 불리는 양자역학적 현상의 지배를 받는 항성이 그것이다.

중성자 별의 구조는 다음과 같다. 우선, 맨 바깥에는 몇 센티미터 정도밖에 안 되는 일종의 대기가 자리한다. 그리고 그 아래로 보통 **외각**(外殼)이라고 부르는 300-500미터 두께의 층이 자리하는데, 이 외각은 주로 이온과 자유전자로 이루어져 있다. 백색왜성의 중심핵이 주로 원자핵과 자유전자로 이루어진 것과 비슷하다. 그러나 중성자 별의 외각에서는 압력

---

[*] 『대단하고 유쾌한 과학 이야기』 제1권, 제5장 참조.

이 아주 커서 양성자와 전자가 결합하여 중성자를 이루며(중성자가 많다고 해서 중성자 별이라고 한다), 중성자가 34개인 니켈-62 같은 특이한 원자핵도 볼 수 있다(니켈은 중성자가 30개인 니켈-58이 가장 흔하다).

외각 아래에는 2킬로미터 두께의 내각(內殼)이 자리한다. 내각에서는 높은 밀도로 인해서 원자핵 내에서 중성자의 농도가 아주 높아지며, 그래서 일부 중성자는 원자핵에서부터 빠져나오기도 한다. 따라서 중성자 별의 내각은 중성자가 많은 원자핵과 자유전자, 그리고 자유중성자로 이루어져 있다.

내각 아래로 내려가면 밀도가 더 커지면서 수 킬로미터 두께의 외핵(外核)이 나온다. 외핵에서 원자핵들은 더 이상 안정된 상태를 유지하지 못하며, 따라서 양성자와 전자, 중성자가 수프처럼 자리하게 된다(중성자가 다수를 차지하고). 그리고 외핵 아래에는 마지막으로 내핵(內核)이 3킬로미터 두께로 자리해 있다. 사실 내핵의 상태에 대해서는 정확히 말하기가 어렵다. 그에 관해서 아는 것이 전혀 없기 때문이 아니라(조금은 안다), 그 단계에서는 중성자의 성분인 쿼크 자체가 재구성되기 때문이다.

그럼 정리를 해보자. 중성자 별은 한때 항성이었던 지름 20킬로미터 정도의 천체로서, 주로 초유체* 상태의 중성자로 이루어져 있다. 그리고 백색왜성의 경우 축퇴 압력이 중력과 균형을 이루어 그 상태를 유지하지만, 중성자 별에서는 강한 상호작용이 그 같은 균형을 만든다. 또한 중성자 별은 밀도가 워낙 커서(원자핵의 밀도에 맞먹는, 즉 1세제곱센티미터당 1억 톤이 넘는 밀도를 가지고 있다**) 질량이 커질수록 크기는 더 작아진다.

---

* 229쪽 참조.
** 그 정도의 밀도라면 지구를 한 변이 400미터인 정육면체 안에 넣을 수 있다.

초신성(超新星, supernova)

백색왜성이 두 개의 별로 이루어진 이중 성계(double star system)에 속해 있을 경우, 강착(降着, accretion) 현상을 통해서 동반성(同伴星, companion star)의 에너지를 모두 끌어당겨 흡수하게 된다. 그 결과 백색왜성은 질량과 밀도가 커지는데, 이때 찬드라세카르 질량에 이르면 두 가지 결과가 생길 수 있다. 백색왜성이 중성자 별로 붕괴하거나, 아니면 또다른 어떤 현상이 일어나거나……. 일단 백색왜성의 중심 온도가 크게 상승하면 융합 과정이 다시 시작되면서 탄소가 융합된다. 그런데 축퇴 압력과 중력이 서로 맞서고 있기 때문에 온도가 상승해도 압력은 올라가지 않으며, 팽창도 일어나지 않는다. 팽창을 해야 식을 수 있는데 말이다. 따라서 온도는 계속해서 올라가고, 융합 과정이 가속화되면서 기계가 과열된 것 같은 단계에 이른다. 열 폭주가 일어나서 백색왜성의 물질 대부분을 몇 초 만에 태워버리는 것이다. 이것이 바로 별을 완전히 파열시키는 **열핵 초신성**의 폭발이다. 열핵 초신성은 폭발 강도가 다소 차이나는 여러 가지 형태들이 존재하는데, 방금 설명한 과정에 따른 형태는 Ia형[*]이라고 부른다.

중성자 별의 경우(강착 현상이 있든 없든), 그 질량을 보면 어떤 일이 일어날지 예측할 수 있다.

우선, 처음 항성의 질량이 태양 질량의 약 40배 미만인 경우에는 다음과 같은 일이 벌어진다. 항성 중심의 원소들은 융합해서 철을 만드는 단계에까지 이르고,[**] 철로 이루어진 중심핵이 찬드라세카르 질량에 다다르면 자체적으로 붕괴를 일으킨다. 항성이 중성자 별이 되어가는 것이다. 중성자 물질은 항성의 중심에서 계속 압축되면서 원자핵의 밀도와 맞먹는 밀도

---

[*] "I"는 첫 번째 형태임을 뜻하고, "a"는 I형에 속하는 다른 하위 형태들과 구분하는 기호이다.
[**] 『대단하고 유쾌한 과학 이야기』 제1권, 제24장 참조.

에 이르는데, 이때부터는 더 이상의 밀도 증가는 불가능하다. 그래서 물질은 항성의 바깥층에서부터 중심을 향해 계속해서 붕괴하며, 물질이 중심에 이르면 중심핵에서부터 말 그대로 세게 튕겨나면서 빛의 속도의 약 25퍼센트에 해당하는 속도로(정말 세게 튕겨나는 것이다) 전달되는 충격파를 유발한다. 이 충격파는 외부로 퍼져가면서 중간에 만나는 모든 것을 바깥으로 날려버리는데, 이것이 바로 **중심핵 붕괴 초신성**의 폭발이다. 폭발이 일단 끝나면 아주 높은 밀도의 축퇴 물질로 이루어진 중심핵만 남게 된다. 이 폭발로 발생하는 빛의 밝기는 태양보다 약 100억 배 밝은 수준으로, 은하 전체의 밝기와 비슷하다. 그럼 그다음 단계는 무엇일까? 처음 항성의 질량이 태양 질량의 20배가 되지 않을 경우에는 중성자 별의 형태로 수명을 마감하고, 태양 질량의 20−40배인 경우에는 블랙홀이 된다.

그러나 처음 항성의 질량이 태양 질량의 40배 이상인 경우, 이때 중성자 별은 초신성 폭발 없이 바로 블랙홀을 형성한다. 그럼 이제 블랙홀이라는 것에 대한 이야기로 정말 들어가보자.

138. 블랙홀과 펄서

1939년 7월, 물리학 박사 과정에 있던 미국의 하틀랜드 스나이더는 로버트 오펜하이머의 지도하에 「지속적인 중력 수축에 관하여(*On continued gravitational contraction*)」라는 제목의 논문을 발표한다. 두 사람은 일반 상대성 이론의 원칙들을 항성의 구조에 적용했고, 항성의 질량이 충분히 클 경우에 열핵융합이 멈추면 항성이 자체적으로 붕괴해서 한없이 수축하게 된다는 예측을 내놓았다. 이때 항성의 반지름이 슈바르츠실트 반지름에 가까워짐에 따라 빛은 점점 좁은 각도로만 항성에서 벗어날 수 있으며, 반지름이 더 작아지면 그 어떤 빛도 항성을 벗어나지 못한다. 그런데 방금 문장을 잘 이해해야 한다. 여기서 내가 그 어떤 빛도 항성을 벗어나지 못한다고 한 것은 빛조차 벗어나지 못한다는 뜻으로 한 말이다. 따라서 아무것도 항성에서 벗어날 수 없다는 것이다. 처음에 학자들은 그 같은 항성을 두고 "슈바르츠실트 천체", "얼어붙은 별", "붕괴된 별" 같은 용어로 불렀다. "블랙홀"이라는 명칭은 나중에 가서야 등장했다.

그런데 역시 1939년, 아인슈타인은 한 논문을 통해서 문제의 "슈바르츠실트 특이점"이 물리적 실재를 가지지 않는다고 주장했다. 물질이 한없이 수축할 수 있다면 그 물질을 구성하는 입자들은 빛의 속도에 이르게 되는데, 질량을 가진 입자가 빛의 속도에 이르는 것은 불가능하다는 것이 그의 설명이었다.

1950년대 말, 양자역학과 양자역학이 발견한 새로운 세계가 30년간 주목을 받던 시점에서 일반상대성 이론은 다시 한번 인정을 받게 된다. 관측 및 연구 방법의 발전 덕분에 우주배경복사가 발견되면서 그전에 발견된 우주의 팽창 사실에 이어 이론의 예측력을 확인시켜주었기 때문이다. 물론 블랙홀의 개념도 일반상대성 이론을 우주에 적용한 결과에 해당한다.

그때까지 블랙홀은 무엇보다도 수학적인 개념이었고, 그래서 과학자들은 그 개념을 다소 흥미롭고 우아한 것으로 생각했지만 그 존재를 실제로 증명하려고 애쓰는 경우는 별로 없었다. 더구나 블랙홀은 어떤 빛도 방출하지 않기 때문에 관측하기가 매우 어려우며, 관측을 한다고 해도 간접적인 방식으로만 가능하니까 말이다. 그러나 당시 사람들은 일반상대성 이론 덕분에(그리고 아서 에딩턴 덕분에[*]) 질량이 충분히 큰 물체는 빛

---

[*] 『대단하고 유쾌한 과학 이야기』 제1권, 제88장 참조.

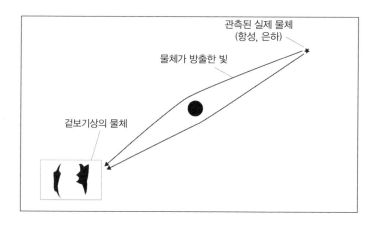

을 휘어지게 만들 수 있다는 사실을 알고 있었다. 가령 질량이 매우 큰 천체가 지구와 지구에서부터 아주 멀리 있는 광원(光源) 사이에 위치할 경우, 그 광원의 빛은 중간의 천체에 의해서 휘어지면서 우리 눈에는 변형되거나 여러 개로 나누어진 물체처럼 보일 수 있다. 질량이 큰 천체가 중력 렌즈 (gravitational lens)라는 현상을 일으키는 것이다.

그런데 1967년, 영국의 천체물리학자 앤터니 휴이시와 역시 천체물리학자인 그 제자 조슬린 벨은 전파망원경으로 퀘이사를 연구하다가 새로운 발견을 하게 된다.

두 사람이 발견한 것은 짧고 규칙적인 복사가 일정한 주기로 반복되면서 만들어지는 신호였다. 신호의 주기성으로 볼 때, 지구로부터 나오는 것이라고 보기는 어려웠다. 그러나 규칙성으로 보면 인위적인 신호처럼 보였다. 그래서 벨과 휴이시는 그 신호원이 지구 밖에 있을 수 있다고 생각해서 LGM-1*이라고 명명했다. 외계인들이 사용하는 등대 불빛 같은 것이라고 본 것이다. 물론 천문학계는 다른 설명을 찾았고(그것이 바

---

* LGM은 "Little Green Men"의 약자이다. 녹색 난쟁이, 즉 외계인을 가리킨다.

퀘이사(quasar)

준항성체(quasi stellar object)라고도 부르는 퀘이사는 당시에는 항성과 비슷한 복사를 내놓는 천체로 생각되었다. 그래서 "항성에 준하는(quasi star)"이라는 뜻의 이름을 가지게 된 것이다. 사실 퀘이사는 아주 활동적인 상태의 중심핵을 가진 높은 에너지의 은하이며, 우주에서 가장 밝은 천체에 해당한다. 중심에 위치한 블랙홀의 에너지에 의해서 형성되는데, 사람들이 블랙홀에 대해서 알지 못하던 시기에는 퀘이사의 정확한 성질을 둘러싸고 여러 주장들이 존재했다.

로 진짜 과학자들이 하는 일이니까), 그러한 형태의 복사를 자연적으로 내놓을 수 있는 유일한 천체는 자체적으로 회전하는 중성자 별뿐이라는 결론에 이른다. 이전에 그런 천체가 관측된 적은 없지만, 천체물리학자들이 볼 때 중성자 별이 존재할 수 있다면 회전하는 중성자 별도 존재하는 것은 분명했다. 그렇게 해서 문제의 천체는 더 정확한 명칭을 얻게 되면서 (CP1919로 명명되었다가 다시 PSR B1919+21로 바뀌었다[*]) 맥동성(脈動星, pulsating star), 즉 펄서(pulsar)로 분류되었다. 이후 다른 펄서들도 빠르게 추가적으로 발견되었고, 이로써 중성자 별과 펄서에 관한 이론들은 관측으로 확증되었다. 그렇다면 블랙홀도 이론으로만 존재하는 것이 아니라는 말이었다.

존 휠러와 킵 손[**] 가운데 누구인지는 정확히 알 수 없지만, 어쨌든 이 두 인물 중 한 명은 블랙홀이라는 명칭이 부적절하다고 보았다. 지금부터 설명을 들어보면 왜 그런 말을 했는지 이해가 될 것이다.

---

[*] CP는 Cambridge Pulsar, PSR은 PulSaR을 뜻하고, 나머지는 위치를 나타내는 기호들이다.
[**] 킵 손은 영화 「인터스텔라」의 자문을 맡았다. 이 영화는 킵 손이 『블랙홀과 시간굴절 (*Black Holes and Time Warps*)』에서 내놓은 생각을 바탕으로 구상된 작품이다.

139. 블랙홀이란 무엇일까?

블랙홀(black hole)을 글자 그대로 옮기면 검은 구멍이라는 말이다. 그러나 블랙홀은 구멍이 아니며, 검은색도 아니다. 사실 정확히 말하자면 보이지 않는 공 모양의 것이라고 하는 표현이 맞다. 그렇게 부르기는 이상하지만……. 따라서 "붕괴된 별"도 그렇게 나쁜 명칭은 아니었던 것이다. 그렇다면 블랙홀이란 도대체 어떤 것일까?

중성자 별의 질량이 충분히 클 경우, 그 중성자 별은 스나이더의 이론에서 말하는 대로 한없이 수축을 일으킨다. 그 결과 시공간이 크게 변형되고, 그래서 이 시공간에 무엇인가가 너무 가까이 다가가면 구렁처럼 빠져들게 된다. 아무리 작은 입자라도 슈바르츠실트 반지름 안으로 들어가서 이른바 **사건 지평선**(event horizon)을 넘어가면, 속도가 얼마든 다시는 빠져나오지 못하는 것이다. 빛의 경우에는 중력적 힘에 끌려간다기보다는 **적색편이**(赤色偏移)를 일으킨다. 물론 강한 중력에 따른, 따라서 시공간의 변형에 따른 현상이기는 하나, 파장이 무한대로 길어지는 적색편이가 일어나는 것이다. 시공간의 변형을 그림으로 나타낼 경우, 블랙홀 주변의 시공

간은 일반적으로 소용돌이 폭포처럼 표현된다.

평면상에서는 2차원으로밖에 나타낼 수 없다는 점을 감안하면 훌륭한 그림이다. 그러나 실제 블랙홀은 공간을 3차원으로 변형시킬 뿐만 아니라 시간도 변형시킨다.

블랙홀은 "간단히" 말하면 특별히 질량이 큰 항성이 축퇴 상태의 중심 핵으로만 남아 있는 것이라고 할 수 있다. 따라서 밀도가 매우 높은 천체에 해당한다. 그런데 블랙홀은 어떤 면에서는 천체 중의 하나로 볼 수 있지만, 적어도 부분적으로는 다른 천체들과는 구분되는 몇 가지 특징이 있다. 우선, 행성의 경우에는 특징을 대략적으로 이야기는 데에도 많은 변수들이 필요하다. 크기, 질량, 지면의 성분, 핵의 성분, 대기의 성분, 자기권 등등. 그러나 블랙홀은 질량, 전하, 각운동량이라는 세 가지 변수만으로 정의된다. 이 세 정보를 제외하면 모든 블랙홀이 거의 성질이 비슷하기 때문이다. 존 휠러는 블랙홀을 구분할 수 있는 특성이 세 가지뿐이라는 사실을 세 가닥만 남은 머리카락에 빗대어 "블랙홀은 털이 없다(Black holes have no hair)"라는 유명한 말을 남겼다(대머리는 멀리서 보면 모두 대체로 비슷해 보이니까). 그래서 블랙홀의 그 같은 특성에 대한 수학적 증명을 두고 **무모 정리**(no-hair theorem)라고 부른다.

블랙홀은 네 가지 형태로 구분되는데, 질량은 항상 가지기 때문에 전하와 각운동량의 유무가 구분의 기준이 된다.

슈바르츠실트 블랙홀(Schwarzschild black hole)

블랙홀의 첫 번째 형태는 전하도 없고 각운동량도 가지지 않는 것이다. 슈바르츠실트가 아인슈타인의 일반상대성 이론 방정식에 대한 해로 제시한 것이 바로 이 형태이며, 그래서 슈바르츠실트 블랙홀이라고 불린다.

라이스너-노르드스트룀 블랙홀(Reissner-Nordström black hole)

두 번째 형태는 전하를 가지되 각운동량은 가지지 않는 것으로, 라이스너-노르드스트룀 블랙홀이라고 부른다. 그런데 이 블랙홀은 어디까지나 가설적인 형태이다. 블랙홀에서 전하는 주변의 반대 전하에 흡수되어 빠르게 사라지기 때문이다. 따라서 이러한 형태의 블랙홀은 천체물리학자들의 순수한 수학적 관심사에 지나지 않는다.

커 블랙홀(Kerr black hole)

1963년, 뉴질랜드의 수학자 로이 커는 일반상대성 이론 방정식의 새로운 해를 발견했다. 회전을 하면서 주변 공간을 그 운동에 끌어들이는 블랙홀을 기술한 것으로, 이러한 형태의 블랙홀을 두고 커 블랙홀이라고 부른다. 여기서 "회전을 한다"는 것은 각운동량을 가진다는 뜻이다. 처음 항성에서 기인한 각운동량이 블랙홀로 변형되면서도 보존된 것이다. 전하 없이 각운동량을 가지는 블랙홀은 천체물리학자들이 아주 흥미로워하는 대상이다. 블랙홀이 어떤 식으로 주변 물질-에너지를 흡수하는지 보여주기 때문이다. 실제로 블랙홀의 형성에 관한 이론은 물질이 강착원반(降着圓盤, accretion disk)을 통해서 계속 같은 방향으로 돌아가면서 블랙홀에 흡수된다고 말한다. 따라서 블랙홀에 "떨어진" 물질이 그 각운동량을 블랙홀에 전달하는 것이다. 사실 커 블랙홀은 우리가 우주에서 정말로 관측을 기대할 수 있는 유일한 형태에 해당하는데, 대신 블랙홀의 각운동량이 미미하면 슈바르츠실트 블랙홀과 비슷하게 보일 수도 있다.

커-뉴먼 블랙홀(Kerr-Newman black hole)

커 블랙홀이 전하를 띠는 형태를 두고 커-뉴먼 블랙홀이라고 부른다.

이 형태는 라이스너-노르드스트룀 블랙홀과 같은 이유로 실제로 존재할 확률은 아주 적다. 그러나 전하를 띠면서 회전하는 블랙홀이 존재한다면, 전하가 소산(消散)되는 동안에는 자석과 같은 성질을 띨 것이다.

140. 사건 지평선

사건 지평선(event horizon)은 그 너머에서부터 모든 것이 바뀌는 경계이다. 그런데 사건 지평선을 블랙홀의 표면으로 보면 안 된다(그렇게 부르는 경우도 있지만). 왜냐하면 사건 지평선은 블랙홀이라고 불리는 천체의 표면으로서 자리하는 것이 아니기 때문이다. 그보다는 귀환 불능 지점으로 보는 것이 맞다. 블랙홀의 중력적 영향에서 벗어날 수 있으려면 그 지점을 넘어가면 안 되는 것이다. 예를 들면, 두 대의 우주선이 개별적으로 움직이면서 매초 서로 메시지를 주고받고 있다고 가정해보자. 한 대는 블랙홀에서 꽤 먼 곳에 위치해 있고, 다른 한 대는 블랙홀을 향해 가는 중이다. 설명이 머리에 잘 들어오도록 우주선 선장들에게 이름을 붙이자. 블랙홀에서 먼 우주선의 선장은 엘튼 존, 다른 우주선의 선장은 데이비드 보위[*]로 하자.

　데이비드 보위가 사건 지평선으로 다가가는 동안 그가 보내는 신호는 적색편이를 일으키는 한편, 그가 받는 신호는 반대로 청색편이를 일으킨다. 게다가 블랙홀에 다가감에 따라 일반상대성으로 인한 시간 지연 현상도 일어난다. 따라서 데이비드 보위는 엘튼 존으로부터 오는 신호를 점점 빠른 간격으로 받게 되며, 이때 신호는 세기가 갈수록 강해지고 주파수도

---

[*] 데이비드 보위는 가상의 우주비행사 "메이저 톰"을 주인공으로 한 노래를 만든 적이 있다.

갈수록 높아진다(청색편이). 이에 비해서 엘튼 존은 데이비드 보위가 보내는 신호를 점차 느린 간격으로 받게 되며, 이때 신호는 세기가 점점 약해지고 주파수도 점점 낮아진다(적색편이).

엘튼 존이 데이비드 보위의 우주선이 사건 지평선에 도달하는 모습을 관찰할 경우, 우주선은 점점 느려지다가 지평선 지점에서 멈춘 뒤에 희미해지면서 완전히 사라지는 것처럼 보인다. 데이비드 보위의 입장에서는 이 모든 과정이 정상적으로 일어나고 말이다(기조력[起潮力, tidal force]에 대해서는 뒤에서 설명하기로 하고 여기서는 일단 **빼고** 생각하자). 그래서 그 경계를 사건 지평선이라고 부른다. 그 경계 너머에서 벌어지는 사건은 어떤 것이든 간에 외부에서는 감지할 수가 없다.

그런데 데이비드 보위의 입장에서 그다음에 일어나는 일을 이해하려면 완전히 다른 성질의 두 가지 블랙홀을 구분할 필요가 있다.

141. 원시 블랙홀과 거대질량 블랙홀

블랙홀에 관한 이야기를 시작한 이후로 우리는 줄곧 한 가지 종류의 블랙홀에 대해서만 말해왔다. 항성이 죽어서 만들어지는 블랙홀, 즉 **항성질량 블랙홀**(stellar-mass black hole)이 그것이다. 하지만 블랙홀은 다른 두 가지 종류가 더 있다. 하나는 **원시 블랙홀**(primordial black hole)이고, 또 하나는 **거대질량 블랙홀**(supermassive black hole)이다.

거대질량 블랙홀은 이름이 말하는 대로 항성질량 블랙홀보다 질량이 훨씬 더 크다. 그냥 큰 정도가 아니라 정말 아주 많이 크다. 항성질량 블랙홀이 태양 수십 개의 질량을 가지고 있다면, 거대질량 블랙홀은 태양 질량

원시 블랙홀(primordial black hole)

원시 블랙홀은 전적으로 가설에 따른 것으로서, 그 존재는 아직 확인되지 않았다 (확인 자체가 쉽지 않다). 항성의 중력적 붕괴로 형성된 것이 아니라, 빅뱅 이후 우주 초기에 원시 물질이 일부 지점에 특히 높은 밀도로 자리하면서 만들어진 블랙홀을 말한다. 실제로 우주 초기에는 우주의 온도와 압력이 매우 높아서 밀도의 단순한 요동만으로도(비등방성 기억나는가?*) 갑작스러운 중력적 붕괴가 발생할 수 있었을 것으로 보인다. 이후에 물질은 우주의 팽창으로 흩어졌지만, 원시 블랙홀들은 여전히 어딘가에 존재하고 있을 것이다. 그래서 그 블랙홀들을 발견하기 위한 많은 지적, 실천적 에너지가 투입되고 있으나, 현재까지는 아직 발견된 것이 없다.

의 수백만 배에서 수십억 배에 이른다. 거대질량 블랙홀은 질량이 큰 은하 중심에 위치하는데, 현재 과학계는 모든 거대 은하의 중심에 그 같은 블랙홀이 있을 것으로 보고 있다. 우리 은하의 경우, 중심부에 있는 궁수자리 A*라고 불리는 강력한 전파원(電波源, radio source)이 거대질량 블랙홀인 것으로 추측된다.

과학계는 거대 은하마다 그 중심에 거대질량 블랙홀이 있을 것이라는 추측을 1990년대부터 하고 있었다. 문제는 이 가설을 어떻게 입증하느냐 하는 것이었다. 그래서 학자들은 우리 은하도 예외는 아니라는 원칙과 우리 은하의 중심부를 중심으로 궤도를 도는 항성들이 많이 존재한다는 사실에서 출발하여, 그 항성들이 눈에 보이지 않는 어떤 질량이 큰 천체 주위를 돌고 있지는 않은지 확인하고자 수년간 항성들의 이동을 관측했다. 케플러의 법칙을 적용하면 문제의 천체가 어디에 있는지뿐만 아니라 그 질량도 알아낼 수 있기 때문이다(케플러의 제3법칙을 이용하면 두 천체

---

* 82쪽부터 참조.

궁수자리 A*

명칭에 대해서 잠시 짚고 넘어가자. 궁수자리 A라는 명칭은 이 전파원을 궁수자리에서 관측할 수 있기 때문에 붙은 것이고, 별표(*)는 일반적으로 원자물리학에서 들뜬 상태에 있는 원자를 가리킬 때에 사용하는 기호이다. 따라서 궁수자리 A*는 궁수자리 A 구역에서 "들떠 있는" 지점을 가리킨다.

가운데 어느 하나의 궤도와 질량에서부터 출발하여 다른 천체의 질량을 알 수 있다). 밝혀진 바에 따르면, 궁수자리 A*는 약 1,000만 킬로미터의 반지름에 질량은 태양 질량의 약 400만 배에 달한다. 참고로, 태양의 반지름은 약 70만 킬로미터이다. 따라서 궁수자리 A*는 태양보다 크기는 겨우 15배 정도 크면서 질량은 400만 배나 된다는 말이다. 현재 우리가 가진 지식으로는 크기에 비해서 그렇게 무거우면서 빛을 거의 내지 않는 천체는 거대질량 블랙홀 말고는 존재하지 않는다.

거대질량 블랙홀과 관련하여 몇 가지 더 알아둘 사항이 있다. 거대질량 블랙홀은 항성질량 블랙홀보다 훨씬 더 큰 슈바르츠실트 반지름을 가지며(슈바르츠실트 반지름은 질량에 비례하므로), 질량의 제곱에 반비례하는 밀도를 가진다. 따라서 거대질량 블랙홀은 평균 밀도가 아주 낮을 수 있고, 크기가 클수록 밀도는 더 낮아진다(질량이 계속해서 증가하는 경우도 포함해서). 그리고 거대질량 블랙홀의 중심에 해당하는 이른바 **중력 특이점**(gravitational singularity)은 항성질량 블랙홀에 비해서 사건 지평선으로부터 매우 멀리 위치해 있다.

기조력(起潮力, tidal force)

앞에서 말한 우주선 선상 데이비드 보위가 항성질량 블랙홀의 사건 지평선에 다가간다고 해보자. 그 지점에서는 중력에 따른 시공간의 변형이 아주 크게 일어나며, 그래서 데이비드 보위가 블랙홀 방향으로 머리를 먼저 내밀면 머리는 블랙홀로부터 더 멀리 떨어져 있는 발에 비해서 중력적 영향을 훨씬 크게 받게 된다. 중력의 차이 때문에 발생하는 기조력으로 인해서 몸이 길게 늘어나는 것이다. 이를 두고 "스파게티화(spaghettification)"라고 한다.

그러나 데이비드 보위가 거대질량 블랙홀에 다가갈 경우, 사건 지평선을 통과하더라도 그 사실을 알아차리지 못한 채 지나가게 된다. 조금 전에 말했듯이 사건 지평선과 블랙홀의 중심 사이의 거리가 멀기 때문이다. 그렇다면 거대질량 블랙홀이든 보통 블랙홀이든 간에, 그 중심에서는 어떤 일이 일어나고 있을까?

142. 중력 특이점

블랙홀의 중심에서 어떤 일이 일어나는지는 알 수 없다. 물론 조금 설명을 하겠지만(특히 왜 알 수 없다는 것인지를 설명하겠지만), 이번 장에서 여러분이 기억해야 할 유일한 내용이 있다면, 블랙홀의 중심에서 어떤 일이 일어나는지 우리는 모른다는 것이다. 공식적으로 중력 특이점은 그 주변 시공간의 중력장을 기술하는 물리량이 무한대가 되는 지점을 말한다. 그런데 중력 특이점의 존재가 일반상대성 이론 방정식의 해에서부터 나온 것이기는 하지만(블랙홀이 그런 것과 마찬가지로), 일반상대성 이론은 그 같은 지점을 설명하지 못한다. 시공간의 변형이 몹시 크게 일어나서 시공간의 선들이 한 점에서 만나는 것처럼 보이는 경우에 대해서는 일반상대성 이론

플랑크 시대(Planck epoch)

플랑크 시대는 빅뱅 이후 **플랑크 시간(Plank time)**이라고 부르는 약 10^{-43}초 동안 지속된 시대를 이른다. 이 시기에는 우주의 네 가지 기본 상호작용이 통합되어 있었던 것으로 추정된다. 실제로 그토록 큰 질량이 그처럼 좁은 공간에 존재하려면 알려진 상호작용(중력, 전자기력, 강한 핵력, 약한 핵력) 가운데 어느 것도 따로 존재할 수는 없었을 것이다. 여기서 문제는 오늘날 양자역학을 통해서 전자기력과 두 핵력은 통합할 수 있게 되었지만, 양자역학과 중력을 통합할 수 있는 이론은 존재하지 않는다는 데에 있다. 양자역학과 일반상대성 이론은 인류가 만들어낸 가장 복잡하면서도 가장 정확한 이론이지만, 공식적으로는 서로 양립이 불가능하다. 블랙홀의 특이점도 중력에 대한 양자역학 이론이 없어서 설명할 수 없는 경우에 해당한다.

으로는 접근할 수 없기 때문이다. 빅뱅도 바로 그런 특이점에서 시작된 것으로 보이며, 우주의 역사에서 이 특이점은 우리가 더는 "거슬러올라갈" 수 없는 한계로 작용한다. **플랑크 시대**가 바로 그 한계를 이르는 말이다.

그래도 과학자들은 중력 특이점을 설명하기 위해서 노력을 기울여왔는데, 그 대열의 선두에 선 인물이 스티븐 호킹이다.

143. 과학사의 한 페이지 : 스티븐 호킹

스티븐 호킹은 애니메이션 「심슨 가족」의 등장인물*이기에 앞서, 영국의 물리학자이자 우주론자이다. 휠체어에 앉아서 눈의 움직임으로 컴퓨터를 작동시켜 인공 목소리로 말하는 특유의 모습과 『시간의 역사(*A Brief History*

---

* 4편의 에피소드에 출연했다.

of Time)』 같은 훌륭한 대중 과학서를 통해서 대중에게도 잘 알려져 있다. 무엇보다 호킹은 블랙홀 전문가로서 많은 새로운 발견을 했다. 그의 이론은 지도 교수인 데니스 시아마조차 인정하는 모순적 요소로 인해서 찬반 의견을 불러왔지만, 호킹은 계속된 연구를 통해서 이론을 보완해왔다.

박사 논문을 준비하던 1960년대, 호킹은 아인슈타인의 일반상대성 이론을 적용하면 공간과 시간이 빅뱅이라는 시작을 가질 뿐만 아니라(앞에서도 말했지만 빅뱅의 순간이 우주의 시작이라고 자신할 수는 없다. 빅뱅 이전이 있었을 수도 있기 때문이다), 블랙홀이라는 끝도 가지게 된다는 사실을 증명했다. 일반상대성 이론에 비추어보면 특이점 부근에서는 공간이나 시간에 대해서 말하는 것이 의미가 없음을 보여준 것이다. 이는 빅뱅의 경우처럼 과거의 특이점에 대해서든, 블랙홀의 경우처럼 현재의 특이점에 대해서든 마찬가지이다.

호킹은 양자물리학의 법칙을 이용하면 일반상대성 이론으로는 수학적으로 계산할 수 없던 특이점의 크기를 계산할 수 있음을 알아냈다. 그리고 1971년에는 사건 지평선은 축소될 수 없다는 것도 깨달았다. 블랙홀은 물질을 흡수만 할 수 있기 때문이다. 호킹은 그 사실에서 열역학 제2법칙, 즉 고립계에서 엔트로피는 증가만 가능하다고 말하는 법칙과의 유사성을 발견했다. 그런데 호킹의 동료 야코브 베켄슈타인은 유사성을 넘어서, 사건 지평선이 블랙홀이 가지는 엔트로피의 크기에 해당한다는 생각을 내놓았다. 이때 호킹은 베켄슈타인의 생각이 터무니없다고 보았다. 블랙홀이 엔트로피를 가진다면 온도를 가진다는 말이고, 온도를 가진다면 복사를 내놓아야 하기 때문이다. 그러나 블랙홀은 아무것도 방출하지 않는 천체가 아닌가? 그래도 호킹은 혹시 또 모른다는 생각에 그 가능성을 확인했고, 그 결과 블랙홀이 지속적인 복사를 방출할 수 있다는 결론에 이르게 되었다.

호킹은 저서 『블랙홀과 아기 우주(*Black Holes and Baby Universes and Other Essays*)』를 내면서 이 일화를 상세히 실었다. 그러나 두 번째 판에서부터는 자세한 이야기 없이 베켄슈타인이 자신에게 "결정적 제안"을 했다는 내용만 남겨두었고, 이로써 베켄슈타인의 역할은 완전히 묻히고 말았다(데니스 시아마는 호킹이 "베킨슈타인의 연구를 업신여기는" 태도를 보였다고 언급하기도 했다). 어쨌든 문제의 복사 현상은 사람들이 그전까지 블랙홀에 대해서 가지고 있던 생각을 완전히 바꾸었고, 블랙홀의 정보와 관련된 문제에도 실마리를 제공했다.

블랙홀의 복사와 소멸

블랙홀이 복사를 약하게라도 지속적으로 방출할 경우, 이론적으로 그 블랙홀은 질량을 잃다가 결국에는 완전히 소멸한다. 이렇듯 블랙홀이 흑체처럼 복사를 방출한다는 생각은 블랙홀 열역학이라는 새로운 물리학 분야를 탄생시켰다. 하지만 그 어떤 것도 블랙홀에서 벗어날 수 없다면서 어떻게 복사가 방출된다는 것일까? 이 질문에 대한 답은 양자역학에서 찾을 수 있다. 진공이 가지고 있는 양자역학적 에너지를 기억하는가?* 진공에서는 입자-반입자의 쌍이 계속해서 만들어지며, 이 입자들은 나타나자마자 곧 상쇄되면서 소멸한다. 그런데 입자-반입자의 쌍이 정확히 블랙홀의 사건 지평선 지점에서 나타나되 두 입자가 각각 지평선 이쪽과 저쪽에 나타나면, 두 입자가 상쇄되기도 전에 블랙홀의 중력적 영향에 따른 기조력이 두 입자를 분리시킨다. 하나는 블랙홀로 떨어지고, 다른 하나는 블랙홀에서 벗어나는 것이다.

* 205쪽 카시미르 효과 참조.

그렇다면 여러분은 이런 질문을 던질 수도 있을 것이다. 블랙홀에서 벗어난 입자는 원래 블랙홀에 속해 있던 것이 아니고, 따라서 블랙홀은 질량을 잃지 않으므로 소멸되는 중이 아니며, 오히려 매번 입자 하나를 더 얻는 것이 아니냐고 말이다. 그렇게 볼 수도 있다. 하지만 실제로 문제의 현상은 그와는 다른 식으로 진행된다. 조금은 전문적인 이야기이지만, 간단히 살펴보자. 블랙홀로부터 멀리 떨어진 관찰자의 입장에서 볼 때, 블랙홀에서 벗어난 입자는 양의 에너지를 가진 것으로 간주할 수 있다. 따라서 블랙홀로 떨어진 그 반대 입자는 "음의 에너지"를 가진 것이 되는데, 이 음의 에너지가 블랙홀에 흡수되기 때문에 블랙홀의 에너지, 즉 그 질량의 감소를 불러오는 것이다. 이 설명이 조금 막연해 보일 것이라는 점은 나도 안다. 음의 에너지라는 개념이 나오면 막연해지는 것이 당연하다. 그러나 지금 이야기하는 가상 입자로서의 입자–반입자의 쌍은 그런 식으로 설명할 수밖에 없다(이 문제는 양자역학의 영역이고, 따라서 현상의 정확한 성질을 이해하려고 너무 애쓰지 않는 편이 좋다. 우리가 이해할 수 있는 범위 밖에 있으니까).

호킹 복사(Hawking radiation) 이론에 따르면, 블랙홀의 질량이 클수록 복사는 약하게 일어난다. 그리고 처음에 블랙홀은 광자처럼 질량이 없는 입자만 방출하지만, 질량–에너지가 감소함에 따라 복사량이 점점 빨리 증가하면서 질량을 가진 입자들도 방출한다. 따라서 질량을 잃을수록 복사를 강하게 내놓게 되며, 질량을 잃다가 **플랑크 질량**(Planck mass)*에까지 이른다. 문제는 그 복사가 이론적으로 매우 약해서 항성질량 블랙홀이나 거대질량 블랙홀 주변에서는 관측할 수 없다는 것이다. 그래서 바로 이 대목

---

* 약 21마이크로그램, 즉 0.000021그램의 값을 가지는 상수. 아주 미세한 모래알 하나 정도의 질량이다.

입자가속기(粒子加速器, particle accelerator)

입자가속기의 쓰임새에 관해서 잠시 알아보고 지나가자. 입자가속기는 말 그대로 입자를 가속시키는 기계이다. 선형 또는 원형의 트랙으로 이루어져 있으며(원형 트랙을 싱크로트론[synchrotron]이라고 부른다), 그 안에서 입자를 전자기력으로 운동시켜서 빛의 속도에 가깝게 "가속시키는" 것이다. 가령 LHC의 경우, 27킬로미터 길이의 트랙에서 양성자를 빛의 속도의 99.9999991퍼센트까지 가속시킨다. 사실 입자를 계속 가속시키는 것은 아니다. 이미 그 최대 속도에 도달한 입자들에 에너지를 "일정한 속도"로 부여하고, 이로써 그 관성을 증가시키는 원리이기 때문이다.* 입자들의 관성이 일단 증가하면 가속기의 기능에 따라서 여러 과정이 진행될 수 있다. 예를 들면, 방사광 가속기에 해당하는 프랑스의 SOLEIL 싱크로트론의 경우, 가속된 입자에서 나온 빛을 빔 라인(beam line)이라는 특별한 통로로 유도해서 물질을 다양한 파장으로 연구하는 실험실로 보낸다. SOLEIL는 29개의 빔 라인을 가지고 있다. 그리고 LHC나 미국 페르미 연구소의 테바트론 같은 충돌형 가속기의 경우, 가속된 입자에 다른 입자를 쏘아서 입자들이 여러 센서가 장치된 지점에서 충돌하게 만든다. 이때 충돌에 따른 강한 에너지로 많은 입자들이 발생하며, 그중에는 수명이 극히 짧은 것들도 있다(여기에 대해서는 "힉스 보손"을 다루면서 다시 이야기할 것이다**).

에서 원시 블랙홀이 무대 전면으로 등장한다. 원시 블랙홀은 다른 두 블랙홀에 비해서 질량이 아주 작고, 따라서 복사를 더 뚜렷하게 방출할 수도 있기 때문이다. 게다가 원시 블랙홀이 가진 또다른 좋은 점은, 그 이론적 복사를 찾게 되면 빅뱅 직후에 형성된 원시 블랙홀들의 존재 자체도 입증할 수 있다는 것이다. 그런데 블랙홀이 내놓는 복사의 존재를 입증하기

---

* 입자가 빨라질수록 관성이 증가하기 때문에 가속이 어려워지는데, 이때 입자에 에너지를 일정한 속도로 부여하면 관성을 증가시킬 수 있다.
** 335쪽 참조.

위한 방법은 다른 것도 있다. 대형강입자충돌기(large hadron collider, LHC) 같은 최신 입자가속기를 이용하면 초소형 블랙홀을 인공적으로 만들 수 있기 때문이다. 이 블랙홀은 생성되자마자 거의 순식간에 소멸되는데, 이때 남은 복사를 측정하면 블랙홀의 복사를 입증할 수 있다.

인공적인 블랙홀이 지구에서 만들어진다는 말에 걱정스러운 마음이 드는 사람도 있겠지만 전혀 걱정할 필요 없다. 문제의 초소형 블랙홀이 가진 에너지와 영향력은 태양이 우리에게 아무 영향도 미치지 않으면서 계속 보내고 있는 에너지보다 훨씬 더 작기 때문이다. 어쨌든 그 블랙홀을 이용하면 호킹 복사의 존재를 확인할 수 있다. 따라서 이제 살펴볼 블랙홀의 정보 손실에 관련된 문제도 어쩌면 그 블랙홀을 통해서 해결할 수 있을지도 모른다.

144. 블랙홀의 정보 손실

어떤 정보가 블랙홀로 들어갔을 때, 그 정보는 우리 우주에서 완전히 사라진 것으로 간주된다. 무모 정리에 따르면, 블랙홀은 질량과 전하, 각운동량만으로 정의되며, 그것이 탄소나 질소, 철 등을 다량으로 흡수했는지 아닌지는 알 수 없기 때문이다. 게다가 호킹 복사도 그 정보를 회복시키는 데에 도움이 되지 않는다. 호킹 복사는 파장에 대한 제약만 있을 뿐 (수학적으로 호킹 복사의 파장은 사건 지평선의 원주의 4분의 1보다 커야 한다), 전적으로 임의적인 성질을 띠기 때문이다. 로저 펜로즈는 블랙홀이 그 내부 정보를 절대 보여주지 않는 것을 두고 우주의 검열(cosmic censorship)이라고 표현하기도 했다. 참고로, 펜로즈는 이른바 **펜로즈 삼각**

형(penrose triangle)을 통해서 대중에게도 잘 알려진 미국의 수학자이자 물리학자이다.

1997년, 스티븐 호킹과 킵 손, 그리고 미국의 물리학자 존 프레스킬은 블랙홀의 정보 손실 문제를 두고 한 가지 내기를 한다.

내기의 내용은 다음과 같다. 우선 호킹과 손은 일반상대성 이론에 따라 블랙홀에서 벗어날 수 있는 것은 아무것도 없으며, "새로운" 물질만이 사건 지평선 바깥에서부터 복사될 수 있다고 보았다. 따라서 블랙홀로 들어간 정보는 손실된 것이고, 이는 양자역학 이론이 (특히 미시적 인과성과 관련해서) 불완전하다는 증거라는 주장이었다. 그러나 프레스킬은 반대로 생각했다. 블랙홀에서 방출되는 정보는 그전에 블랙홀에 흡수된 것일 수밖에 없으며, 이는 양자역학은 정확한데 일반상대성 이론이 불완전하다는 증거라고 말이다. 내기에 걸린 상품은 이긴 쪽에게 원하는 백과사전을 사주는 것이었다.

그런데 2004년, 호킹은 블랙홀과 관련해서 자신이 이전에 내놓은 이론과는 반대되는 새로운 이론을 내놓는다. 원래 그는 블랙홀로부터는 아무것도 빠져나올 수 없으며, 블랙홀에서 손실된 정보는 특이점을 통해서 다른 "아기 우주"도 옮겨간다고 생각했다. 그러니 2004년에는 블랙홀이 지

킵 손을 위한 『펜트하우스』 구독권

스티븐 호킹과 킵 손은 1975년에도 내기를 한 적이 있다. 백조자리에 블랙홀이 있는지의 여부를 놓고 호킹은 없다는 데에 걸고, 손은 있다는 데에 건 내기였다. 조건은 호킹이 이기면 손이 호킹에게 영국 잡지 『프라이빗 아이』 4년 치 구독권을 사주고, 손이 이기면 호킹이 손에게 『펜트하우스』 1년 치 구독권을 사주는 것이었다. 호킹이 자기 자신의 이론에 반대되는 쪽에 건 것이 이상하게 보일 수도 있겠으나, 그 나름대로는 계산이 있었다. 자신의 이론이 입증된 기쁨을 누리든지, 아니면 최소한 내기에서 이긴 위안이라도 얻자고 생각한 것이다. 호킹이 쓴 『시간의 역사』를 보면 그가 손의 승리를 인정하고 『펜트하우스』 1년 치 구독권을 사주었다는 이야기가 나온다. 덕분에 손의 아내는 크게 언짢아했다는 후문이다.

신이 흡수한 모든 정보를 다소 혼돈스러운 방식으로 다시 내놓는다고 설명하면서 생각을 바꾼 것이다. 그렇게 해서 호킹은 프레스킬에게 야구 백과사전을 사주었고, 사전을 태워서 재로 줄 걸 그랬다는 농담도 잊지 않았다(우주론자의 농담이다. 태워서 재가 되었어도 어떤 의미에서는 여전히 그 백과사전이니까). 그러나 킵 손은 호킹의 증명에 설득되지 않았기 때문에 내기에서 졌다는 것을 인정하지 않았다.

다른 많은 과학자들도 킵 손과 같은 입장이었다. 그러나 레너드 서스킨드는 호킹의 결론과 맞물리는 의견을 내놓았다.

145. 홀로그래피 원리

레너드 서스킨드는 뒤에서 살펴볼 끈 이론*에 기여한 미국의 물리학자로,

---

* 342쪽 참조.

홀로그램(hologram)

홀로그램에 대해서 짧게 알아보고 넘어가자. 홀로그램은 우리 모두가 익숙하게 접하는 것으로, 보통은 3차원 이미지로 생각되는 경우가 많다. 그러나 사실은 그렇지 않다. 홀로그램은 금속의 표면이나 유리 같은 투명한 표면에 구현된 2차원 이미지에 지나지 않는다. 대신 3차원 물체에 대한 정보를 담고 있어서 보는 각도에 따라 그 물체가 다양하게 투영된 이미지를 보게 되는 것이다. 요컨대 홀로그램은 어떤 입체가 가지고 있는 정보를 평면으로 나타낸 것이다.

블랙홀의 엔트로피와 정보 문제에 관해서도 많은 연구를 내놓았다. 서스킨드에 따르면, 우주에서는 어떤 구형의 구역이든 물질의 밀도가 충분히 높으면 블랙홀로 붕괴할 수 있다. 그리고 블랙홀은 엔트로피가 최대인 물체에 해당하며, 따라서 우주에서 어떤 구역의 엔트로피는 정확히 그 구역을 사건 지평선으로 가지는 블랙홀의 엔트로피를 절대 초과할 수 없다.

엔트로피를 정보의 크기로 간주할 수 있다면, 블랙홀의 엔트로피는 가령 비트(bit)나 내트(nat) 같은 단위로 측정될 수 있을 것이다(단위가 어떤 것인지는 중요하지 않다). 그런데 블랙홀의 엔트로피가 사건 지평선의 면적에 비례한다면, 블랙홀의 모든 정보는 해당 구역의 표면에서부터 홀로그램의 방식으로 측정될 수 있음을 의미한다.

블랙홀을 홀로그램의 관점에서 접근하는 학설은 두 가지가 존재하는데, 어느 쪽이 옳은지는 아직 판가름이 나지 않은 상태이다. 우선 첫 번째 학설은 **강한 홀로그래피 원리**(strong holographic principle)라고 불리는 것이다. 블랙홀이 흡수한 모든 정보는 그 표면에 저장될 뿐만 아니라, 사건 지평선 너머의 블랙홀 안에도 존재한다고 보는 관점이다. 홀로그램을 실제 존재하는 사물의 표면에 구현한 경우처럼 말이나. 그리고 두 빈째 학 설은 약한 홀로그래피 원리(weak holographic principle)이다. 이에 따르면 블랙홀의 정보는 표면에만 자리하며, 표면 너머의 블랙홀 안에 정보가 실제로 들어 있다는 것은 착각에 지나지 않는다.

서스킨드는 이 이론을 좀더 진전시켰다. 아니, 이론의 끝까지 갔다고 하는 표현이 맞을 것이다. 우리가 3차원으로 알고 있는 우주 자체가 착각에 지나지 않을 수도 있다는 생각을 내놓았기 때문이다. 우주는 사실 2차원으로 되어 있으며, 세 번째 차원은 우리의 뇌가 우리가 인식한 것을 해석하려고 만들어낸 것인지도 모른다는 설명이다. 발상의 기발함을 인정하고 말고를 떠나서, 우리가 실재 세계를 이해하는 방식을 그렇게까지 바꾸는 것이 무슨 쓸모가 있냐고? 우주를 2차원적인 것으로 보면 중력과 양자역학을 양립시키는 문제가 엄청나게 간단해지기 때문이다. 중력과 양자역학 사이의 비양립성은 정말 많은 문제들의 근원이다. 일반상대성 이론과 양자역학이라는 이 훌륭하고 정확한 이론들이 어째서 공존할 수는 없단 말인가?

그런데 서스킨드의 발상은 어떤 입체가 담을 수 있는 정보는 그 입체를 둘러싸고 있는 표면이 담을 수 있는 것보다 많을 수 없다는 생각에 근거한다. 그래서 페르미 연구소의 물리학자들은 고감도 레이저로 이루어진 홀로미터(Holometer)라는 장치를 이용한 실험을 고안했다. 미시적인 차원에서 공간과 시간이 담을 수 있는 정보의 밀도에 한계가 존재하는지를 알아내는 것이 실험의 목적인데, 아직은 진행 중에 있다.

146. 웜홀

웜홀(wormhole, 벌레 구멍)을 이야기하지 않고 블랙홀에 대한 내용을 끝낼

화이트홀(white hole)

화이트홀은 순수하게 이론적인 천체에 해당한다. 블랙홀처럼 일반상대성 이론의 법칙들에 부합하기는 하나, 과학자들은 그런 천체가 실제로 존재하지는 않는다고 보는 쪽이다. 빅뱅이 화이트홀이라고 보는 사람들도 있지만 말이다. 화이트홀은 특이점으로 이루어져 있으며, 블랙홀과 완벽한 대칭관계에 있다. 그래서 블랙홀에서는 아무것도 빠져나갈 수 없다면, 화이트홀은 아무것도 그 안으로 들어갈 수 없다. 그런데 블랙홀의 형성은 설명이 되지만(항성의 소멸로 생겼거나 빅뱅 이후 초기 우주에 생겼거나), 화이트홀의 존재를 입증하는 데에 도움이 되는 만족스러운 설명은 존재하지 않는다. 따라서 웜홀도 블랙홀끼리 연결되는 통로일 것이라는 설이 우세하다.

수는 없다. 그냥 넘어가면 공상과학 팬들의 원망을 살지도 모르니까. 앞에서도 잠깐 언급했지만, 웜홀은 시공간의 두 지점을 연결하는 통로를 말한다. 이때 통로의 한쪽은 블랙홀, 다른 한쪽은 화이트홀이다.

만약 화이트홀이 존재한다면, 그리고 블랙홀과 화이트홀이 연결될 수 있다면, 화이트홀에서 방출되는 물질은 그것에 연결된 블랙홀로 흡수된 물질로 볼 수 있을 것이다. 그런데 많은 공상과학 작품이 웜홀을 통해서 우주의 먼 거리를 가로질러가는 이야기를 하고 있지만(맞다, 여러분이 잘 아는 영화 「인터스텔라」*에도 나온다), 그 같은 웜홀의 양끝 사이에는 엄청난 중력이 작용하는 특이점이 존재하게 된다(나라면 그곳을 지나가는 일 같은 것은 하지 않겠다). 게다가 웜홀은 시공간의 두 지점이 연결될 수 있다고 가정하는 것이기 때문에 위상기하학적으로 심각한 문제를 제기한다. 두 지점이 계속 연결되어 있다고 가정하든, 아니면 어떤 순간에 시공간의 구조가 해체되어 그 연결이 이루어진다고 가정하든 간에 마찬가지이

---

* 「인터스텔라」, 크리스토퍼 놀란 감독, 2014년.

다. 특히 후자의 경우는 일반상대성 이론에 따르면 불가능한 일이다. 전자의 경우는 가능하다고 보는 과학자들이 많지만, 그것은 어디까지나 양자역학적 차원에서만 가능할 뿐이다. 따라서 사실상 이 책과는 다른 성격의 책에서 논해야 할 주제이다.

표준 모형의 한계

모든 것이 의심스러워지다

중력과 양자역학 사이의 그 유명한 비양립성(incompatibility) 문제를 본격적으로 이야기하기에 앞서, 우리 우주를 이루고 있는 것들에 대해서 조금 더 살펴보는 것이 좋겠다. 실제로 중력과 관련해서는 아직 해결되지 않은 문제들이 꽤 남아 있는데, 우주의 일부 요소들을 살펴보면 우리가 문제를 좀더 명확하게 이해하는 데에 노움이 될 것이다.

147. 암흑 에너지

앞에서 우주의 성분을 알아볼 때 암흑 물질에 대해서 잠깐 언급했는데, 기억하는지 모르겠다.* 그때 그전에 먼저 알아야 할 것이 많아서 나머지 부분은 뒤에서 이야기하겠다고 했는데, 그 "뒤에서"가 바로 지금이다.

돌멩이 하나를 위로 던져 올린다고 하자. 이때 우리는 어떤 일이 벌어질지 정확하게 말할 수 있다. 위로 날아가던 돌멩이는 지구의 중력 때문에 속도가 느려지다가 방향을 바꿀 것이고, 역시 중력의 영향으로 가속을 받으면서 바닥으로 떨어질 것이다. 그런데 만약 실험에서 돌멩이가 느려지기는커녕 가속을 받으면서 계속 날아가다가 하늘로 빠르게 사라졌다면 우리는 이 현상을 어떻게 설명해야 할까? 과학자라면 이렇게 답할 것이다. 어떤 힘이 돌멩이에 작용해서 돌멩이가 **중력**에도 불구하고 계속 날아간 것이라고 말이다. 이때 힘은 "내부"의 힘(예를 들면 돌멩이에 추진 시스템이 달려 있다든지)일 수도 있고, "외부"의 힘(전자기력이나 중력처럼 먼 거리에서 작용하는 어떤 힘)일 수도 있다.

1920년대 말, 사람들은 우주가 정적인 상태가 아니라 팽창 중에 있음을 알게 되었다(에드윈 허블 덕분이다. 아인슈타인에게는 미안하지만). 그래서 학자들은 그 사실에서부터 출발해서 우리 우주의 미래에 대해서 두 가지 시나리오를 생각했다. 우선, 은하들의 중력이 우주의 팽창을 이길 만큼 충분히 크다고 해보자. 이때 우주는 팽창 속도가 점점 느려지고, 나중에는 모든 것이 붕괴된다. 은하들이 서로를 끌어당김에 따라 우주가 한 점으로 수축하게 되는, 말하자면 빅뱅 과정이 거꾸로 일어나는 것이다. 이른바 **빅 크런치**(Big Crunch, 대함몰) 시나리오에 따른 가설이다. 이에 비해

---

* 66쪽 참조.

서 두 번째 시나리오는 중력이 그렇게 큰 힘이 아니라서 은하들 사이의 중력적 영향도 큰 의미가 없다고 본다. 따라서 우주의 팽창은 무한정 계속되고, 은하들은 궤도가 바뀌는 일 없이 각기 가던 길을 계속 가는 것이다. 그런데 우주는 고립계로 간주되기 때문에(우주에서 실제로 고립계로 볼 수 있는 것도 우주 자체밖에는 없다) 열역학 제2법칙에 따라 우주의 엔트로피는 증가만 할 수 있다. 그리고 우주의 "수명"이 충분히 길다면, 우주는 그 에너지가 골고루 분포되는 한계 상태(엔트로피가 최대치에 이르는 상태)에 계속해서 다가가게 된다. 그 결과 우주는 성분들의 운동에 따른 역학적 에너지가 천천히 고갈되며, 그러다가 결국에는 더 이상 어디에서도 그 어떤 것도 움직이지 않는 상태에까지 이른다. 우주가 **열적 죽음** 상태가 되는 것인데, 이러한 시나리오를 두고 **빅 프리즈**(Big Freeze, 대동결[大凍結])라고 부른다. 그렇다면 빅 크런치와 빅 프리즈 가운데 어느 시나리오가 맞을까? 빅 크런치 시나리오가 맞는다면, 우주는 빅 크런치를 이미 수없이 겪었을 수도 있다. 빅뱅과 빅 크런치가 계속 반복되는 것이다. 그러나 빅 크런치 시나리오는 실현 가능성이 없어 보인다. 이 시나리오에서 전제로 하는 것과는 반대되는 현상이 관찰되었기 때문이다.

1990년대, 서로 다른 두 국제 프로젝트가 같은 종류의 연구를 진행하고 있었다. 하나는 미국의 천문학자 브라이언 폴 슈밋과 애덤 리스가 이끄는 "하이-Z 초신성 연구팀" 프로젝트인데, 공간적으로 멀리 떨어진 초신성들의 광도와 적색편이를 충분히 오랜 기간에 걸쳐 연구함으로써 우주 팽창의 변화를 밝히는 것이 목적이었다. 그리고 다른 하나는 미국의 우주론자 솔 펄머터가 이끄는 "초신성 우주론 프로젝트"로서, 목적은 역시 동일했다. 슈밋과 리스, 펄머터는 해당 연구로 2011년에 노벨 물리학상을 수상했는데, 이들의 연구에 따르면 우주의 팽창 속도는 느려지지 않고, 오히려 빨라지고 있었다.

가속이 일어난다는 것은 가속의 원인이 있다는 뜻이다. 그래서 과학자들은 우주의 가속 팽창을 부르는 원인을 찾기 시작했다. 이 연구의 첫 번째 단계는 원인의 특징을 규명하는 일이었다. 문제의 가속을 측정하고, 그 원인이 되는 것이 어떤 식으로 영향을 미치는지 확인하는 것이다. 연구 결과 학자들은 우주의 가속 팽창을 유발하는 것이 무엇보다도 눈에 보이지 않는("캄캄한[dark]") 특징을 지녔음을 알아냈다. 그것은 빛과 상호 작용을 하지 않았고, 말하자면 척력적 중력과 같은 음의 압력을 가진 것이 분명했다. 따라서 그 어떤 것은 1998년부터 **암흑 에너지**(dark energy)라고 불리게 된다. 그런데 암흑 에너지의 발견으로 제기된 중요한 문제는, 우주의 가속 팽창이 설명되려면 그 에너지가 우주 전체 에너지 밀도의 70퍼센트 이상을 차지해야 한다는 것이었다.

우주상수의 재등장

암흑 에너지라는 미지의 대상을 마주한 과학자들은 이미 알고 있던 것을 재검토하는 작업부터 시작했고, 그렇게 해서 아인슈타인이 "일생 최대의 실수"라고 했던 것이 다시 주목을 받게 되었다.* 앞에서 보았듯이 1916년에 아인슈타인은 일반상대성 이론의 방정식으로부터 팽창하는 우주의 개념이 나올 수 있다는 사실을 인정하지 않았다. 그래서 우주를 자체적으로 붕괴시킬 수 있는 중력의 효과를 상쇄시켜주는 이른바 **우주상수**(宇宙常數, cosmological constant)를 방정식에 인위적으로 추가했다. 따라서 그 우주상수는 적어도 수학적으로는 중력에 반대되는 것이고, 그렇다면 바로 그것이 문제의 암흑 에너지가 아니겠는가? 우주론자들은 우주상수가 아인

---

* 28쪽 참조.

ΛCDM 모형

ΛCDM 모형("Λ"는 우주상수의 기호인 "람다", "CDM"은 "차가운 암흑 물질[Cold Dark Matter]"을 뜻한다)은 빅뱅 이론의 표준 우주 모형으로도 불리는 것으로, 우주의 알려진 속성들을 설명해주는 가장 간단한 모형이다. 여기서 말하는 우주의 속성에는 우주배경복사의 존재와 구조, 우주의 현재 구조(은하단, 은하, 성단, 항성 등), 우주를 이루는 원소들의 분포(특히 가장 가벼운 수소와 헬륨이 풍부하게 분포하는 이유), 그리고 우주의 가속 팽창이 포함된다. 이 모형은 일반상대성 이론의 유효성에 근거를 두고 있다.

슈타인의 실수가 아니라는 원칙에서 출발해서(사실은 천재적인 발상이었다고 할 수 있을 것이다), 우주상수가 포함된 우주 모형인 이른바 ΛCDM 모형을 내놓는다.

ΛCDM 모형은 물론 매우 흥미로우며, 이 모형을 근본적으로 재검토하는 것은 지금 우리가 할 일은 아니다. 그러나 이 모형이 제기하는 몇 가지 중요한 문제점은 지적할 필요가 있다. 우선 우주상수는 전적으로 인위적인 성질의 상수이며, 그것도 원래는 팽창하는 우주를 반박하기 위해서 추가된 상수였다. 따라서 우주가 팽창 중일 뿐만 아니라 가속 팽창을 한다고 보는 우주 모형에 그 우주상수를 무턱대고 포함시킬 수는 없는 일이다. 게다가 표준 모형에 의해서 아주 정확하게 설명되는 입자물리학의 관점에서 우주상수는 진공 에너지의 밀도에 대응되는데, 표준 모형에서 말하는 진공 에너지의 밀도는 엄청나게 크다(약 10^{74}GeV*). 이 값이 그 자체로 문제가 되는 것은 아니지만, 문제는 ΛCDM 모형에서 우주상수는 아주 미미한 값을 가진다는 데에 있다(약 10^{-47}GeV). 값의 차이가 약 10^{120}배에 이르는 것인데, 이는 넘어가줄 수 있는 수준이 아니다. 다른 예로 설명

---

* 암흑 물질을 제외한 우리 은하가 가진 에너지의 약 4,000배.

하자면, 관측 가능한 우주의 지름을 측정할 수 있는 방법이 두 가지가 있는데, 한 가지 방법에서는 140억 광년, 즉 약 14만 킬로미터에 10억에 10억을 곱한 값이 나오고, 다른 방법에서는 1미터의 10억 분의 1의 10억 분의 1의 10억 분의 1의 10억 분의 1의 10억 분의 1의 10억 분의 1의 10억 분의 1의 10억 분의 1의 10억 분의 1의 10억 분의 1의 14억 분의 1이라는 값이 나온 것이다. 내가 왜 넘어가줄 수 있는 수준이 아니라고 했는지 이해가 되는가? 이로써 표준 모형과 일반상대성 이론이 양립할 수 없는 이유가 하나 더 추가되는 것이다. 하지만 ΛCDM 모형은 표준 모형에 따른 예측과 그렇게 큰(단지 크다는 말로 설명하기는 민망할 정도로 큰) 차이가 나는 문제가 있음에도 우주를 비교적 잘 설명하고 있으며, 우주론자들의 계산에 계속해서 사용되고 있다. 물론 ΛCDM 모형이 정말로 "우주를 비교적 잘 설명하는" 것이 되려면 우주상수를 충분히 다듬는 조건이 필요하다. 여기서 "충분히"는 소수 123번째 자리까지 다듬는 것을 의미한다. 기본적인 상수에 대해서는(그것도 "이 상수가 들어가면 다 잘 설명된다"는 것 말고는 다른 이론적 토대가 없는 상수에 대해서는) 처음 부과되는 조건이지만 말이다. 그리고 그렇게 상세하게 추산된 상수가 시간이 흘러도 계속해서 일정한 값으로 남아 있어야 기본 상수로서 기능할 수 있다. 그런데 여기서 ΛCDM 모형은 또 한번 표준 모형과 부딪친다. 표준 모형의 토대가 되는 양자역학에서는 진공 에너지의 밀도가 지속적인 요동*의 영향을 받는다고 말하기 때문이다.

제5원소의 재등장

아리스토텔레스의 "과학 이론"과 함께 완전히 잊힌 줄 알았던 제5원소

---

* 205쪽 카시미르 효과 참조.

라는 용어를 다시 끄집어내는 한심한 생각을 한 사람이 도대체 누구인지 모르겠다. 아니, 사실은 알고 있다. 물리학자 리민 왕과 폴 스타인하르트가 그 주인공들이다. 그러나 솔직히 좀 짜증이 나서 모른 척하고 싶었다. 뭐, 어쨌든 설명을 해보면 다음과 같다. 문제의 용어가 다시 나온 것은 암흑 에너지를 에너지의 한 가지 형태로 간주해서 네 가지 형태로 분류되는 기존의 다른 에너지들에 더하려는 시도 때문이다. 알려진 원자들을 구성하는 바리온(중입자) 물질, 광자, 중성미자, 암흑 물질에 더해서 암흑 에너지를 "제5원소"로 규정한 것이다.

원래 이 이론은 1988년에 미국의 물리학자 제임스 "짐" 피블스와 인도 출신의 미국 우주론자 바라트 라트라가 내놓은 것인데, 이 이론에서 제5원소의 개념은 순압적 형태(順壓的 形態, barotropic type)의 상태 방정식을 가지는 스칼라 장으로 설명된다. 무슨 말인지 하나도 모르겠다고?

자, 내가 차근차근 설명할 테니까 걱정하지 마시라.

먼저, 상태 방정식(equation of state)이란 무엇일까? 상태 방정식은 어떤 물질의 다양한 속성들 사이의 관계를 나타내는 방정식을 말한다. 예를 들면 기체는 그 압력과 부피, 온도 사이의 관계를 나타내는 상태 방정식을 가지며, 이 방정식의 내용은 우리가 기체에 대해서 아는 것에 정확히 대응된다. 온도가 올라가면 부피가 팽창하고, 부피가 제한되면 압력이 올라가고 등등. 그런데 제5원소가 상태 방정식을 가진다고 말하는 것으로는 충분하지 않다. 모든 것은 상태 방정식을 가지고 있고, 물리학자들이 하는 일이 바로 그 방정식을 찾아내는 것이기 때문이다. 따라서 제5원소의 상태 방정식에 순압적 형태라는 설명을 더한 것이며, 실제로 이러한 조건이 붙으면, 문제의 범위가 조금 좁아진다. 어떤 것이 순압적이라는 말은 그 압력이 밀도에 따라서만 변화한다는 것을 의미한다. 여기서 "밀도"는 물리학에

스칼라 장(scalar field)

스칼라 장이란 공간상의 점들에 하나의 숫자를 연결 짓는 함수를 말한다. 예를 들면, 우리는 온도계를 이용해서 방의 어느 지점에서든 온도를 잴 수 있다. "바닥에서 1미터, 왼쪽 벽에서 2미터, 앞쪽 벽에서 50센티미터 지점의 온도는 19도"라는 형태의 자료를 얻는 것이다. 이때 공간의 각 지점은 하나의 숫자를 부여받게 된다. 스칼라 장은 벡터 장(vector field)과 구분할 필요가 있다. 가령 벡터 장으로서의 전자기장은 공간의 모든 지점에 대해서 벡터, 즉 어떤 숫자(세기)를 축의 방향 및 진행 방향(예를 들면 수평으로 왼쪽)과 함께 정의한다. 그리고 또한 스칼라 장과 벡터 장은 텐서 장(tensor field)과 구분해야 한다(텐서 장이 셋 중에서 수학적으로 가장 복잡하다). 가령 텐서 장으로서의 중력장은 공간의 각 지점에 대해서 공간 자체의 비틀림을 설명해주는 텐서를 정의한다(텐서에 관해서는 이 책 제1권에서 잠깐 설명한 적이 있으니까 참고하시길).

서나 일상적인 언어에서나 의미가 같다. 다시 말해서 "단위 부피당 양"을 가리킨다. 가령 여러분이 5리터짜리 대야 두 개에 구슬을 채우되 한쪽 대야에는 두 배로 많은 구슬을 넣는다면, 그 대야의 구슬 밀도는 다른 대야의 두 배가 되는 것이다. 그럼 마지막으로, 스칼라 장은 조금 복잡하니까 삽입 글을 통해서 설명하겠다.

요약을 해보면, 제5원소는 압력이 밀도에 따라서만 변화하고 공간의 모든 지점에 대해서 세기를 측정할 수 있는 어떤 것으로 정의된다.

그렇다면 제5원소 이론의 문제는 무엇일까? 이 이론은 암흑 에너지가 어떤 입자, 즉 빅뱅 당시에 모든 우주 공간을 채울 만큼 충분히 많이 생긴 입자에서 비롯된다는 생각에 근거를 두고 있다. 그러나 문제는 현재로서는 그 입자가 완전히 미지의 상태라는 것이다. 게다가 만약 이 이론의 주장이 맞는다면 그 입자는 곳곳에 모여 있으면서 밀도의 변화를 유발해야 하는데, 역시 현재로서는 그 변화를 측정할 방법이 없다. 요컨대 제5원소 이론은 유효화할 수도 무효화할 수도 없지만, 이제는 폐기된 에테르*의 개념과 몹시 닮았다는 점에서 받아들이기가 어렵다.

유령 에너지

물리학자들은 복잡한 이론적 주제를 기껏 오랫동안 연구해놓고 연구의 신뢰성을 떨어뜨리는 명칭을 가져다붙이는 일이 간혹 있다. 이번에 이야기할 내용도 그런 경우에 해당한다.

이른바 유령 에너지(Phantom energy)는 암흑 에너지에 대한 또다른 후보이자, 제5원소의 "극한 버전" 같은 것으로서, 그 밀도가 우주의 팽창과 함께 증가하는 특별한 에너지 형태를 가리킨다. 고무풍선에 구슬을 넣고 풍선을 불면 풍선이 부풀수록 구슬의 개수가 증가할 뿐만 아니라, 구슬 개수가 풍선의 부피보다 상대적으로 더 빨리 증가하는 식의 일이 일어난다는 말이다. 그래서 유령 에너지라는 우스꽝스러운 명칭이 붙은 것이다. 그러나 이 가설이 상식적으로 말이 안 되는 것처럼 보인다고 해서 틀렸다고 할 수는 없다. 그렇게 따지면 아무것도 없는 진공에서 입자-반입자의 쌍이 계속해서 나타난다는 말이 더 비상식적이기 때문이다. 게다가 지구가 태양 주위를 도는 것이 아니라 태양의 존재에 의해서 변형된 시공간에서 직선으로 이동하고 있다는 말도 그에 못지않게 비상식적이다. 그러므로 비상식적으로 보인다는 사실만 가지고 가설을 거부하기에는 불충분하다. 그렇다면 상식을 떠나서 유령 에너지 가설의 문제는 무엇일까? 일반 상대성 이론에서 물질은 **에너지 조건**(energy condition)이라고 불리는 일련의 조건을 준수해야 한다. 그런데 유령 에너지는 그 가운데 **약한 에너지 조건**

---

* 『대단하고 유쾌한 과학 이야기』 제1권, 제71장 참조.

이라는 것을 부분적으로 위반한다. 여기서 내가 "부분적으로 위반한다"고 말한 이유는, 유령 에너지가 암흑 물질과 상호작용을 하는 범위 안에서는 그 조건을 위반하지 않을 수도 있기 때문이다(순수하게 수학적인 문제이므로 자세히 설명하지는 않겠다). 그래서 결론은, 유령 에너지가 정말로 암흑 에너지가 되려면 일반상대성 이론을 적어도 부분적으로는 손보아야 한다는 뜻이다. 암흑 에너지라는 개념 자체가 일반상대성 이론 때문에 나온 것인데도 말이다. 어떤 이론이 유효화되는 데에 필요한 요소가 그 이론을 무효화하는 상황인 것이다.

어쨌든 유령 에너지에 대한 결론을 내리기 위해서 문제의 이론에서 말하는 그 성질을 살펴보기로 하자. 일단 유령 에너지는 음의 운동 에너지를 가지고 있다(이상하지만 일단 그렇다고 치자). 그리고 그 밀도는 우주의 팽창과 함께 증가한다. 이 말은 유령 에너지 때문에 우주가 어느 순간 말 그대로 폭주하게 되고, 우리가 우주에서 측정할 수 있는 모든 거리는 무한대가 된다는 뜻이다. 특히 이 시나리오에 따르면 공간이 빛의 속도보다 훨씬 더 빠르게 팽창하기 때문에 다음과 같은 일이 벌어진다.

• 우선, 빛이 우주의 팽창을 "따라잡지" 못함으로써 관측 가능한 우주가 점점 더 작아진다.
• 입자들 사이의 공간이 빛의 속도보다 빠르게 넓어지는 단계에 이르면, 기본 상호작용을 책임지는 입자들이 더 이상 상호작용을 할 수 없게 됨으로써 우주의 기본 상호작용들이 사라진다.
• 어떤 입자도 다른 입자와 상호작용을 할 수 없기 때문에 전자들은 더 이상 원자핵 주위 궤도를 돌지 않게 되고, 원자핵은 더 이상 양성자와 중성자를 붙잡아둘 수 없으며, 쿼크들도 더 이상 양성자와 중성자를 이루

지 못한다.

• 결국 우주는 시공간 자체를 포함해서 전체적으로 완전히 파열된다.

이것이 바로 우주의 미래를 그린 시나리오 가운데 하나인 이른바 빅 립 (Big Rip, 대파열) 시나리오이다.

148. 일반상대성 이론에 문제가 있을까?

앞에서 몇 차례 언급했지만, 이제 이 문제를 본격적으로 한번 이야기해보자. 일반상대성 이론은 중력에 관한 이론으로서, 거시적 차원에서는 중력의 작용을 설명하는 데에 매우 효과적이다. 그러나 양자역학적 차원의 중력 작용은 전혀 설명하지 못한다. 일반상대성 이론은 양자역학적 차원과는 거리가 멀어도 아주 멀다. 이 책에서 이미 여러 번 말했듯이, 일반상대성 이론과 양자역학 사이에는 공식적으로 비양립성이 존재한다. 그리고 문제는 우리가 우주의 아주 극단적인 현상들을 이해하고자 할 때, 그 비양립성이 우리의 지식을 제한한다는 데에 있다. 실제로 블랙홀이 문제든 빅뱅이 문제든 간에, 엄청난 양의 물질이 극히 좁은 공간에 강제로 자리할 때에 일어나는 일을 정확히 설명해주는 이론은 존재하지 않는다.

일반상대성 이론의 요약

일반상대성 이론의 토대가 되는 발상은 시공간(특수상대성 이론에서 말하는 역동적인 연속체로서의 시공간)이 물질-에너지의 존재에 따라서 변형된다는 것이다. 아인슈타인의 일반상대성 이론 방정식은 존 휠러의 표현을 빌리면 다음과 같이 해석할 수 있다.

시공간의 곡률은 물질이 어떻게 운동할지를 말하고, 물질은 시공간이 어떻게 휘어질지를 말한다.

일반상대성 이론은 물질의 국소적(局所的, local) 존재에 따른 시공간의 국소적 변화를 기술하는 국소적 이론이다. 그리고 예측적이고 결정론적인 성질을 띤다.

양자장 이론 요약

양자장 이론(量子場理論, quantum field theory)은 양자역학과 특수상대성 이론을 결합한 이론이다. 이 이론으로 전자기적 상호작용과 강한 상호작용(양자색역학을 통해서), 약한 상호작용을 설명할 수 있다.

양자장 이론은 중력을 제외한 물질의 모든 작용을 설명한다. 양자장 이론의 차원에서 중력은 무시할 수 있는 수준이기는 하지만 말이다. 그리고 양자장 이론은 시간이 일정하게 흘러가는 변형되지 않는 무대와 같은 고정된 시공간에 적용되며, 이 시공간은 곡률을 가지지 않는다. 또한 양자장 이론은 확률론적 토대에 근거하며, 불확정성 원리 같은 그 기본 원칙들은 우리가 어떤 현상들을 원하는 만큼 확실하게 미리 예측하고 규명할 수 없다고 말한다.

공식적 비양립성

일반상대성 이론에서 시공간은 휘어지는 성질을 가지지만, 양자장 이론에서 시공간은 곡률을 가지지 않는다. 그리고 일반상대성 이론에서는 모

양자색역학(量子色力學, quantum chromodynamics, QCD)

양자전기역학(量子電氣力學, quantum electrodynamics, QED)의 목적이 양자역학적 차원의 전자기력을 전자기적 상호작용의 방정식과 입자들 사이의 광자 교환을 통해서 설명하는 것이라면,[*] 양자색역학의 목적은 양자역학적 차원의 강한 상호작용, 다시 말해서 원자핵을 유지시켜주는 상호작용을 설명하는 것이다. 실제로 원자핵을 이루는 양성자들은 서로 "밀착하여" 있다. 모두 전기적으로 양성을 띠고, 따라서 서로를 계속해서 밀어내고 있는데도 말이다. 그런 양성자들을 묶어놓는 것이 바로 강한 상호작용이다.

그런데 양성자와 중성자는 기본 입자가 아니라, 3개의 쿼크로 이루어진 합성 입자에 해당한다. 그리고 전기에서 전하가 서로 반대되는 두 종류가 존재해서 각각 양성과 음성이라고 부르는 것과 마찬가지로, 강한 상호작용에는 세 종류의 "색전하(色電荷, color charge)"가 존재하기 때문에 각각을 **청색전하, 녹색전하, 적색전하**라고 부른다(청색, 녹색, 적색은 빛의 삼원색이다). 따라서 "색전하"라고는 하지만 사실 색깔과는 아무 관련이 없는 물리량의 일종이다.

어쨌든 그래서 강한 상호작용의 전하는 청색전하일 수도 있고, 녹색전하나 적색전하일 수도 있다. 그리고 이 전하들의 상호작용을 연구하는 분야를 두고 양자색역학이라고 부른다(색역학을 뜻하는 "chromodynamics"의 "chromo"는 그리스어로 "색"을 의미하는 "chroma"에서 왔다). 양자전기역학에서 전하를 띠는 입자들이 서로 광자를 교환한다면, 양자색역학에서 색전하를 띠는 입자들은 서로 글루온(gluon)을 교환한다. 그리고 양자전기역학에서 파인먼 다이어그램이 현상을 간단하게 이해할 수 있도록 도와주는 것과 마찬가지로, 양자색역학에서는 양자색역학 다이어그램이 그러한 역할을 한다.

든 것을 완벽하게 예측할 수 있지만, 양자장 이론에서는 그 같은 예측이 불가능하다. 게다가 일반상대성 이론에서 시공간은 하나의 연속체로 간주되지만, 양자장 이론에서는 모든 것이 양자화(量子化)된다.

---

[*] 213쪽 참조.

그렇다면 결론은?

몇몇 경우(블랙홀, 초기 우주)에 동일한 현상을 설명하는 문제에서 두 이론 사이에 비양립성이 존재한다면, 왜 그냥 간단하게 둘 중 어느 하나가 잘못되었고 어느 쪽이 더 낫다고 말하지 않는 것일까? 왜냐하면 둘 다 믿을 수 없을 만큼 정확한 이론이기 때문이다. 두 이론은 인류가 만든 가장 복잡한 이론이자, 관측에 일치하는 예측을 내놓는 측면에서 가장 정확한 이론이다. 실제로 일반상대성 이론의 경우, 서로를 중심으로 공전하는 중성자 별 두 개로 이루어진 이중 펄서 PSR 1913+16의 근일점(近日點, perihelion : 태양의 둘레를 도는 행성과 혜성 등의 천체가 궤도상에서 태양[日]에 가장 가까워지는[近] 위치[點]/역주) 계산에서 전례가 없는 정확성을 보여주었다(소수 14번째 자리까지 정확하게). 게다가 지금까지 그 어떤 관측도 일반상대성 이론을 무효화하는 것은 없었다. 마찬가지로, 양자장 이론도 소수 11번째 자리까지의 정확성을 보여준 바 있다.

지금으로서는 두 이론 모두 매우 정확하며, 그래서 반증이 나올 때까지는 두 이론과 함께 나아가는 것이 좋다. 그리고 여기서 중요한 문제는 중력을 양자역학 모형에 통합할 수 있느냐 하는 것이다. 양자중력을 기술할 수 있어야 한다는 말이다. 이 주제로 넘어가기에 앞서, 준비 차원에서 한 가지를 먼저 살펴보기로 하자. 물체의 질량은 어디에서 기인하는 것일까?

질량은 어디에서 생길까?

질량에 대한 새로운 이해

149. 게이지 이론

제2차 세계대전 이후, 엔리코 페르미의 연구는 베타 붕괴의 원인이 되는 약한 상호작용이 무엇인지에 대해서 꽤 정확한 이해를 얻게 해주었다. 그러사 빙깅믹 굴리기를 좋아하는 과학자들은 라그랑지안을 굴리는 작업에 들어갔다.

라그랑지안(Lagrangian)

라그랑지안이 무엇인지 여기서 자세히 설명하지는 않을 것이다. 관련된 수학적 도구를 완벽하게 다루지 못하는 사람(내가 그렇다)에게는 괴로운 일이기 때문이다. 간단하게만 말하면, 라그랑지안은 어떤 힘이 계(系)에 적용되었을 때 그 힘에서 기인하는 모든 효과를 산출할 수 있는 수학적 표현이다. 기호는 대문자 "L"을 필기체로 써서 "$\mathcal{L}$"로 표기한다.

그들은 라그랑지안을 불변인 상태로 두면서 적용할 수 있는 수학적 변환을 연구했다(정확히는 게이지 변환[gauge transformation : 여기서 "게이지"는 말 그대로 길이를 재는 눈금, 우리가 세상을 바라보는 척도를 가리킨다. 게이지 이론은 그런 눈금이나 척도가 달라지더라도 세상을 기술하는 물리법칙은 바뀌지 않아야 한다는 것을 수학적으로 표현한 이론/역주]을 연구한 것이다). 그리고 그 결과, 라그랑지안의 변수들에 어떤 특별한 수를 곱해도 라그랑지안이 불변으로 유지된다는 것을 알았다. 여기서 얻을 수 있는 결론은 라그랑지안이 **전체적 게이지 불변**이라는 것인데, 이 대목에서 중요한 단어는 "전체적"이다. 문제의 변환이 공간이나 시간에 종속되지 않는다는 뜻이기 때문이다. 그렇다면 게이지 변환이 전체적이지 않고 국소적일 경우 어떤 일이 일어날까? 이 경우에 변환은 공간과 시간에 종속된다. 물리학자 에티엔 클렝은 "질량이란 무엇인가?"라는 제목의 강연에서 그 같은 내용을 아주 이해하기 쉬운 예를 들어 설명했다. 그가 제시한 비유는 다음과 같다. 우리가 모두 자신의 시계를 2시간씩 빨리 가게 맞추었다고 해보자(전체적 변환). 이때 우리는 다음날 오후 3시에 약속을 잡기가 쉬울 것이다. 그러나 만약 각자가 자기 시계의 시간을 마음대로 맞췄을 경우(국소적 변환), 내가 누군가와 약속을 잡고 싶으면 그 사람과 정보

게이지 보손(gauge boson)

앞에서 이미 보았듯이,[*] 보손은 합성 입자일 수도 있지만 기본 입자일 경우에는 조금 특이한 성질을 띤다. 입자들 사이에서 교환되는 입자로서, 어떤 의미로는 기본 상호작용을 지닌 입자로 볼 수 있기 때문이다. 예를 들면 광자는 전자기적 상호작용을 지닌 보손이다. 두 전자가 광자를 교환하면서 서로를 밀어내는 것이다. 바로 그 같은 기본 보손을 게이지 보손이라고 부른다. 이 특별한 계열로 묶이는 입자로는 전자기적 상호작용을 매개하는 광자 외에도 약한 상호작용을 매개하는 W^+보손, W^-보손, Z^0보손, 강한 상호작용을 매개하는 글루온(8종)이 있다. 중력을 매개하는 보손인 **중력자**(重力子, graviton : 양자중력 이론에서 예측된 중력을 매개하는 기본 입자/역주)도 존재할 것으로 추측된다.

를 교환해서 서로의 시계가 얼마나 차이 나게 가고 있는지 알아야 한다.

따라서 과학자들은 국소적 변환에도 라그랑지안이 불변으로 유지되려면 "정보"가 교환되어야 한다고 보았다. 수학적 표현에 추가하면 국소적으로 야기된 차이를 상쇄시켜주는 정보를 두고 하는 말이다(이러한 정보의 역할을 하는 것이 **게이지 장**(場)이다. 예를 들면 모든 사람의 시곗바늘이 줄로 연결되어 있어서 누가 시곗바늘을 돌리면 다른 이들도 모두 알게 되는 경우, 게이지 장이 시곗바늘을 연결한 줄의 역할을 하는 것이다). 과학자들은 이 발상을 전자기의 라그랑지안에 시험했고, 전자기장의 정보를 추가했을 때 라그랑지안이 불변임을 알아냈다. 전자기장이 게이지 장의 성질을 가진 것이다. 그렇게 해서 그들은 기본 상호작용을(전자기적 상호작용뿐만 아니라 강한 상호작용이나 약한 상호작용도) 게이지 이론으로 설명할 수 있을 것이라는 생각에 이르게 되었다. 중국 출신의 미국 물리학자 양첸닝과 미국 물리학자 로버트 밀스는 실제로 게이지 이론의

---

[*] 75쪽 참조.

강한 상호작용의 작용 범위

강한 상호작용과 관련해서 한 가지 짚고 넘어가자. 강한 상호작용에서 글루온의 교환은 범위가 무한대이지만, 글루온을 매개로 강한 상호작용을 하는 쿼크들은 혼자서는 존재할 수가 없다. 다른 쿼크들과 다니든 반쿼크와 다니든 간에, 언제나 다른 입자와 같이 다니기 때문이다. 그래서 강한 상호작용의 작용 범위는 이론적으로는 무한대이지만 실제 작용 범위는 양성자 크기, 즉 10^{-15}미터(1미터의 10억분의 1의 100만 분의 1) 정도의 극히 짧은 거리를 넘지 못한다.

관점에서 그 상호작용들에 대응되는 수학식을 찾았고(게이지 군[群]이라고 부른다), 이 수학식이 상호작용들의 특징을 완벽하게 기술하고 있음을 증명했다. 그런데 앞에서 말했듯이, 그 상호작용들은 보손(boson)이라는 가상 입자들에 의해서 전달되며, 게이지 장에서 이 입자들은 게이지 보손이라고 불린다. 게이지 보손이 바로 게이지 장의 양자에 해당하는 것이다.

이 내용이 이번 주제, 그러니까 질량이 어디에서 생기는가의 문제와 무슨 상관이냐고? 곧 이야기할 것이다. 표준 모형의 방정식에 따르면, 기본 상호작용의 작용 범위가 클수록 그 상호작용을 매개하는 보손의 질량은 작아진다. 예를 들면, 전자기적 상호작용은 작용 범위가 무한대이고, 그 매개 보손인 광자는 질량이 없다. 그리고 강한 상호작용 역시 작용 범위가 무한대이며, 그 매개 보손인 글루온도 질량이 없다.

그런데 1960년대에 들어 세 팀의 물리학자들이 각기 독립적으로 같은 문제를 제기했다(로버트 브라우트와 프랑수아 앙글레르가 한 연구팀이고, 피터 힉스는 혼자, 칼 리처드 헤이건과 제럴드 구럴닉과 토머스 키블이 또 한 연구팀이다). 표준 모형이 실제로 맞는다면(그 내용이 모든 관측 사실과 일치하고 그 예측도 모두 실험적으로 유효화되었다는 점에서 그럴 가능성이 커 보인다), 그리고 표준 모형이 게이지 이론에 근거를 둔다면, 상호작용을 매개하는 모든 입자는 질량이 없어야 한다는 결과가 나왔기 때문이다. 그리고 그것이 다가 아니다. 연구에 따르면 기본 입자들 역시 질량이 없어야 했다. 요컨대 모든 기본 입자는 질량이 없어야 한다는 말이다. 그러나 이는 관찰 사실과는 모순된다. 특히 약한 상호작용의 경우, 작용 범위가 매우 작고(10^{-15}미터 정도) 그 매개 보손은 질량이 아주 크다. 이론상에서의 대칭성이 실제 세계에서는 깨지는 이른바 **자발적 대칭성 깨짐**(spontaneous symmetry breaking)이 발생하는 것이다(여기서 대칭성은 같은 물리법칙이 적용된다는 의미로 이해하면 된다).

150. 힉스 장

1964년 6월, 브라우트와 앙글레르는 논문을 발표하면서 다음과 같은 메커니즘을 제시했다(힉스의 논문은 같은 해 8월에, 구럴닉과 헤이건과 키블의 논문은 11월에 나왔다). 표준 모형의 예측에 따라 기본 입자가 질량이 없다는 가정에서 일단 출발해보자. 그렇다면 우리가 어떤 기본 입자의 질량을 측정했을 때에 나오는 질량은 우리가 생각하는 그런 질량이 아니라는 뜻이다. 실제로 그전까지(그리고 교과서에서는 지금도) 우리는 어떤 물체의 질량을 그 물체가 가진 물질의 양으로 정의했고, 따라서 물체에 내재된 속성이라고 보았다. 그러나 이런 해석이 틀렸다고 가정하면, 우리가 측정한 그 "질량"을 만드는 것이 무엇인지를 밝혀야 한다. 그래서 브라우트 등의 학자들은 브라우트-앙글레르-힉스-헤이건-구럴닉-키블 장(場)의 개념을 내놓았다(공정하게 알파벳 순으로 나열한 것이다. 간단하게는

명칭

스티븐 와인버그는 전자기력과 약한 상호작용을 통합한 미국의 물리학자이다. 에너지가 일정 수준보다 높을 때, 약한 상호작용은 그 세기가 전자기력보다 빨리 증가하면서 전자기력에 통합되며, 따라서 두 상호작용은 서로 구분이 되지 않는다. 그러나 에너지가 일정 수준보다 낮을 때는 그렇지 않다. 이 경우 전자기력은 작용 범위가 무한대인 반면, 약한 상호작용은 매우 좁은 작용 범위를 가진다. 와인버그는 1967년에 두 상호작용 사이의 대칭성 깨짐을 BEHHGK 메커니즘을 통해서 설명했다. 그런데 1971년에 와인버그는 1964년 논문들의 순서를 착각해서 힉스의 논문이 첫 논문이라고 생각했고, 그래서 "힉스 메커니즘", "힉스 장", "힉스 보손" 등의 명칭을 사용했다. 몇 년 뒤에 노벨상 수락 연설에서도 말이다.

실제로 피터 힉스는 자신이 그 발견을 처음 했다고 주장한 적이 결코 없으며, 1964년 논문에서는 앙글레르와 브라우트의 이름을 인용하기까지 했다. 그런데 일이 그런 식으로 진행된 것이다. 어쨌든 그래서 물리학자들은 브라우트–앙글레르–힉스 혹은 BEH라고 말하지만, 대중은 힉스의 이름만 기억하게 되었다. 어떤 사람들, 특히 대중매체(혹은 일부 대중 과학서)는 신의 입자(God particle)라는 용어를 쓰기도 하는데, 이 명칭은 사실 적절하지 않다. 신이 주사위 놀이를 하든 하지 않든, 입자들에 질량을 부여하는 것 말고도 다른 할 일이 많을 테니까.

BEHHGK 장이라고 부르며, "BEHHGK"는 "베크"라고 발음한다). 이 베크 장이 매개 보손을 통해서 입자에 "질량"을 부여한다는 것이다.

이 양반들의 이야기가 무슨 말인지 잠깐 정리를 해보자. 일단, 기본 입자는 질량을 가지지 않는다. 그러므로 질량은 물질의 속성이 아니다. 그런데 기본 입자는 자신을 둘러싸고 있는 진공에서 질량을 얻는다. 그러니까 진공은 정말 아무것도 없는 진공이 아니라는 말이다.

151. 질량은 어디에서 생길까?

기본 입자가 힉스 장을 가로지를 경우, 입자는 힉스 장과 강하게든 약하게든 상호작용을 하게 된다. 그 결과 입자는 제동이 걸리면서 관성(慣性)을 부여받는다. 그런데 우리가 물체의 질량을 측정할 수 있게 해주는 것이 바로 관성이다(아인슈타인 이후로 물체의 중력질량은 그 관성질량과 동일하다고 알려져 있다). 따라서 기본 입자가 가령 광자처럼 힉스 장과 상호작용을 전혀 하지 않으면 우리는 그 입자가 빛의 속도로 나아가는 것을 보게 되며, 이때 그 입자는 질량을 가지지 않는다고 말한다. 그러나 전자는 질량 없이 빛의 속도로 나아가도 힉스 장의 방해를 받게 되고, 그 결과 우리는 전자가 빛의 속도보다 느리게 나아가는 것을 보게 된다. 이때 전자는 관성을 가지며, 그래서 우리는 그 질량을 측정할 수 있다.

게다가 힉스 장의 양자인 매개 보손, 즉 보통 **힉스 보손**이라고 불리는 입자도 질량을 가지고 있다. 힉스 보손 자체가 그것이 양자로 속해 있는 장과 상호작용을 한다는 의미이다.

1993년에 기본 입자 전문가인 물리학자 데이비드 J. 밀러는 힉스 메커니즘을 설명하는 유명한 비유를 내놓았고, 이 설명법으로 당시 영국의 과학부 장관 윌리엄 월드그레이브가 주는 상을 수상했다.

152. 힉스 보손

1971년부터 힉스 장과 그 보손은 표준 모형에 포함되었다. 이에 따라 예측된 W^+보손, W^-보손, Z^0보손의 질량은 1983년에 실험적으로 확인되었

정치적인 설명으로 알아보는 힉스 메커니즘

어느 호텔의 홀에서 어떤 정당이 개최한 칵테일 파티가 열리고 있다고 상상해보자. 파티에 참석한 당원들은 연회장 전체적으로 고르게 자리해 있는 상태이다. 그런데 이때, 당의 거물급 인사가 연회장으로 들어와서 음식이 차려진 쪽으로 걸어갔다. 그는 정치권에서 유명한 인물이고, 그래서 사람들은 자연스럽게 그 주위로 모여들면서 몇 발짝 따라가다가 다시 자기 자리로 돌아갔다. 이렇게 사람들이 어느 한 인물 주위로 모이면 관성이 발생한다. 그 인물이 움직이는 중이라면 멈추기가 힘들어지고, 반대로 멈추어 있다면 움직이기가 힘들어진다는 뜻이다. 주위의 사람들이 그 인물에게 "질량"을 부여하는 것이다. 잠시 뒤, 이번에는 당에 새롭게 가입한 젊은 당원이 들어왔다. 그는 앞의 유명 인사가 그랬던 것처럼 연회장을 가로질러갔지만, 그가 지나가는 것을 방해하는 사람은 아무도 없었다. 파티에 참석한 사람들과 상호작용을 하지 않았고, 그래서 아무 질량도 부여받지 않은 것이다. 그렇다면 힉스 보손의 경우는 어떻게 설명할 수 있을까? 이번에는 상황이 조금 다르다. 한 당원이 연회장 문을 열어 머리만 내밀고 가장 먼저 보이는 사람에게 소문을 알려주었다고 해보자. "아무한테도 말하지 마세요, 우리 당 대표가 과학부 장관으로 임명될 겁니다." 그러자 소문은 입에서 입으로 퍼져나가기 시작했다. 어떤 사람이 연회장을 가로질러 지나가는 것과 비슷한 방식으로 말이다. 이때 정보는 그 전파 속도에 따라서 관성이 정해지며, 바로 그 관성이 힉스 보손의 질량에 해당한다.

고, 이로써 힉스 장의 존재에 대한 증거를 제공했다. 간접적인 증거이기는 하지만 첫 단추가 잘 끼워진 것이다.

힉스 장의 존재를 직접 증명하기 위한 시도도 물론 이루어졌다. 알프스에 위치한 유럽 입자물리연구소(CERN)에 27킬로미터짜리 원형 트랙을 만들고, 제1입자가속기 LEP(large electron-positron collider : 전자와 양전자를 충돌시키는 용도)와 제2입자가속기 LHC(large hadron collider : 양성자와 양성자를 충돌시키는 용도)를 이용해서 힉스 보손의 존재를 증명하고자 한 연구가 그것이다. 그런데 힉스 보손은 수명이 1초의 10억 분의 1의 10억 분의 1의 1만 분의 1 정도밖에 되지 않는다. 그 존재를 증명하는 일이 쉬운 작업은 아니라는 말인데, 어쨌든 힉스 보손의 존재 자체가 증명되면 힉스 장의 존재가 증명되는 것이다. 그렇게 해서 2012년 7월 4일에 힉스 보손의 존재가 99.99997퍼센트의 신뢰도로 확인되었고, 2013년 3월 15일에는 공식적으로 인정을 받았다.

153. 그래서 결론은?

힉스 보손의 발견이 거둔 성과는 순수하게 수학적인 근거를 바탕으로 이론화된 어떤 스칼라 장, 그것도 관찰 사실과는 반대되는 것처럼 보이는 스칼라 장이 실제로 존재함을 보여주었다는 데에 있다. 이론적 예측이 나오고 거의 50년 만에 세계에서 가장 크고 가장 강력한 입자가속기를 만들어서(참고로 LHC는 인류가 지은 가장 큰 건축물 가운데 하나이다) 그 예측이 옳았음을 확인한 것이다. 이는 전례가 없는 지적 쾌거이자 혁신적인 사건이다. 왜 혁신적이냐고? 왜냐하면 어떤 하나의 스칼라 장이 존재한다는 것이 증명된 이상, 다른 스칼라 장도 더 존재할 것으로 생각해볼 수 있기 때문이다. 급팽창, 암흑 에너지, 암흑 물질 등을 설명해줄 스칼라 장 말이다.

또한 힉스 보손의 발견은 표준 모형의 정당성에 힘을 실어주는 한편, 특히 표준 모형의 세 상호작용과 중력을 통합하는 연구에 새로운 길을 열어주었다.

모든 것에 대한 이론

우주는 가장 구석진 곳까지 조화롭다

물리학에서는 정말 중요한 문제 두 가지가 아직 해결되지 않고 남아 있다 (사실 해결되지 않은 문제들은 아주 많지만, 특히 이 두 가지가 중요하다 는 말이다). 첫 번째 문제는 중력을 양자역학에 통합해서 중력이 양자역학 적 차원에서 어떤 방식으로 작용하는지 설명하는 것이다. 물론 중력의 작 용은 양자역학적 차원에서는 아주 미미하다. 게다가 중력은 다른 기본 상 호작용늘에 비하면 무시해노 좋을 징도도 약아다. 그리니 무 젹되는 성질과 무한대의 작용 범위를 가지기 때문에 그 영향력이 크게 증가할 수 있으며, 거시적 차원에서는 가장 직접적으로 영향을 미치는 기본 상호작용이다. 그리고 양자역학적 차원에서도 중력을 무시할 수 없는 경우가 존재한다. 블랙홀에서 중력 특이점에 해당하는 영역은 양자장 이론을 적용해야 하는 크기를 가졌지만, 질량이 몹시 커서 중력의 효과가 엄청나기 때문이다. 그리고 바로 여기서 두 번째 문제가 발생한다. 오늘날 우리가 이해하는 대로의 중력, 즉 일반상대성 이론은 우리가 이해하는 대로의 표준모형, 즉 우주의 기본 상호작용 가운데 중력을 제외한 세 상호작용을 통합해서 설명하는 입자의 이론과 양립이 되지 않는다. 여기까지는 앞에서도 벌써 다 말한 내용이다.[*]

요컨대 우리는 믿을 수 없을 만큼 정확하지만 서로 양립이 되지 않는 두 이론을 가지고 있다. 게다가 대개의 경우는 두 이론 중 하나만 고려해도 되지만, 둘 중 어느 것도 무시하면 안 되는 물리 현상(블랙홀)과 가정(빅뱅)도 존재한다. 물리학자들은 이러한 사실에서부터 출발하여, 서로 다른 두 가지 연구를 시작했다. 하나는 양자역학적 차원에서 중력의 이론적 모형을 세우는 것이고, 다른 하나는 네 가지 기본 상호작용을 통합함으로써 일반상대성 이론과 양자장 이론을 통합하는 것이다. 여기서부터는 이제 새롭게 알아볼 내용이다.

154. 새로운 이론의 탄생

1968년에 이탈리아의 물리학자 가브리엘레 베네치아노는 강한 상호작용

---

[*] 326쪽 참조.

을 공식으로 나타낼 수 있는 방정식을 찾고 있었다. 양성자들이 전기적으로 양성을 띠고 있어서 서로를 밀어내는 성질을 가졌음에도 원자핵 안에서 서로 밀착하여 중성자와 함께 자리해 있도록 만드는 힘을 수학적으로 연구했다는 말이다. 그러던 어느 날, 베네치아노는 확률에 관한 수학책을 보다가 스위스의 수학자 레온하르트 오일러가 약 200년 전에 내놓은 오일러 방정식에 주목하게 되었다. 그 일련의 방정식 중에는 확률에서 매우 유용하게 쓰이는 베타 함수(beta function)라는 것이 있는데, 이 함수의 속성이 4개의 입자로 이루어진 계(系)에 대한 강한 상호작용의 속성과 아주 유사했기 때문이다. 그렇게 해서 그 방정식은 n개의 입자로 이루어진 계를 대상으로 곧 일반화되었고, 일본 출신의 미국 물리학자 난부 요이치로와 덴마크의 물리학자 홀게르 베크 닐센은 각기 1968년과 1969년에 그 방정식에 대한 해석을 개별적으로 내놓았다. 그리고 역시 1969년, 미국의 레너드 서스킨드도 독자적으로 그 방정식을 발견했다. 서스킨드는 나중에 이 일에 대해서 이렇게 말하기도 했다.

나도 풀 수 있을 만큼 아주 간단한 방정식이다.*

서스킨드는 방정식을 두 달 동안 온갖 방향으로 연구했고, 그 결과 문제의 방정식이 점으로 된 입자와는 다르게 진동하는(더 정확하게는 조화 진동을 하는) 내부 구조를 가진 입자를 기술하고 있음을 알게 되었다. 1차원 구조로 되어 있으면서 늘어나고 줄어들 수 있는(따라서 진동할 수 있는) 어떤 것, 말하자면 아주 작은 끈 같은 것 말이다. 서스킨드는 이 내용을 논문으로 작성했고, 발표하기 위해서 심사를 받았다. 그러나 그의

* *L'univers élégant*, Brian Greene, PBS, 2006.

논문은 "평범해서 발표될 만한 가치가 없다"는 평가와 함께 되돌아왔다.

사실 당시 물리학자들은 다른 문제로 고무되어 있었다. 1961년, 미국의 물리학자 머리 겔만은 1950년대 이후로 발견된 입자들을 SU(3)라고 불리는 게이지 군(글루온을 매개 입자로 하는 강한 상호작용의 게이지 장을 기술하는 게이지 군)의 대칭성에 따라서 분류하는 방법을 내놓았다. 이 분류에는 앞으로 발견될 것으로 예측되는 입자들을 위한 빈칸이 남아 있었는데, 1963년에 오메가마이너스(Ω⁻) 입자가 발견되면서 예측의 유효성이 입증되었다. 겔만은 SU(3) 게이지 군의 이론을 통해서 양성자와 중성자, 그러니까 하드론 계열에 속하는 입자가 쿼크라고 불리는 더 작은 입자로 이루어져 있다는 생각도 내놓았다. 그리고 1969년, 미국의 물리학자 제임스 뵤르켄과 리처드 파인먼에 의해서 쿼크의 존재가 확인되면서 겔만은 노벨상을 수상했다. 그렇게 해서 1973년부터 물리학자들은 양자색역학을 이용하여 강한 상호작용을 설명하는 연구에 많은 관심을 쏟았고, 앞서 양자전기역학에서 그랬던 것처럼 관련 현상을 간단하게 이해할 수 있는 도구도 만들었다. 그래서 그 시기에 끈 이론(string theory)은 거의 잊혀진 것처럼 보였다. 물론 여기서 중요한 것은 "거의"라는 단어이다.

155. 보손 끈 이론

1973년부터 일부 학자들은 끈 이론이라는 신생 이론에 지속적으로 관심을 기울였다. 그들은 이론의 방정식을 이리저리 굴리면서 연구했는데, 언제나 매번 같은 난관에 부딪혔다. 질량이 없는 입자를 기술하는 것처럼 보이는 그 방정식들에서 수학적 모순이 발견되었기 때문이다. 수학적으로 모순이 있다는 것은 좋은 징조가 아니었다. 양립되지 않는 것처럼 보이는 두 물리 방정식을 양립시키는 문제는 생각해볼 수 있어도, 수학적 모순은 이론이 잘못되었다는 의미일 수도 있기 때문이다. 실제로 수학은 봐주는 법이 없다. 어떤 방정식은 $x = 1$이라고 말하는데 다른 방정식은 $x = 2$라고 말한다면, x가 같은 것을 가리키는 것이 아니든지 방정식들에 일관성이 없든지 둘 중 하나이다. 간단히 말해서 문제가 있다는 뜻이다.

그런데 미국의 존 슈워츠와 프랑스의 조엘 셰르크는 그 방정식들이 말하는 속성이 오래 전부터 찾고 있던 어떤 입자, 즉 중력 상호작용을 매개하는 보손인 중력자에 대해서 예측되는 속성에 정확히 대응된다는 것에 주목했다. 그렇게 해서 나온 이론이 **보손 끈 이론**(bosonic string theory)이다. 이 이론에서는 보손들만 끈으로 기술되며, 끈의 크기는 처음 끈 이론에서 생각했던 것보다 훨씬 작다. 그렇다면 여기서 말하는 끈이 도대체 무엇인지 알아보자.

일단, 물리학에서 붙인 명칭은 수학적으로 설명되는 "실재(reality)"와는 아무 상관이 없다. 실제로 끈 이론의 끈은 우리가 일상생활에서 보는 끈처럼 얇은 조직으로 이루어진 어떤 것이 아니다. 그렇지만 꼭 끈처럼 작용한다. 고무줄처럼 늘어나기도 하고 줄어들기도 하면서 진동을 하는 에너

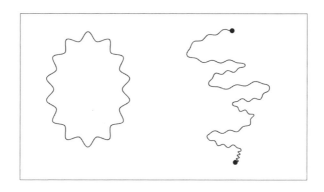

복소수와 허수부

수학에는 여러 계열의 수가 존재한다. 가장 간단한 계열은 **자연수**(기호는 N)로서, 음이 아닌 정수를 가리킨다. 0, 1, 2, 3……

그렇다면 다음 형태의 방정식을 푼다고 해보자.

$$x + 1 = 0$$

이 방정식을 풀려면 수의 범위를 음의 정수까지 확대해야 하는데, 자연수와 음의 정수를 포함하는 범위를 가리켜 **정수**(기호는 Z)라고 한다. ……−5, −4, −3, −2, −1, 0, 1, 2, 3, 4, 5……

그럼 또 다음 형태의 방정식을 푼다고 해보자.

$$2x + 1 = 0$$

이번에는 수의 범위를 분수까지 확대해야 하고, 정수와 분수를 포함하는 범위를 가리켜 유리수(기호는 Q)라고 한다. 1/2, 1/4, 3/4……

그리고 또 다음 형태의 방정식을 푼다고 해보자.

$$x^2 = 2$$

이 방정식을 풀려면 수의 범위를 **실수**(기호는 R)까지 확대해야 하며, 실수에는 숫자가 아닌 문자로 표기하는 수를 포함해서 우리가 일상적으로 사용하는 모든 수가 포함된다. 1, 6.44, π, e……

수의 범위는 여기에서 그칠 수도 있었을 것이다. 그러나 16세기에 이탈리아의 수학자들은 더 복잡한 방정식을 풀기 위해서 수의 범위를 다시 확대하기로 결정했고, 이를 위해서 전적으로 수학적인 성질의 도구를 고안했다. 제곱하면 음이 되는 수를 생각한 것이다. 이 수는 우리가 일상적으로는 접할 수 없는 것으로, 허수라고 부른다. 기호는 i로 표기되고, 다음과 같이 정의된다.

$$i^2 = -1$$

수학자들은 허수에서부터 출발, **실수부**와 **허수부**로 이루어진 복소수(기호는 C)라는 새로운 수의 체계를 만들었다. 예를 들면 (3 + 2i)라는 수에서 실수부는 3이고 허수부는 2이다. 르네상스 시대의 이탈리아 수학자들이 내놓은 해법에서 허수부는 계산 중에 상쇄되는데, 이러한 해법을 사용하면 해를 찾는 과정을 단순화하는 데에 실제로 도움이 된다. 2차원적인 기하학 문제를 풀면서 풀이를 단순화하기 위해서 세 번째 차원의 요소를 중간에 도입하는 것과 비슷하다. 해가 처음의 2차원으로 돌아가는 이상, 계산에는 아무 문제가 없는 것이다.

지 조각인 것이다. 보손 끈 이론에서 끈들은 닫힌 형태나 열린 형태를 띨 수 있으며, 방향을 가질 수도 있고 가지지 않을 수도 있다. 그리고 그 성질과 진동 방식에 따라서 우리에게는 이런저런 보손으로 보이게 된다.

보손 끈 이론은 일부 학자들이 끈 이론에 가졌던 관심을 다시 불러일으켰지만, 많은 문제들을 안고 있었다. 우선 이 이론은 보손만 설명할 뿐, 페르미온 계열(양성자와 중성자를 이루는 쿼크와 전자처럼 물질을 구성한다는 점에서 중요한 입자들*)에 대해서는 설명을 하지 못한다. 게다가 더 문제가 되는 것은, 방정식에 복소수를 사용함으로써 허수의 질량을 가진 끈의 존재를 예측하고 있다는 점이다.

허수 질량이라는 부분은 예감이 좋지 않다. 1960년대에 제안되었다가 전 세계 물리학자들의 반박을 불러온 이론을 생각나게 하기 때문이다.

156. 타키온

1967년, 공상과학소설 작가이기도 한 미국의 물리학자 제럴드 파인버그는 어떤 양자장의 양자가 허수 질량을 가지는 경우를 생각했다. 그렇다면 이 가설상의(정말로 가설상의) 입자는 언제나 빛보다 더 빠른 속도로 이동하게 된다. 실수 질량을 가진 입자에게 빛의 속도가 그 위로는 올라갈

---

* 75쪽 참조.

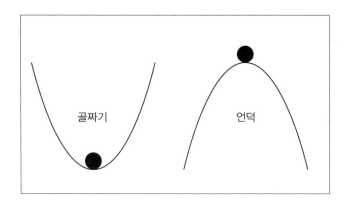

골짜기

언덕

수 없는 한계라면, 허수 질량을 가진 입자에게 빛의 속도는 그 아래로는 내려갈 수 없는 한계인 것이다. 파인버그는 그 입자가 빠르다는 의미에서 타키온(tachyon)이라고 명명했다.* 여기서 정확히 할 점은 파인버그의 이론이 빛보다 빠른 정보의 전달을 허용하는 것은 아니며, 인과법칙을 위반하지도 않는다는 것이다. 조금 이상하기는 해도 어쨌든 물리법칙 전체를 문제 삼는 이론은 아니라는 말이다. 그러나 파인버그의 이론이 안고 있는 문제는 그 이론대로는 빛보다 빠른 속도가 불가능하다는 데에 있다. 이론에서 말하는 허수 질량이 불안정성을 유발하고, 이 불안정성 때문에 타키온은 보다 고전적인 입자의 상태로 바로 붕괴하기 때문이다.

이해를 돕기 위해서 언덕과 골짜기의 비유로 설명을 해보자. 여러분이 골짜기 바닥에 구슬을 하나 놓아둘 경우, 구슬은 안정된 상태에 놓인다. 구슬을 오른쪽이나 왼쪽으로 약간 밀어도 저절로 처음 위치로 돌아가고 말이다. 그런데 여러분이 구슬을 언덕 꼭대기에 겨우 균형을 잡아서 놓았다고 해보자. 이때 구슬은 약간만 건드려도 오른쪽이나 왼쪽으로 굴러떨어지고, 저절로 처음 위치로 돌아가는 일도 없다. 언덕 꼭대기에서 구슬은

* 그리스어로 "빠르다"를 뜻하는 "타쿠스($\tau\alpha\chi\acute{\upsilon}\varsigma$)"에서 따왔다.

불안정한 균형 상태에 있는 것이다.

따라서 타키온 장(場)의 들뜸이 타키온의 존재를 알려주자마자(힉스 장의 들뜸이 힉스 보손의 존재를 알려주는 것과 마찬가지로) 계가 불안정해져서 타키온 장의 잠재적 에너지가 최솟값으로 떨어지며, 이 순간에 입자는 허수 질량이 아니라 가령 힉스 보손 같은 "정상적인" 질량의 입자로 관찰된다. 어쨌든 파인버그는 그 같은 초광속 입자에 대한 발상을 공상과학소설의 소재로 활용했고, 텔레파시나 염력 같은 심령 현상들도 그 입자를 통해서 설명할 수 있을 것이라는 생각까지 내놓았다.

오늘날 타키온 장은 허수 질량의 개념과 함께 입자물리학에서 여전히 흥미로운(특히 타키온 장의 잠재적 에너지가 떨어지는 응축 현상과 관련해서) 연구 주제로 남아 있다.

157. 차원의 문제

그럼 다시 하던 이야기로 돌아오자. 슈워츠와 셰르크는 보손에만 적용되는 끈 이론을 내놓았는데, 이 이론은 앞에서 말한 대로 몇 가지 문제를 안고 있었다. 게다가 아직 말하지 않은 문제도 하나 더 있다. 이 이론이 작동하려면 끈들이 자리하는 공간적 차원이 추가적으로 많이 필요하다는 것이다. 이는 수학적으로는 특별한 문제가 되지 않는다고 하더라도 물리적 해석의 문제를 제기한다. 그 같은 추가적인 공간의 차원들이 어디에 있단 말인가? 현실적으로 존재할 수는 있을까?

학자들은 그 같은 차원들이 우리가 지각할 수 없는 크기로 말려 있다(rolled up)고 말한다(삽입 글 참조). 이 말이 무슨 뜻인지 이해하기 위해서

테오도어 칼루차와 오스카르 클레인

테오도어 칼루차는 1885년에 태어난 독일의 수학자이자 물리학자이다(1910년에 태어난 같은 이름의 인물은 그의 아들이다). 그는 1919년 4월, 아인슈타인에게 편지를 써서 자신이 연구한 내용을 알렸다. 아인슈타인이 중력이 힘이 아니라 시공간의 속성임을 증명한 방식을 고려했을 때, 전자기력도 시공간의 속성이어야 한다는 사실을 증명하려는 연구였다. 그런데 전자기력은 공간에도 시간에도 직접 영향을 미치지 않기 때문에 칼루차는 네 번째 공간적 차원에 해당하는 다섯 번째 차원이 전자기력을 지닌다고 가정했다. 일반상대성 이론을 5차원으로 확대해서 그중 네 차원에는 시공간에 대한 아인슈타인의 일반상대성 이론을 대응시키고, 나머지 다섯 번째 차원에는 맥스웰의 전자기 이론을 대응시킨 것이다. 칼루차의 연구는 중력과 전자기력을 통합하려는 것으로, 통일장 이론(unified theory of field)을 위한 최초의 시도라고 볼 수 있다. 아인슈타인은 칼루차에게 "아름답고 대담한 견해에 깊은 존경을 표합니다"라는 내용의 답장을 보냈고, 아인슈타인의 추천으로 칼루차의 논문은 1921년에 프로이센 과학 아카데미 학회지에 실렸다. 그러나 당시는 양자역학이 한창 흥하던 시기였다. 그리고 칼루차의 연구는 가설적인 성격이 컸기 때문에 학계의 관심을 거의 끌지 못했다. 아인슈타인은 이렇게 말했지만 말이다.

> 칼루차의 생각이 유효한지 아닌지 지금으로서는 말할 수 없지만, 그의 천재성은 인정해야 한다.

칼루차와 생각을 같이하는 사람들도 물론 있었다. 1910년대 말에 닐스 보어의 지도하에서 박사 학위를 취득한 스웨덴의 물리학자 오스카르 클레인이 그 주인공이다. 클레인은 추가적인 차원들이 물리학적으로 존재할 수 있다고 보았다. 다만 그 차원들은 우리의 지각 능력을 벗어난 크기로 접히거나 말려 있어서 우리 눈에 보이지 않을 뿐이라는 것이다.

그렇게 해서 클레인은 칼루차의 이론을 칼루차-클레인 이론(혹은 줄여서 KK

---

* "Ich habe grossen Respekt vor der Schönheit und Kühnheit Ihres Gedankens."

이론[*])으로 확대했다. 이 이론에서 칼루차가 예측한 다섯 번째 차원은 "고전적인" 공간 곳곳에 말려 있는 것으로 설명된다. 그리고 그 크기는 플랑크 길이에 가까운 10^{-33}미터, 즉 1미터의 10억 분의 1의 10억 분의 1의 10억 분의 1의 100만 분의 1 정도밖에 되지 않는다. 그래서 우리의 눈에는 보이지 않는 것이다.

연줄(그러니까 연을 날릴 때 쓰는 끈)을 가지고 설명해보자.[**] 여러분은 지금 연줄을 80미터까지 풀 수 있는 연을 가지고 있다. 이때 여러분이 친구에게 시켜서 그 연줄의 특정 위치에 펜으로 표시를 하게 한다면, 친구는 한 가지 정보(예를 들면, 연에서 5미터 떨어진 지점)만 알면 그 표시를 할 수 있을 것이다. 연줄이 길이라는 한 가지 차원만을 가진다는 말이다. 그런데 갑자기 여러분이 진드기 같은 벌레 한 마리보다 작은 크기가 되었다고 해보자. 그러면 여러분 눈에는 연줄의 두께가 분명하게 들어올 것이고, 연에서부터 가까워지거나 멀어지는 것 외에 연줄 주위를 도는 행동도 할 수 있을 것이다. 사실 연줄은 길이라는 차원뿐만 아니라 두께라는 차원도 가지기 때문이다. 연줄에서 두께의 차원은 길이의 차원에 비해서 크기가 작아서 지각하기 힘들 뿐인 것이다. 끈 이론의 경우도 이와 비슷하되, 현상의 크기는 훨씬 더 작아진다. 쿼크 하나의 크기가 태양계만큼 된다고 치면(쿼크는 양성자를 이루는 성분이고, 양성자는 원자보다 10만 배는 작다는 사실을 기억하시길), 추가적인 차원들의 크기는 몇 미터짜리 나무 한 그루 높이 정도밖에 되지 않는다.

---

[*] 이 별칭이 그 이론을 조롱하기 위해서 붙은 것인지 아닌지 확실히 말하기는 어렵지만, 일단 그렇지 않다는 것을 전제로 하자.
[**] 공기보다 무거운 비행체를 전문적으로는 "중항공기(aerodyne)"라고 부르는데, 연도 어떤 의미에서는 중항공기에 포함된다.

158. 우주 교향곡

이번 장의 내용은 아주 짧지만, 끈 이론을 이해하는 데에 매우 중요하기 때문에 따로 한 장을 할애했다. 끈 이론에 따르면, 양자역학에 근거해서 그 원칙들을 끈에 적용하면 끈이 취할 수 있는 여러 진동 형태를 추론할 수 있다. 게다가 그 각각의 형태를 어떤 하나의 입자와 그 입자의 질량 및 상호작용 방식에 연결 짓는 일도 가능하다. 기타 줄이 진동 방식에 따라서 다양한 음을 내는 것과 비슷하며, 따라서 끈 이론에서도 끈의 **음색**(note)이라는 표현을 쓴다. 그리고 그 음색의 전체 범위를 두고 **스펙트럼**이라고 말한다. 이론가들에 따르면 물질을 이루는 것이든 아니든 모든 입자는 특정 방식으로 진동하는 에너지 끈의 발현에 해당하며, 우리 우주는 끈들이 진동하면서 만들어내는 웅장한 교향곡과도 같다.

159. 초끈 이론의 제1차 혁명

끈 이론의 연구에서 주된 쟁점 중의 하나는 페르미온 계열의 입자를 이론에 통합할 수 있느냐 하는 것이었다. 앞에서 말했듯이 보손 끈 이론은 보손에만 적용되기 때문이다.

페르미온을 통합한 최초의 끈 이론은 초대칭 원리에 근거하며(그리고 이후 모든 끈 이론도 마찬가지이고), 그래서 초끈 이론(super-string theory)이라고 부른다. 1984년, 존 슈워츠와 영국의 이론물리학자 마이클 그린은 끈 이론의 수학적 모순이 초끈 이론에서도 해결될 수 없는지 알아보기로 했다. 문제의 모순은 게이지 대칭성에 관계된 모순이다. 실제로 양자장 이

초대칭(supersymmetry)

초대칭은 여러 이론에 적용할 수 있는 원리이다. 그래서 초대칭 원리가 적용되는 이론도 여러 가지가 존재한다. 그런데 초대칭 원리 자체와 이 원리가 적용된 이론들을 구분할 필요가 있다. 왜냐하면 그 이론들은 서로 다를 뿐만 아니라 때로는 모순되기도 하지만, 그렇다고 해서 초대칭 원리를 재검토해야 하는 것은 아니기 때문이다. 따라서 어떤 초대칭 이론이 붕괴한다고 해서 초대칭 원리가 붕괴하는 것은 아니다. 그러나 초대칭 원리 자체가 붕괴하면 이 원리가 적용된 모든 이론이 함께 붕괴한다.

초대칭 원리는 물질과 상호작용이 어느 정도는 같은 것이며, 물질과 상호작용 사이에는 수학적 관계가 존재한다는 사실에 근거한다. 원래는 순수하게 가설적인 원리이지만, 유효하다고 밝혀지면 현재 해결되지 않은 많은 문제들을 설명해줄 수 있기 때문에 전 세계의 많은 학자들이 이 원리를 입증하기 위해서 노력하고 있다. 끈 이론도 예외는 아니다. 초대칭 원리가 유효하다면 보손과 페르미온은 거의 구분되지 않는 방식으로 고려될 수 있으며, 그렇게 되면 페르미온을 보손 끈 이론에 자연스럽게 통합할 수 있다.

그런데 입자에 대한 초대칭 이론은 알려진 각 입자에 대해서 **초대칭 짝**(super-partner)이라고 불리는 대응 입자의 존재를 전제로 한다. 어떤 입자와 그 초대칭 짝에 해당하는 입자는 속성이 완전히 동일하되, 스핀이 1/2만큼 다르다는 것만 차이가 난다. 예를 들면, 스핀이 1/2인 쿼크의 경우에 스쿼크(squark)라고 불리는 그 초대칭 짝은 스핀이 0이다. 현재로서는 예측된 초대칭 짝 입자 가운데 실제로 발견된 것은 하나도 없다. 단 하나도. 그럼에도 학자들은 초대칭 원리를 계속 붙잡고 있다. 이 원리가 유효하다면 중력이 왜 그렇게 약한지에 대한 이유와 힉스 보손의 존재, 암흑 물질의 기원을 설명할 수 있기 때문이다.

론이 방정식에서 제기하는 주된 문제들 중의 하나는 양자역학 이론이 양자화된다는 데에 있다. 이 말은 어떤 "단계" 이하에서 물질이 더 이상 연속적인 성질을 띠지 않고, 일정하고 개별적인 값으로 표시된다는 뜻이다. 불

연속적인 값을 가지는 것이다. 슈워츠와 그린이 부딪힌 모순은 방정식이 양자화되었을 때, 게이지 대칭성 깨짐이 발생하는 것이었다. 그런데 두 사람은 초끈 이론에 따라서 방정식을 풀면 수학적 모순이 상쇄되면서 방정식마다 일관된 결과가 나온다는 것을 알게 되었다. 이는 적어도 초끈 이론은 일관성이 있으며, 따라서 중력과 양자역학을 통합하는 이론의 후보로 볼 수 있다는 말이었다. 그렇게 해서 초끈 이론은 과학계에서 많은 학자들이 관심을 기울이는 대상으로 떠올랐고, 모든 것에 대한 이론의 가능성을 높이면서 대중에게도 알려지게 되었다.

160. 초끈 이론의 제2차 혁명

많다고 좋은 것은 아니다

초끈 이론의 진짜 문제는 그런 이론이 하나가 아니라는 것이다. 실제로 초끈 이론은 최소 다섯 가지가 존재하며, 이 다섯 가지 이론은 하나하나가 다 유망해 보이지만, 또 각각이 서로 크게 다르다. 어떤 이론은 끈이 9차원으로 자리한다고 보는 반면, 또 어떤 이론은 26차원으로 자리한다고 보기 때문이다. 게다가 또 어떤 이론은 닫힌 끈의 존재만 허용하고, 또 어떤 이론은 열린 끈의 존재도 허용한다. 이 같은 난립은 이론의 종말을 부추길 수 있으며, 모든 것을 설명하는 이론을 그 어떤 것도 설명하지 못하는 이론으로 만들 우려가 있다.

에드워드 위튼

에드워드 위튼은 미국의 이론물리학자로서, 뉴저지 프린스턴 고등연구소(앞에서 말한 아인슈타인의 연구소*)의 수리물리학 교수이다. 초대칭 양자장 이론과 끈 이론, 양자중력 분야(요컨대 매우 수학적이면서 참으로 추상적인 물리학 분야들)의 전문가이며, 과학계에서는 "제2의 아인슈타인" 내지는 남들은 이해하지 못하는 것을 이해할 줄 아는 인물로 통한다. 수학 쪽으로도 워낙 뛰어나서 물리학자로서는 처음으로(그리고 현재까지 유일하게) 수학의 노벨상이라고 일컫는 필즈상을 수상했다.

사실 그 모든 것이 그렇게 놀랍게 생각할 일은 아니다(물론 내 "개인적인" 의견이다). 아인슈타인이 일반적인 과학계의 테두리 밖에 있었기 때문에 자신만의 이론을 세울 수 있었다면, 위튼은 물리학자들이 잘 하지 않는 수학적인 연구를 한 덕분에 매우 추상적인 물리적 개념들도 소화할 수 있었던 것이다. 충분히 명석한 사람이 자기 지식의 범위를 넓히면, 여러 분야를 접목시키면서 두각을 드러내기 마련이다. 내가 생각할 때 그 같은 인물의 가장 대표적인 사례는 마리 퀴리인 것 같다.

그러니까 내가 하고 싶은 말은, 천재성은 남들과는 뭔가 다른 길을 갈 때에 드러난다는 것이다(작곡가 라흐마니노프 이야기를 이 대목에서 하면 좋겠지만 주제에서 너무 벗어나니까 그냥 넘어가자……).

어쨌든 에드워드 위튼은 초끈 이론에 관심이 많았다(이후 내용에서는 초끈 이론과 끈 이론을 구분하지 않을 것이다. 실제로 그렇게 하는 경우가 많기 때문이다). 아니, 더 정확히는 끈 이론들에 관심이 많았다. 앞에서 말했듯이 끈 이론은 서로 다른 다섯 가지 버전이 있으니까 말이다. 그리고 이 다섯 버전은 모두가 일반상대성 이론과 입자물리학의 표준 모형을 통합하기 위한 속성을 가졌다. 따라서 문제는 어느 영화**에서처럼 마지막으

---

* 218쪽 참조.
** 「최후의 하이랜더」, 러셀 멀케이 감독, 1986년.

마리 퀴리와 방사능, 그리고 스캔들

마리아 살로메아 스크워도프스카 퀴리, 즉 마리 퀴리(1867–1934)는 폴란드 출신의 프랑스 물리학자이자 화학자이다. 폴란드에서 뛰어난 성적으로 학업을 마친 뒤(늘 전 과목에서 최고 점수를 받았다), 1891년에 파리 소르본 대학교 자연과학대학에 들어가서 물리학을 공부했다. 당시 약 800명의 학생 중에서 여학생은 27명이었는데, 퀴리는 그중 7명에 해당하는 유학생 중 1명이었다. 1893년에 물리학 학사 시험에 수석으로 합격했으며, 1년 뒤에는 수학 학사 시험에도 합격했다. 피에르 퀴리와 만난 뒤에 잠시 폴란드로 돌아갔다가 1895년에 결혼하면서 다시 파리로 왔고, 1896년에는 수학 교수 자격시험에 역시 수석으로 합격했다.

퀴리는 앙리 베크렐이 발견한 우라늄 방사의 성질을 이해하기 위해서 우라늄을 연구했다. 이 연구는 퀴리의 박사 논문 주제로서, 연구에서 퀴리는 우라늄 방사가 베크렐이 생각한 것처럼 화학 반응의 결과가 아니라 우라늄 원자 자체의 성질에 따른 것임을 알아냈다. 그리고 우라늄보다 방사성이 400배 강한 원소를 발견해서 폴로늄(polonium : 모국 폴란드에서 딴 명칭)이라고 명명했고, 또 우라늄보다 방사성이 900배 강한 원소를 발견하고 "라듐"(radium : 그리스어로 "빛"을 뜻하는 "radius"에서 딴 명칭)이라고 명명했다.

그런데 사실 퀴리는 연구 활동을 시작했을 때 수학 때문에 애를 먹었다(물론 수학을 아주 잘했지만). 그래서 수학 공부를 다시 했고, 우수한 성적으로 학위를 딴 뒤에 아무 일도 없었던 것처럼 다시 연구를 이어간 것이다.

노벨상 위원회에서 피에르 퀴리와 앙리 베크렐에게 방사성에 관한 연구로 노벨상을 주겠다고 했을 때, 피에르 퀴리는 마리 퀴리의 이름도 수상자 명단에 올릴 것을 강력하게 주장했다. 그렇게 해서 마리 퀴리는 여성으로는 처음으로 노벨상을 받았다.

피에르 퀴리가 죽고 5년이 지난 1911년, 마리 퀴리는 혼자서 솔베이 물리학회에 참석했다. 그런데 이후 스캔들이 터졌다. 마리 퀴리가 세상을 떠난 남편의 제자일 뿐만 아니라 유부남인 폴 랑주뱅과 연인 관계임이 드러난 것이다. 프랑스 국수주의자들은 퀴리를 "단란한 프랑스 가정을 파괴한 외국 여자"라며 비난을 퍼부었다. 그래서 노벨상 위원회에서 퀴리가 노벨 화학상을 받을 것임을 발표했을 때, 스반테 아레니우스는 퀴리에게 수상을 거절하라고 권고했다(아레니우스는 1903년에 노벨 화학상을 수상한 스웨덴의 화학자로, 노벨상 위원회 위원이었던 신분을 이용해서 자신과 사이가 좋지 않았던 멘델레예프가 노벨상을 받는 것을 방해한 일화로도 유명하다). 그러나 퀴리는 과학자로서의 연구 활동은 자신의 사생활 및 사생활에 대한 비방과는 아무 상관이 없다고 판단했다. 따라서 당당히 스톡홀름으로 가서 노벨상을 받았고, 남녀를 떠나 역사상 처음으로(그리고 지금까지도 유일하게) 노벨 물리학상과 화학상을 동시에 받는 영광을 누렸다.

마리 퀴리는 프랑스 국립 묘지 팡테옹에 여성으로는 유일하게 묻힌 인물이기도 하다.

로 단 하나만 남기는 것이었다.

M이론(M-theory)

1995년, 위튼은 서던캘리포니아 대학교에서 열린 끈 이론 강연에서 자신이 생각한 해결책을 발표했다. 그는 빈말을 하는 사람이 아니었고, 따라서 그가 해결책이 있다고 말했다면 정말 있는 것이었다. 위튼에 따르면, 다섯 이론들은 모두 유효하다. 이론들 사이의 차이처럼 보이는 것은 어디까지나 수학적 관점에서의 차이에 지나지 않는다는 설명이다. 위튼은 하나의 이론에서 그 다섯 이론을 끌어낼 수 있다고 보았고, 그 새로운 이론을 M이론*이라고 명명했다. 이때 위튼이 특히 근거로 삼은 것은 몇 년 전에 나온 **최대 초중력 이론**이다.

---

* 이론의 명칭에 대해서는 위튼의 "W"를 뒤집은 "M"이라고 생각하는 사람들도 있고, "Magic", "Mystery", "Membrane" 등의 머리글자라고 하는 사람들도 있다. 위튼 자신은 "Magic"의 M으로 생각해서 썼다고 말했다(*L'univers élégant*, Brian Greene, PBS, 2006).

최대 초중력 이론(maximal supergravity theory)

초중력 이론은 일반상대성 이론에 초대칭 원리를 도입한 이론으로서, 최대 초중력 이론은 주어진 차원에서 최대의 초대칭을 가지는 중력 이론을 말한다. 1978년에 프랑스의 외젠 크레메르와 베르나르 쥘리아, 조엘 셰르크가 증명한 바에 따르면, 이 같은 이론을 적용할 수 있는 최대 차원은 11차원이다. 11차원에 대한 최대 초중력 이론은 단 하나만 존재하며, 11차원 미만의 이론들은 11차원 이론의 **축소화**로 표현될 수 있다.

축소화(compactification)

축소화는 어떤 이론의 차원의 수를 줄이는 과정이다. 유한한 성질의 추가적인 차원들을 무한한 시공간의 차원 안에서 축소화시키는 것이다. 예를 들면 M이론에서 차원은 우리가 보통 시공간이라고 부르는 4차원에 더해 7차원이 말려 있는 상태로 추가되어 있고, 다섯 가지 끈 이론 중 하나인 IIA형 끈 이론에서 차원은 역시 4차원에 더해 6차원이 말려 있는 상태로 추가되어 있다. 위튼에 따르면 10차원의 시공간을 가진 IIA형 끈 이론은 M이론의 축소화에 해당한다.

최대 초중력 이론에 대해서는 삽입 글로 간단하게만 알아보는 것이 좋겠다. 이 이론에서 말하는 축소화의 개념도 마찬가지이다.

그렇다면 M이론은 여러 후보 이론들을 통합하는 것 외에 무엇을 알려주고 있을까? 우선, M이론은 에너지가 낮은 상황에서는 11차원의 초중력 이론과 구별되지 않는다. 그리고 M이론의 예측에 따르면, 끈들은 열려 있거나 닫힌 상태로만 존재할 수 있는 것이 아니라 여러 차원에 걸쳐질 수도 있다. 그래서 등장하는 개념이 **브레인**(brane)이다.

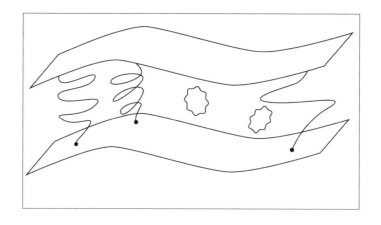

161. 브레인

M이론의 주요 예측들 가운데 하나는 그전까지 검토되어온 끈보다 더 복잡한 물체인 브레인의 존재이다. 브레인은 공간적 차원을 가지지 않을 수도 있고(점), 1차원일 수도 있으며(보통의 끈), 2차원일 수도 있고(면 혹은 막*), 그 이상의 차원일 수도 있다. 게다가 브레인의 크기는 우주 전체를 덮을 정도까지 늘어날 수 있다고 설명된다. 1차원으로 된 보통의 끈(혹은 1-브레인)이 열린 상태에 있을 때, 그 양끝은 상위 차원의 브레인에 연결되어 있다.

　여기서부터 끈 이론은 점점 더 추상적이 되어가며, 가설의 성격도 점점 더 커진다. 따라서 끈 이론에 대한 우리의 "이론적" 접근은 여기서 멈추는 것이 좋을 듯하다. 그럼 이 모든 내용이 현재까지는 입증되지 않은 순수한 가설에 속한다는 점을 염두에 두고, 일부 과학자들이 끈 이론에서 얻고자 하는 것이 무엇인지만 조금 더 알아보기로 하자.

---

* brane이라는 용어는 membrane(막)에서 나왔다.

162. 인류 원리[*]

인류 원리(anthropic principle)란 우리가 우주를 관찰할 수 있다는 사실에 미루어, 우주는 우리 같은 관찰자의 존재를 가능하게 해주는 특성을 가졌다고 보는 원리이다. 다시 말해서 인류라는 존재 자체가 우주의 특성을 설명한다는 뜻이다.

당연한 말처럼 보이기는 하지만 흥미로운 측면도 있다. 실제로 인류의 출현에 필요한 일련의 조건들이 곧 우주를 설명해주기 때문이다. 원자들이 존재했고, 그래서 그 응집으로 항성과 행성이 만들어졌고, 그래서 항성 내에서 열핵융합이 일어났고, 그래서 무거운 원소들이 만들어지는 한편 행성들의 온도를 높이기에 충분한 에너지가 생성되었고, 그래서 목성과 토성이 존재하게 되었고, 그래서 태양계의 역사가 진행되는 동안 목성과 토성이 막아주지 않았으면 지구에 떨어졌을 운석들이 지구에 떨어지지 않았고, 그래서 지구에 생명체가 출현하게 되었고 등등.

그 모든 조건들을 고려하면 두 가지 결론이 나온다. 우선, 생명체가 지구에서 번성할 수 있기까지는 굉장히 많은 요행이 필요했다는 것이 첫 번째 결론이다. 그런데 사실 우주에는 너무나 많은 은하들이 존재하고, 그 각각의 은하에는 또 너무나 많은 항성들이 존재한다. 따라서 그런 요행이 일어날 확률도 얼마든지 존재한다고 볼 수 있다(52장짜리 카드 한 벌에서 나오는 경우의 수만 해도 얼마나 많은지 기억하는가?[**]).

어쨌든 그래서 현재 우주에서 우리의 존재는 적절한 크기의 항성과 적

---

[*] 인류 원리를 뜻하는 "anthropic principle"에서 "anthropic"은 인류와 관계된 것임을 의미하는 단어이다. 엔트로피의 "entropic"과 혼동하지 마시길.
[**] 126쪽 참조.

절한 양의 이런저런 원소들의 만남에 따른 우연의 산물에 지나지 않는다. 물론 그 우연들의 만남이 마침 바로 이곳에서 이루어졌다는 사실이 놀랍게 생각될 수도 있지만, 만약 그 우연들의 만남이 다른 곳에서 이루어졌다면 우리는 우리가 그 다른 곳에서 출현하게 된 것을 또 놀라워하고 있을 것이다. 자기 부모님이 "마침" 자신의 가족이라는 사실에 놀라워하는 사람처럼!

그다음, 두 번째 결론은 우리가 아는 대로의 우주에 대해서 의문을 제기한다는 점에서 좀더 까다롭다. 우리가 이해하는 대로의 우주의 법칙들은 한편으로는 일련의 물리법칙에 근거하지만, 또 한편으로는 아주 자세하게 정의된 약 20개의 상수에 근거를 두고 있다. 중력 상수, 전자의 전하, 빛의 속도, 미세구조 상수(전자기적 상호작용의 세기를 나타내는 상수) 같은 것들 말이다.

그런데 가령 전자기력이 만약 지금보다 아주 조금 더 강했다면, 양성자들이 서로를 밀어내는 힘이 양성자들을 묶어놓는 강한 상호작용보다 컸을 것이다. 그러면 원자핵이 만들어지는 일은 없었을 것이고, 전자와 양성자가 중성자를 이루는 일도 없는 등의 결과가 일어났을 것이다. 우리가 아는 대로의 물질은 존재하지 않았을 것이라는 뜻이다. 그리고 우주의 기본 상호작용 가운데 가장 약한(그것도 현저하게 약한) 중력이 만약 지금보다 아주 조금 더 약했다면, 물질이 응집해서 항성과 행성 등이 만들어지는 일은 없었을 것이다. 중력이 지금보다 아주 조금 더 약하기는 하되 응집이 일어날 수 있을 정도만 되었다면, 행성의 중심에서 열핵융합 과정이 시작되지는 않았을 것이고 말이다. 또한 반대로 중력이 지금보다 강했다면, 행성계와 은하 등은 만들어지지 않았을 것이다.

그러니까 요점은, 우주를 지배하는 약 20개의 싱수는 우주가 우리가 이는 모습대로 존재하는 데에 꼭 맞는 값을 가지고 있다는 것이다. 그래서 지금 이 내용이 끈 이론과 무슨 상관이냐고?

163. 다중 우주론

다중 우주론(multiverse theory), 즉 우리가 살고 있는 우주 외에도 다소 평행적인 성질을 가진 다수의 다른 우주가 존재한다고 보는 이론들이 많이 있다. 그런 가설들 중에서 어떤 것들은 "그렇게 가정해보자"는 발상 말고는 아무 근거가 없으며("우리가 동전 던지기를 할 때마다 두 개의 평행 우주가 생겨난다고 상상해보면 흥미로울 것이다. 앞면이 나왔을 때의 우주와 뒷면이 나왔을 때의 우주가 따로 존재한다고 말이다"), 보통은 단지 상상력을 자극하는 것을 목적으로 한다. 그리고 또 어떤 가설들은 우리로서는 이해할 수 없는 현상에 설명을 부여하려는 의도에 근거하며("우리가 어떤 입자를 관찰하는 순간 파속이 붕괴되면서 입자는 하나의 위치를 가지게 되며, 이때 위치는 확률의 지배를 받는 임의적인 방식으로 정해진다. 그렇다면 우주의 입자 각각에 대해서 각각의 관찰로 정해질 수 있는 위치들만큼의 우주가 존재하는 것은 아닐까?"), 이런 경우 헤아릴 수 없이 많은 새로운 우주들이 순식간에 탄생하는 것이 일반적이다(이 자체로는 문제가 되지 않는다. 무한대의 개념이 그래서 있는 것이니까). 물리학자이자 수학자인 휴 에버렛의 가설이 그중 하나로, 에버렛은 입자의 결어긋남(decoherence)이 일어날 때마다 우주가 서로 다른 갈래로 나누어진다고 보았다.

그런데 또 어떤 가설들은 보다 근본적이고 현실적으로 문제에 접근한다. 예를 들면, 앞에서 이야기했던 우주의 기본 상수들이 "결정되어 있던" 것이 아니라 "미세 조정된" 것이라고 보는 식이다. 그러나 그 상수들이 우연히 그렇게 적절하게 미세 조정될 확률은 터무니없이 작아서 계산할 수가 없을 것이다. 아니, 사실은 계산할 수 있을 것이다. 베트남 출신의 미국 천체물리학자 트린 주안 투안이 실제로 그 계산을 했다. 투안의 계산에 따르면, 그 상수들이 우연히 그렇게 미세 조정될 확률은 궁수가 활을 쏴서 우주의 끝에 있는 1미터 크기의 과녁을 맞힐 확률 정도 된다. 그러니까 약 10^{60}분의 1의 확률, 즉 10억 분의 1의 10억 분의 1의 10억 분의 1의 10억 분의 1의 10억 분의 1의 10억 분의 1의 100만 분의 1의 확률이라는 말이다.

과학자들이 "창조 원리"라고 부르기를 선호하는 "지적 설계(intelligent design)"라는 개념도 있다. 빅뱅 초기에 일어난 현상들과 그 원인을 설명할 수 없을 때 이 원리는 그럴듯한 가설로 남는다. 특히 트린 주안 투안 같은 사람들에게 이 가설은 수많은 평행 우주에 대한 가설보다 더 간단하며,[*] 따라서 더 수긍할 만한 것으로 간주되고 있다.

그러나 러시아의 물리학자 안드레이 린데 같은 이들은 오히려 다중 우주의 가설이 가장 간단하다고 본다. 실제로 우리 우주에서 지구에 생명체가 나타나기까지 수많은 우연의 일치가 필요했던 것과 마찬가지로, 우리 우주가 무수히 많은 다른 우주들 가운데 존재하기까지도 수많은 우연의 일치가 필요했을 수 있다.

특히 각기 임의적인 방식으로 조정되는 평행 우주(parallel world : 동일한 차원의 우주/역주)가 최소 10^{60}개 존재한다고 가정하면, 우리 우주가 존재하기 위해서 필요한 10^{60}분의 1이라는 확률도 터무니없는 값은 아니다. 이

---

[*] *Le monde s'est-il créé tout seul?*, Trinh Xuan Thuan et al., 2000, Éd. Albin Michel.

처럼 임의적으로 조정되는 무수한 우주가 존재한다고 보는 이론을 두고 **거품 우주론**(bubble universe theory)이라고 한다.

거품 우주론은 끈 이론과도 관계가 있다. 끈 이론에 거품 우주를 적용하면 인류 원리의 문제 외에도 많은 문제들을 해결할 수 있기 때문이다. 우주 전체가 하나의 브레인 위에 존재하고, 이 브레인은 다른 평행 우주의 브레인들과 전체적으로 한 권의 책 같은 것을 이루고 있다는 개념이다. **벌크**(bulk)가 바로 그 책을 가리키는 명칭이다. 그런데 여기서 주의할 점은 이 이론의 테두리 안에서는 우리가 아는 고전적인 공간의 세 차원과는 다른 공간 차원을 적어도 하나는 가정해야 한다는 것이다. 이 공간 차원은 접혀 있지 않으며, 벌크의 여러 "면"을 가로지를 수 있는 성질을 가진 것으로 설명된다.

중력이 약한 이유

앞에서 말했듯이 중력의 세기는 다른 세 상호작용들에 비해서 아주 약하다. 가령 전자기력에 비하면 10억 배의 10억 배의 10억 배의 10억 배의 10배 약하다. 그리고 그 같은 세기 차이를 정당화해줄 수 있는 것은 아무 것도 없다. 그런데 일부 끈 이론자들은 중력이 우주의 네 가지 기본 상호작용 가운데 유일하게 다중 우주의 브레인을 "가로지를 수 있는" 성질을 가지고 있고, 그래서 그 힘이 여러 우주에 퍼져 있다고 설명한다. 중력의 세기는 원래는 아주 크지만, 여러 브레인에 걸쳐 분포되어 있기 때문에 약하게 나타난다는 것이다. 물론 이 가설은 아무 근거가 없다고 볼 수 있지만(가설을 뒷받침하는 방정식은 있다), 적어도 한 가지 장점은 인정해야 한다. 이 가설이 맞는다면, 이론적으로 평행 우주들과 상호작용까지는 아니더라도 최소한 그 존재를 관찰할 수는 있다. 중력을 통해서 관찰하면 되니까 말이다. 참고로 끈 이론의 다른 가설들은 어떤 실험으로 입증하기가 불가능하며, 따라서 순수하게 사변적인 성질을 띤다.

대충돌

끈 이론에 따른 또다른 가설은 여러 우주가 위치해 있는 평행한 브레인들이 간혹 서로 충돌할 수 있으며, 그 같은 충돌이 일어날 때 어느 순간 한 점에서 천문학적인 양의 에너지가 방출된다고 말한다. 만약 이 가설이 사실이라면 빅뱅의 기원은 간단히 설명이 되는 것이다. 그러나 이 가설대로라면 빅뱅은 모든 우주에서 일어나고 되풀이될 수 있는 평범한 사건이 된다.

인류 원리적 우주 풍경

레너드 서스킨드는 2003년에 다음과 같은 생각을 내놓았다. 끈 이론이 맞는다면, 그래서 우리 우주가 고전적인 3차원 공간 외에도 IIA형 끈 이론에서 말하는 말려 있는 상태의 6차원을 가지고 있다면, 그 6차원은 어떤 식으로 접혀 있을까? 방정식에 따르면, 그 차원들의 축소화는 이른바 "칼라비-야우 다양체(Calabi-Yau manifold)"(이 다양체의 존재를 예측한 이탈리아 출신의 미국 수학자 에우제니오 칼라비와 그 존재를 증명한 중국 출신의 미국 수학자 야우싱통의 이름을 딴 것이다)에 일치하는 방식으로 이루어진다. 그런데 문제는 칼라비-야우 다양체가 아주 많이 존재한다는 것이다.

문제의 6차원이 자체적으로 접히는 방식만 따지면 별것 아닐 수도 있다. 그러나 차원들이 서로 접히는 방식을 따지면 경우의 수가 엄청나게 많아진다. 어떤 계산에 따르면 그 방식은 약 10^{500}가지가 있을 수 있으며, 그 가운데 우리가 아는 입자들의 출현이 가능한 이런저런 경우를 찾아내는 문제는 몹시 복잡해서 모든 경우의 수를 일일이 확인하는 방법 말고는 답을 구할 수 있는지조차 확신할 수 없다(이러한 문제를 두고 NP-완전 문제 [NP-complete problem]라고 부른다). 서스킨드는 그 차원들이 접히는 모든 이론적 방식이 그 수만큼의 가능한 우주로 존재한다고 가정했고, 그런 우주들의 모습을 두고 **인류 원리적 우주 풍경** 내지는 **끈 이론적 우주 풍경**이라고 불렀다.

164. 결론

초끈 이론은 실제로 장래가 아주 유망한 이론이다. 기본 상호작용들을 통합할 수 있는 이론의 유력한 후보이자, 모든 것에 대한 이론의 유력한 후보가 될 수 있기 때문이다. 현재까지는 초끈 이론이 가장 유력한 후보이기도 하다.

그러나 끈 이론은 수학적 방정식 말고는 아무 근거가 없다는 이유로 비판을 받을 때가 많다(정당한 비판이다). 실험으로 검증 가능한 예측은 아직 내놓지 못하고 있으며, 그래서 수학적 관점에서는 아주 훌륭하고 우아한 이론이기는 하나 그 물리적 실재는 현재로서는 믿음의 영역에 속할 뿐이다. 그런데 이 사실을 그렇게까지 비관적으로만 볼 일은 아닐 것이다. 일반상대성 이론도 지금은 매우 유용하게 활용되고 있지만, 처음 나왔을 때는 수학 방정식과 아인슈타인의 확신 외에는 근거가 없었기 때문이다. 그 이론의 예측들이 실험적으로 확인되자(수성의 근일점 이동, 중력 렌즈 현상, 중력파 등) 인정을 받을 수 있었던 것이다.

루프 양자중력 이론(loop quantum gravity theory)은?

모든 것에 대한 이론의 후보로 거론되는 것들 중에는 루프 양자중력 이론이라는 것도 있다. 앞에서 말했듯이, 중력을 제외한 나머지 세 가지의 기본 상호작용에 대해서는 섭동 이론(攝動理論, perturbation theory)을 적용하면 그 상호작용들에 대한 이론적 모형을 정확하게 세울 수 있다. 물론 근사적인 방식으로 말이다. 섭동 이론의 원리 자체가 매우 복잡한 수학적 문제를 근사법을 이용하여 단순화해서 풀기 쉽게 만드는 것이기 때문이다. 그러나 양자중력의 이론적 모형화는 그 같은 종류의 근사법을 허용하지 않으며, 언제나 무한대의 결과를 가리키는 것으로 끝이 난다.

루프 양자중력 이론의 발상은, 양자중력의 이론적 모형을 근사적 방식으로 세우는 일이 불가능하다면 정확히 세워야 한다는 것이다. 물론 이 과정은 수학적으로 말도 못하게 복잡하며, 그래서 "우연하게" 답을 찾는 경우가 아니면 답에 이를 수 있을지조차 의심스럽다고 보는 사람들도 있다. 그렇지만 만약 양자중력의 이론적 모형화가 성공한다면, 입자물리학의 표준 모형이 완전해지면서 우주의 네 가지 기본 상호작용 모두를 양자역학적 차원에서 기술할 수 있게 된다. 그런데 루프 양자중력 이론은 현재로서는 중력을 제외한 다른 상호작용들은 고려하지 않고 있으며, 따라서 모든 것에 대한 이론의 후보라고는 볼 수 없다. 문제의 모형화가 성공한다면 입자물리학의 표준 모형에 근거를 둔 모든 것에 대한 이론에 크게 기여는 하겠지만 말이다.

끈 이론이 실험적으로 유효화되거나 무효화될 수 있는 무엇인가에 대한 예측을 언젠가 내놓는다면, 그때는 문제의 갈피를 잡을 수 있을 것이다. 그러나 일단 그전까지는 사변적인 이론에 머무른다. 사실상 반증 가능성은 없으나 사변적인 다른 이론들, 특히 우리가 컴퓨터 시뮬레이션 속에서 살고 있다고 말하는 이론들처럼 말이다.

과학적인 이론이라면 언젠가는 실재 세계와 마주해야 하는 법이다.

우리는 컴퓨터 시뮬레이션 속에서 살고 있을까?

모의실험 가설은 1999년에 나온 영화 「매트릭스」와 이후 2003년에 스웨덴의 철학자 닉 보스트롬의 책을 통해서 인기를 얻게 된 발상이다. 반증 가능성이 없는 이론에 속하는 것으로, 공상과학소설을 쓰기에는 아주 좋은 소재이지만(반증할 수가 없으니까) 과학과는 별 상관이 없다. 어쨌든 우리가 컴퓨터 시뮬레이션 속에서 살고 있다고 보면 우주의 모든 신비가 해결되는 장점은 있다.

우주 상수들은 어떻게 그렇게 미세하게 조정되어 있을까? 프로그램의 매개변수들이니까!

암흑 에너지와 암흑 물질은 무엇일까? 컴퓨터의 알고리즘!

블랙홀은 무엇일까? 버그!*

이런 이론들은 철학적이거나 형이상학적인 관점에서 흥미롭기는 하나, 과학적인 이론은 아니다. 다른 유명한 예들도 많이 있다.

• 하룻밤 사이에 우주에 있는 모든 것의 크기가 한순간 두 배가 되었고, 움직이는 모든 것의 속도가 저절로 두 배가 되었다.

• 우주는 여러분이 태어나기 전에는 존재하지 않았고, 여러분의 죽음과 함께 사라진다.

• 우주와 우주에 존재하는 모든 것, 우주에서 살고 있는 모든 것은 여러분의 뇌 속에서만 존재한다.

---

* 예외 처리 기능으로 보는 것이 더 적절하지만 간단하게 버그라고 하자.

에필로그

끝이지만 끝이 아닌

여러분도 짐작하겠지만 내 삶은 2013년부터 크게 바뀌었다. 몇몇 측면에서 볼 때 지금 내 삶은 아주 복잡하다. 그러나 세상 그 어떤 것을 준다고해도 "생각 좀 해봅시다(e-penser)"가 내게 가져다준 것과 바꾸지는 않을 것이다. 최근 몇 년간 나는 유튜브 채널(다들 구독하고 있겠지?)과 이제완간된 이 책(그렇다, 제3권은 나오지 않을 것이다)을 통해서뿐만이 아니라 그 바깥세상에서도 많은 사람들을 만나는 기쁨을 누려왔다, 이 만남들은 아쉽게도 대개는 아주 짧았지만, 만남 하나하나가 내게는 의미가 있었다. 솔직히 말해서 사람들이 카메라 앞에 설 때는 명예나 인기, 돈까지는 바라지 않더라도 최소한 인정을 받고 싶은 마음은 품게 되는 것 같다.

나는 그런 인정을 내 동료들과 내가 정말 존경하는 사람들(이 책 제1권과 2권의 서문을 써준 두 분을 포함해서)에게 받는 것도 물론 기쁘지만, 무엇보다도 여러분에게서 받는 것이 정말 기쁘다. 정확히 누구인지는 모르지만 일반적인 독자 여러분, 내가 지금 이 대목을 잠옷 바람으로 쓰면서 '됐어, 이제 거의 끝났어, 원고를 제때 넘길 수 있겠어, 출판사 담당자가 좋아할 거야'라고 생각하고 있다는 것을 눈치챘을 여러분 말이다.

나는 내가 어느 정도의 성공을 거두든 간에 일단은 내가 잘하는 것이 중요하다고 확신한다. 내가 잘났다는 말이 아니라 그만큼 신중해야 한다는 뜻이다. 그러나 지금 내 성공은 무엇보다도 내 말을 들어주고 읽어주는 사람들 덕분이라는 것을 인정하지 않을 수 없다. 수차례 말해왔지만, 나는 과학자가 아니라 단지 과학을 좋아하는 사람일 뿐이다. 클래식을 좋아하는 사람도 있고 댄스 음악이나 헤비메탈을 좋아하는 사람도 있듯이, 나는 과학을 좋아한다. 따라서 과학에 대한 애정을 여러분 중 단 한 명하고라도 나눌 수 있었다면, 내 개인적인 만족 이상의 것을 이룬 셈이다. 나를 통해서 여러분이 과학은 어떤 주제든 수학적 지식이나 완벽한 이해 없이도 관심을 가질 수 있음을 알게 되었으면 좋겠다. 또한 무엇보다도 호기심은 창피하게 생각할 결점이 아니라 인류의 가장 위대한 능력이라는 것을 알게 되었으면 좋겠다.

호기심을 잃지 말기를, 그리고 생각하는 시간을 꼭 가지기를 바란다.

역자 후기

이제 와서 하는 말이지만, 사실 저자는 이 책 제1권에서 제2권에 대한 예고를 간간이 했었다. 몇몇 주제와 인물에 관한 이야기를 "제2권에서" 또는 "나중에" 하겠다는 식으로 말이다. 하지만 그때 나는 그 예고를 저자가 한 말 그대로 옮기지 않고, "다음에 기회가 되면" 내지는 "다음 기회에"라는 식으로 옮겼다. 제2권을 약속했더라도 그 약속을 지키지 못하는 일이 적지 않기 때문에, 그래서 제2권에 대한 언급이 공수표가 될지도 모른다고 생각했기 때문이다. 그런데 저자는 정말로 제2권을 내놓았다. 그것도 생각보다 훨씬 더 빠르게.

제2권이 나왔다는 소식을 들었을 때, 내 기분은 '기대 반 걱정 반'이었다. 독자로서는 기대가 되었지만 역자로서는 걱정스러웠던 까닭이다. 제2권에서 다루어질 것으로 예고된 주제가 무려 '양자역학'이지 않은가! 나 같은 '문과생'에게 양자역학은 말 그대로 '외계어'에 해당한다. 위키피디아 페이지든 포털 사이트의 백과사전에서든, 인터넷에서 양자역학 분야의 주제들을 검색했을 때 나오는 내용을 보면 분명히 우리말은 우리말인데 도무지 알아들을 수 없는 경우가 대부분이기 때문이다. 그래서 저자가 그 '외계어'를 어떻게 쉽게 풀어냈을지 기대가 되는 동시에, 정말 나 같은 사람도 알아들을 수 있는 말로 풀어냈을까 하는 의구심도 적잖이 들었다. 아무리 브뤼스 베나므랑이라고 해도 상대는 양자역학인데!

그러나 이번에도 저자는 '그 어려운 걸 또' 해냈나. 양자역학을 완벽하게 설명해냈다는 의미가 아니라, 양자역학 자체에 대한 거부감을 없애주었다는 의미에서 하는 말이다. 어려운 것이 맞다고, 그러니 이해가 안 되더라도 괜찮다면서 독자를 다독이고, 혹시라도 지루하거나 힘들까봐 사이사이 '보너스'로 숨을 돌리게 해주는 것도 잊지 않는다. 그렇게 가벼운 마음으로 저자를 천천히 따라가다 보면 글자만 봐도 겁이 나던 양자역학이라는 분야가 조금은 달라 보인다. 좀처럼 친해지기 힘들 것 같던, 어차피 나하고 별 상관없으니까 친해지지 않아도 된다고 생각한 그 분야가 어쩌면 꽤 흥미로운 세계인지도 모르겠다는 생각까지 드는 것이다. 물론 솔직히 말하면 이번 제2권의 내용은 제1권에 비하면 덜 '시원한' 편이다. 그리고 저자도 말했듯이 다 읽고 나도 양자역학에 관한 지식의 정도가 크게 나아지거나 하지는 않는다. 그러나 양자역학이라는 분야에 대한 막연한 두려움이나 선입관, 편견이 사라지는 것은 분명하다. 제1권에서 상대성 이론이 그랬듯이, 이제 양자역학도 더는 '딴 세상' 이야기로만 보이지는 않는다. 어려운 이론이라고 해서 더 이상 못 본 척 남의 일인 척할 수만은 없지 않은가? 우리가 사는 세상이, 우리 우주가 그렇게 돌아가고 있다는데 이 세상과 우주에 대한 우리 지식도 '업데이트'를 좀 해야 하지 않겠는가?

이 시리즈는 제2권으로 끝이라고 하니 아쉬운 마음이다. 하지만 저자는 또 흥미로운 과학 이야기를 들고 우리를 만나러 올 것이다. 그 좋아하는 과학의 재미를 더 많은 사람과 나누고 싶어서 좀이 쑤실 테니 말이다. 그때는 또 어떤 이야기를 어떤 식으로 들려줄지 기대가 된다. 저자 특유의 아재 개그도 함께.

역자 김성희

인명 색인

혹시 도움이 될까 해서 인명 색인을 만들면서 인물들의 간단한 정보를 정리했다(굵은 숫자는 삽입 글에 등장한다는 뜻이다).

학자, 화학자. 224

쥘리아(Bernard Julia, 1952–) : 프랑스 이론물리학자. **356**

찬드라세카르(Subrahmanyan Chandrasekhar, called Chandra, 1910–1995) : 인도 출신 미
국 천체물리학자, 수학자. 283–284, 286–288

채드윅(James Chadwick, 1891–1974) : 영국 물리학자. 288

카시미르(Hendrik Casimir, 1909–2000) : 네덜란드 물리학자. 205

칸트(Immanuel Kant, 1724–1804) : 독일 철학자. 33, 36

칼라비(Eugenio Calabi, 1923–) : 이탈리아 출신 미국 수학자. 363

칼루차(Theodor Kaluza, 1885–1954) : 독일 수학자, 물리학자. **348**

커(Roy Kerr, 1934–) : 뉴질랜드 수학자. 297

쿠시(Polykarp Kusch, 1911–1993) : 독일 출신 미국 물리학자. 236

(마리)퀴리(Marie Curie, 1867–1934) : 프랑스 물리학자, 화학자. 353–**355**

(피에르)퀴리(Pierre Curie, 1859–1906) : 프랑스 물리학자, 화학자. **354**

크레메르(Eugène Cremmer, 1942–) : 프랑스 물리학자. **356**

크릭(Francis Crick, 1916–2004) : 영국 생물학자. 46(주)

클라우저(John Clauser, 1942–) : 미국 물리학자. 185, 189, 194

클레인(Oskar Klein, 1894–1977) : 스웨덴 물리학자. **348**

클렝(Étienne Klein, 1958–) : 프랑스 물리학자. 330

키블(Thomas Kibble, 1932–2016) : 영국 물리학자. 332–333

텔러(Edward Teller, 1908–2003) : 헝가리 출신 미국 물리학자. 225

톰슨(William Thomson, called Lord Kelvin, 1824–1907) : 영국 물리학자. 230

트린 주안 투안(Trinh Xuan Thuan, 1948–) : 베트남 출신 미국 천체물리학자. 361

파울리(Wolfgang Pauli, 1900–1958) : 오스트리아 물리학자. 154, 170, 174

파인먼(Richard Phillips Feynman, 1918–1988) : 미국 물리학자. 132, 149, 217–220,
222, 225–233, 342

파인버그(Gerald Feinberg, 1933–1992) : 미국 물리학자, 공상과학소설 작가. 345–347

팽르베(Paul Painlevé, 1863–1933) : 프랑스 수학자. 283

펄머터(Saul Perlmutter, 1959–) : 미국 우주론자. 317

페랭(Jean Perrin, 1870–1942) : 프랑스 물리학자, 화학사, 싱치가. 175